Schall · Wärme · Feuchtigkeit

30.- ph

Veröffentlichung der
Forschungsgemeinschaft Bauen und Wohnen
Stuttgart

Band 75

FBW

Schall · Wärme · Feuchtigkeit

Grundlagen, Erfahrungen und praktische Hinweise für den Hochbau

Professor Dr.-Ing. habil. Karl Gösele
Professor Dr.-Ing. Walter Schüle

Institut für Bauphysik
der Fraunhofer-Gesellschaft zur Förderung
der angewandten Forschung
Stuttgart

Vierte, neubearbeitete und erweiterte Auflage

BAUVERLAG GMBH · WIESBADEN UND BERLIN

CIP-Kurztitelaufnahme der Deutschen Bibliothek

Gösele, Karl

Schall, Wärme, Feuchtigkeit: Grundlagen, Erfahrungen u. prakt. Hinweise für den Hochbau/Karl Gösele; Walter Schüle. - 4., neubearb. u. erw. Aufl. - Wiesbaden, Berlin: Bauverlag, 1977.

(Veröffentlichung der Forschungsgemeinschaft Bauen und Wohnen Stuttgart; Bd. 75)
ISBN 3-7625-0777-5

NE: Schüle, Walter:

1. Auflage 1965
2. Auflage 1972 (Neubearbeitung)
3. Auflage 1973 (Nachdruck)
4. Auflage 1977 (Neubearbeitung)

© Printed in Germany 1977, Bauverlag GmbH., Wiesbaden und Berlin
Druck: Druck- und Verlagshaus Hans Meister KG, Kassel
ISBN 3-7625-0777-5

Vorwort zur 1. Auflage

Durch die Entwicklung neuer Baustoffe und Bauarten sowie durch erhöhte Ausnützung ihrer Festigkeitseigenschaften können heute viele Bauteile leichter und dünner ausgeführt werden als dies früher möglich war. Daraus ergibt sich aber zugleich eine Reihe von bauphysikalischen Problemen, deren Lösung eingehende theoretische und experimentelle Studien der Fragen des Schall-, Wärme- und Feuchtigkeitsschutzes erfordert.

Der Schall- und Wärmeschutz eines Hauses ist für seinen Wohn- und Gebrauchswert von erheblicher Bedeutung. Ein Außerachtlassen ausreichender Vorkehrungen kann sich für die Bewohner sehr störend auswirken. Nachträgliche Maßnahmen sind im allgemeinen nicht mehr möglich oder zumindest mit großen Kosten verbunden.

Seit dem Jahre 1948 hat daher das Institut für Technische Physik in Stuttgart-Degerloch im Auftrage der Forschungsgemeinschaft Bauen und Wohnen (FBW) eine große Zahl von Forschungsaufgaben auf dem Gebiete des Schall-, Wärme- und Feuchtigkeitsschutzes bearbeitet. Diese Forschungsarbeiten beschränkten sich nicht auf Untersuchungen im Laboratorium, sondern wurden in weitestem Maße durch umfangreiche Untersuchungen im Bau ergänzt. Dabei ergab sich eine enge Zusammenarbeit mit der FBW, die in den verschiedensten, vielfach vom Bundesministerium für Wohnungswesen, Städtebau und Raumordnung geförderten Versuchsbauten die Voraussetzungen für die erforderlichen Untersuchungen schaffte, die notwendigen Versuchsanordnungen veranlaßte und ihre Ausführung überwachte.

Die Ergebnisse all dieser Untersuchungen, über die in zahlreichen Einzelveröffentlichungen und in vielen Abhandlungen in verschiedenen Fachzeitschriften berichtet wurde und die oftmals die Grundlage für die Aufstellung einschlägiger Normen bildeten, sind in dem vorliegenden Werk zusammengefaßt. Darüber hinaus wurden sie noch vervollständigt durch die Auswertung anderer Forschungsarbeiten und Berichte in der Fachpresse.

Wie bei allen Veröffentlichungen der FBW wurde auch bei der vorliegenden Schrift besonderer Wert darauf gelegt, den in der Praxis stehenden Bauschaffenden durch eine übersichtliche Darstellung der bei Planung und Bauausführung zu beachtenden schall-, wärme- und feuchtigkeitstechnischen Fragen eine nützliche Arbeitsunterlage anhand zu geben. Dabei werden, ausgehend von den Grundlagen und der Erläuterung der Begriffe, die an die Bauteile zu stellenden Anforderungen besprochen und durch Rechenbeispiele erläutert. Eine Gegenüberstellung von schlechten und guten Ausführungen läßt die Probleme beispielhaft erkennen. Schließlich werden im letzten Teil der Schrift Beispiele schall- und wärmetechnisch ausreichender Decken und Wände aufgeführt.

Den Verfassern, mit denen die FBW seit vielen Jahren in bester Zusammen- arbeit verbunden ist, sei auch an dieser Stelle für die von ihnen geleistete um- fangreiche Arbeit gedankt.

Ebenso sei dem Verlag Dank gesagt für seine verständnisvolle Unterstützung bei der Drucklegung dieser Schrift.

Stuttgart, im März 1965.

Forschungsgemeinschaft
Bauen und Wohnen

Vorwort zur 2. Auflage

Die 1965 erschienene 1. Auflage der Schrift ,,Schall, Wärme, Feuchtigkeit" hat in Fachkreisen guten Anklang gefunden, so daß sie inzwischen vergriffen ist.

Seit ihrer Drucklegung konnten weitere, wichtige Erkenntnisse auf den Gebieten des Schall, Wärme- und Feuchtigkeitsschutzes gewonnen werden, die sich teil- weise inzwischen im Normenwerk niedergeschlagen haben. Daran waren die Verfasser wesentlich beteiligt.

Es lag daher nahe, eine zweite, überarbeitete und erweiterte Auflage heraus- zugeben, um die rege Nachfrage durch Vermittlung des neuesten Wissenstandes befriedigen zu können. Die dazu notwendige sorgfältige Überprüfung und Er- gänzung des Textes und der Schaubilder besorgten die beiden Verfasser im Auf- trage der FBW.

Für diese wertvolle Arbeit danken wir ihnen auch an dieser Stelle.

Stuttgart, im Juli 1972

Forschungsgemeinschaft
Bauen und Wohnen

Vorwort zur 4. Auflage

Die unveränderte Aktualität der vorliegenden Schrift war Veranlassung für eine dritte Neubearbeitung und Ergänzung des Buches.

Wir danken den Autoren für die sorgfältige Überarbeitung und dem Verlag für die mit der Drucklegung verbundenen Mühen.

Stuttgart, im Herbst 1976

Forschungsgemeinschaft
Bauen und Wohnen

A Schallschutz

1. **Allgemeines** 15

2. **Einige Grundbegriffe** 18
   2.1 Schallpegel, Lautstärke, Frequenz 18
   2.2 Luft- und Körperschallanregung............................. 19
   2.3 Schallabsorption 20

3. **Die Mindestanforderungen an den Schallschutz von Wohnbauten** 22
   3.1 Schallschutz erfordernde Bauteile 22
       3.11 Mehrfamilienhäuser 22
       3.12 Einfamilienhäuser 24
       3.13 Sonstige Bauten 24
   3.2 Zahlenmäßige Anforderungen an den Schallschutz 24
       3.21 Trenndecken und Trennwände........................... 24
       3.22 Zwischenwände und Decken innerhalb von Wohnungen ... 29
       3.23 Zwischenwände in Verwaltungsbauten u.ä............... 29
       3.24 Haustechnische Gemeinschaftsanlagen 29
       3.25 Außenlärm... 30
   3.3 Nachweis des geforderten Schallschutzes 31

4. **Luftschallschutz** 33
   4.1 Kennzeichnung und Messung 33
   4.2 Grundsätzliches Verhalten 38
       4.21 Einschalige Wände und Decken 38
           4.211 Einfluß von Undichtheiten....................... 39
           4.212 Einfluß des Flächengewichtes und der Biegesteife.... 41
           4.213 Einfluß von Inhomogenitäten 46
           4.214 Einfluß der Materialdämpfung 48
       4.22 Zweischalige Wände................................... 48
           4.221 Übertragung über die Luftschicht 49
           4.222 Übertragung über die Randeinspannung 53
           4.223 Übertragung über Verbindungen zwischen den Schalen 56
       4.23 Längsleitung 57
   4.3 Ausgeführte Trennwände................................... 59
       4.31 Einschalige Trennwände 59
       4.32 Zweischalige Wände................................... 61
           4.321 Wände mit zwei biegeweichen Schalen 62
           4.322 Wände aus zwei steifen Schalen 63
           4.323 Schalldämmende Verkleidungen 67

4.324 Zweischalige Haustrennwände 68
4.325 Unzweckmäßige Ausführungen................... 71
4.4 Luftschallschutz ausgeführter Decken 74
4.41 Decken ohne Fußboden............................ 74
4.411 Einschalige Decken............................ 74
4.412 Zweischalige Decken 77
4.42 Verbesserung der Luftschalldämmung durch Fußböden 79
4.5 Fenster und Türen 79
4.51 Fenster 79
4.52 Türen 82
4.6 Praktische Maßnahmen zur Verringerung der Längsleitung 84
4.61 Einfluß des Flächengewichtes......................... 85
4.62 Einfluß der Stoßstellen 86
4.63 Einfluß von Trennfugen 89
4.64 Beeinflussung der Längsleitung durch anbetonierte Dämmplatten... 89
4.65 Maßnahmen zur Verringerung der Längsleitung 93
4.7 Lüftungskamine....................................... 96

5. **Trittschallschutz** 98
5.1 Kennzeichnung von Decken 98
5.2 Kennzeichnung der Trittschalldämmung von Fußböden 101
5.3 Grundsätzliches Verhalten 105
5.31 Decken 105
5.32 Fußböden 107
5.321 Verhalten von Gehbelägen...................... 107
5.322 Verhalten von schwimmenden Estrichen............ 108
5.4 Ausgeführte Massivdecken 110
5.41 Decken ohne Belag 110
5.42 Fußböden 113
5.421 Unmittelbar verlegte Estriche 114
5.422 Schwimmend verlegte Estriche 114
5.4221 *Bautechnische Ausführung* 114
5.4222 *Verhalten verschiedener Dämmschichten* 116
5.4223 *Einfluß des Estrichmaterials*.................. 121
5.4224 *Verlege-Einflüsse* 122
5.423 Holzfußböden 125
5.424 Gehbeläge..................................... 126
5.4241 *Gehbeläge mit geringfügiger Trittschalldämmung* .. 126
5.4242 *Gehbeläge mit mittlerer Trittschalldämmung* 126
5.4243 *Gehbeläge mit hoher Trittschalldämmung* 126
5.43 Alterungsverhalten von Trittschall-Dämmschichten 127
5.5 Vorherberechnung des Trittschallschutzes................... 128

6. Schallschutz bei Holzbalkendecken   131

7. Stand des Schallschutzes in Wohnbauten   135

8. Schallschutz in Bauten mit demontablen Trennwänden   137

    8.1 Durchgezogene Fußböden 137

    8.2 Durchgezogene Deckenverkleidungen 140

    8.3 Ausbildung der Zwischenwände 142
    8.4 Bedeutung der Längsdämmung 144

9. Installationsgeräusche   145

10. Schutz gegen Verkehrsgeräusche   150

11. Schallschutz durch schallschluckende Verkleidungen   154

B Wärmeschutz

1. Grundlagen und physikalische Zusammenhänge   163

    1.1 Die physikalischen Gesetzmäßigkeiten bei Wärmeaustauschvor-
      gängen 163
      1.11 Wärmeleitung in festen Stoffen........................ 165
      1.12 Wärmeübergang 165
      1.13 Wärmeaustausch durch Strahlung 166
      1.14 Wärmedurchgang durch Bauteile im stationären Zustande .. 167
         1.141 Homogene Bauteile 167
         1.142 Zusammengesetzte Bauteile 167

    1.2 Zahlenwerte 168
      1.21 Wärmeleitfähigkeit von Bau- und Dämmstoffen 168
         1.211 Temperatureinfluß........................... 169
         1.212 Einfluß des Feuchtigkeitsgehaltes 169
         1.213 Rechenwerte der Wärmeleitfähigkeit 171
      1.22 Temperaturleitfähigkeit 171
      1.23 Wärmeeindringkoeffizient 174
      1.24 Wärmeübergangskoeffizienten 175
      1.25 Strahlungszahlen..................................... 176
      1.26 Wärmeschutz durch Luftschichten..................... 177

    1.3 Durchführung wärmeschutztechnischer Rechnungen 181
      1.31 Wärmedämmung und Wärmedurchgang durch Bauteile 181
         1.311 Wärmedurchlaßwiderstand 181
            1.3111 *Einfache Bauteile* 181
            1.3112 *Zusammengesetzte Bauteile* 182
         1.312 Wärmedurchgangskoeffizient 184
      1.32 Temperaturverhältnisse in Bauteilen 186

1.4 Wärmespeicherfähigkeit 188
 1.41 Aufheizen 188
 1.42 Auskühlen 189
 1.43 Außentemperaturschwankungen 189
1.5 Fußwärme.. 190
 1.51 Unbekleideter Fuß 191
 1.52 Bekleideter Fuß.................................... 194
1.6 Wärmeverluste durch luftdurchlässige Bauteile 196

2. Praktischer Wärmeschutz 198

 2.1 Die wärmeschutztechnischen Anforderungen an Bauteile 198
  2.11 Winterlicher Wärmeschutz 198
   2.111 Wände 202
   2.112 Decken und Fußböden 203
    2.1121 *Wärmedämmung* 203
    2.1122 *Wärmeableitung und Fußwärme* 203
   2.113 Dächer 204
   2.114 Fenster und Türen............................ 204
   2.115 Außenwände mit Fenstern und Türen 204
   2.116 Wärmespeicherung 205
  2.12 Sommerlicher Wärmeschutz 206
 2.2 Die Bauteile und ihre wärmeschutztechnischen Eigenschaften.... 206
  2.21 Wände 206
  2.22 Decken und Fußböden 211
   2.221 Rohdecken 211
   2.222 Fußböden 213
    2.2221 *Wärmedämmung* 213
    2.2222 *Ausführung fußwarmer Böden*................ 214
   2.223 Der gesamte Deckenaufbau 215
  2.23 Dächer 218
  2.24 Fenster 220
  2.25 Türen 224

C Feuchtigkeitsschutz

1. Grundlagen und physikalische Zusammenhänge 227

1.1 Luft und Feuchtigkeit 227
1.2 Baustoff und Feuchtigkeit 231
 1.21 Feuchte der Baustoffe................................ 231
 1.22 Tauwasserbildung auf Bauteilen...................... 232
  1.221 Wärmedämmung von Bauteilen und Tauwasserbildung 232

1.222 Tauwasserbildung auf Bauteilen beim Anheizen der Räume 235

1.223 Tauwasserbildung bei hoher Raumluftfeuchtigkeit ... 236

1.23 Wasserdampfdiffusion durch Baustoffe und innere Kondensation 236

1.231 Die Grundgleichungen für die Dampfdiffusion durch Bauteile 236

1.232 Zahlenwerte 238

    1.2321 *Diffusionswiderstandszahlen von Baustoffen* 238

    1.2322 *Wasserdampfdiffusionsübergangskoeffizienten* 240

1.233 Durchführung feuchtigkeitstechnischer Rechnungen.. 241

    1.2331 *Erforderliche Wärmedämmung zur Vermeidung von Tauwasserbildung* 241

    1.2332 *Wasserdampfdurchgang durch Bauteile* 241

        1.23321 Dampfdurchlaßwiderstand und Dampfdurchlaßkoeffizient 242

        1.23322 Dampfdurchgang 243

    1.2333 *Kondensation im Innern von Bauteilen* 243

        1.23331 Dampfdruckverteilung in Bauteilen . 244

        1.23332 Sättigungsdampfdrücke 244

        1.23333 Dampfdruckverlauf im Bauteil 244

    1.2334 *Beurteilung des klimabedingten Feuchtigkeitsschutzes von Bauteilen* 248

        1.23341 Fertighaus-Rechenverfahren 249

        1.23342 Modifiziertes Rechenverfahren 249

2. Praktischer Feuchtigkeitsschutz 254

2.1 Fundamente, Bodenfeuchtigkeit und Grundwasser 254

2.2 Außenwände 254

2.21 Schlagregen und Außenwände 254

2.22 Tauwasserbildung auf Wandoberflächen 257

    2.221 Wärmebrücken in Wänden.................... 257

    2.222 Fenster- und Türleibungen 259

    2.223 Raumecken 260

    2.224 Tauwasserbildung auf Wänden hinter Möbeln 263

2.23 Kondensation in Wänden 263

2.3 Decken 270

2.31 Tauwasserbildung an Wärmebrücken bei Decken 270

2.32 Innere Kondensation bei Decken 272

2.4 Dächer... 273

2.41 Steildächer 273

2.42 Flachdächer 273

    2.421 Das belüftete Flachdach 274

2.422 Nicht belüftetes Flachdach 274
2.423 Das umgekehrte Dach 279
2.424 Sperrbetondach 279
2.5 Die Räume der Wohnungen und die Raumluftfeuchtigkeit 280
2.51 Küchen 280
2.52 Bäder 282

D Zusammenfassung und Beispiele schall- und wärmetechnisch ausreichender Decken und Wände

1. Decken   287

1.1 Wohnungstrenndecken 287
1.2 Dachgeschoßdecken 289
1.3 Kellerdecken 290
1.4 Decken über offenen Durchfahrten u. ä. 291

2. Wände   294

2.1 Außenwände 294
2.2 Wohnungstrennwände und Treppenraumwände 294

Normvorschriften über den Schall- und Wärmeschutz im Bauwesen

Normvorschriften über den Schall- und Wärmeschutz im Bauwesen 296

Bei der Bearbeitung der 4. Auflage dieses Buches standen die Verfasser vor der Frage, dieses auf die ab 1978 allein gültigen Bezeichnungen des SI-Systems umzustellen. Das hätte zur Folge gehabt, daß Zitate aus vielen Normen entsprechend geändert wiedergegeben werden müßten. Die Aussagen im Buch wären dann nicht mehr identisch mit denjenigen aus den gerade auf diesem Fachgebiet wichtigsten Normen.

Da sich die beiden entscheidenden Bezugsnormen DIN 4108 und 4109 in der Überarbeitung befinden, wurde die Umstellung dieses Buches auf das SI-System bis zur 5. Auflage zurückgestellt, in der dann die Formulierungen in diesem Buch mit denjenigen in den Normen identisch erscheinen können.

Eine Übersicht über die wichtigen SI-Einheiten zum Thema Wärmeschutz befindet sich auf Seite 164.

A

Karl Gösele

Schallschutz

1. Allgemeines

Unter dem Schallschutz eines Hauses versteht man seine Eigenschaft, im Freien erzeugte Geräusche gegenüber dem Hausinnern abzuschirmen und in einem seiner Räume entstehende Geräusche nicht oder doch nur in geringer Lautstärke in andere dringen zu lassen. Die in einem Haus auftretenden Geräusche sind sehr vielfältiger Art, ebenso die Formen der Übertragung in andere Räume. Es gibt deshalb kein Allheilmittel, um einen guten Schallschutz zu erreichen. Vielmehr müssen dafür zahlreiche Einzelmaßnahmen angewandt werden. Tafel 1 gibt einen Überblick über die wichtigsten akustischen Störungen in einem Haus und über die Ursachen einer störenden Übertragung.

Für einen guten Schallschutz müssen bei der Planung und Ausführung eines Hauses Gesichtspunkte des Schallschutzes bei folgenden Teilaufgaben berücksichtigt werden:

1. Wahl der Lage des Hauses und seiner Orientierung (sofern großer Außenlärm)

2. Ausbildung des Grundrisses (vor allem bezüglich der Lage von Bad, WC und Küche, Aufzugsanlage)

3. Auswahl der Bauart (z. B. schwere oder leichte Bauart)

4. Festlegung der Art der Trennwände, der Trenndecken (einschließlich Fußboden) und der Außenwände (vor allem wegen der Schall-Längsleitung)

5. Ausbildung der Wasserinstallation

6. Ausbildung der Fenster (bei großem Verkehrslärm)

7. Auswahl und Einbau der technischen Ausrüstung (Aufzugsanlage, Müllschlucker, Waschmaschinen, Zentralheizungen usw.)

Die Maßnahmen für den Schallschutz können häufig nicht — wie etwa ein Isolieranstrich gegen Feuchtigkeit — zusätzlich zu der sonst beliebig zu wählenden Hauskonstruktion hinzugefügt werden. Sie berühren vielmehr oft die grundsätzlichen Fragen, wie Grundrißausbildung, Bauart u. ä. So lassen sich Grundrißmängel häufig nicht mehr durch andere akustische Maßnahmen vollständig beheben. Schalltechnische Maßnahmen sollten bei der Planung rechtzeitig berücksichtigt werden. Geschieht dies nicht, dann können sie bei einem späteren Stadium des Baues oft nicht mehr ausgeführt werden. Ein häufig auftretendes Beispiel dafür ist die zu gering bemessene Höhe für den Fußbodenaufbau, so daß wirksame Dämmschichten später nicht mehr untergebracht werden können.

An dieser Stelle sei auch eindringlich davor gewarnt, dem Schallschutz beim Bau eines Hauses nicht die erforderliche Beachtung zu schenken, insbesondere dann, wenn der Bauherr ausdrücklich einen guten Schallschutz gewünscht hat. Stehen finanzielle Schwierigkeiten im Wege, so sollte die Entscheidung des Bauherrn eingeholt werden, mit dem Hinweis, daß eine nachträgliche Korrektur in späteren Jahren nicht mehr möglich ist.

Tafel 1: In Wohnhäusern auftretende Störgeräusche, die Ursache ihrer Übertragung und Hinweise für Abhilfemaßnahmen

lfd. Nr.	Art der Störung	Ursache der Übertragung	Abhilfemaßnahmen
1	Durchhören von Sprache, Singen, Radio aus benachbarten Räumen	Luftschallübertragung über Trenndecken, Trennwände, sowie durch Längsleitung; möglicherweise auch durch Lüftungsanlagen, Gaskamine o. ä.	Verbesserung der Luftschalldämmung der Trenndecken und -wände (Abschnitt 4) Grenzen der Abhilfemaßnahmen wegen Längsleitung (Abschnitt 4.6)
2	Durchhören von Klavierspiel	Luftschallübertragung, meist verbunden mit einer Körperschallübertragung über Decke	wie bei 1 gegebenenfalls verbunden mit einer Erhöhung der Trittschalldämmung der Decke (Abschnitt 5.32) bzw. Körperschalldämmstoffe unter Klavierfüße. In normalen Wohnbauten z. Z. Durchhören noch nicht vermeidbar, wegen Schall-Längsleitung (Abschnitt 4.6)
3	Durchhören von Gehgeräuschen; Geräusche von Gegenständen, die auf den Fußboden fallen; Knarren von Schränken oder Betten;	Trittschallübertragung (= Körperschallübertragung der Decken)	Verbesserung des Trittschallschutzes der Decken, z. B. durch Verwenden eines hochwertigen schwimmenden Estrichs (Abschnitt 5.3) nahezu völliger Wegfall dieser Geräusche nur bei besonders guten Decken möglich
4	Gehgeräusche von Treppe	Trittschallübertragung	nachträglich: nur durch weichfedernden Gehbelag bei Planung: durch geeigneten Grundriß und Lösung der Treppe von den Wänden
5	Durchhören von Schalterknipsen, von Schaltautomaten, Türenschlagen	Körperschallanregung der Wände	Abhilfe nur an der Entstehungsstelle möglich (z. B. leise Schalter, Befestigen über Körperschall-Dämmstoffe) Störungen umso größer, je leichter die Wände

16

lfd. Nr.	Art der Störung	Ursache der Übertragung	Abhilfemaßnahmen
6	Geräusche von Wasserhahn, WC-Spüler, Gasdurchlauferhitzer u. ä.	Strömungsgeräusche, in der Armatur entstehend; über Rohrleitung als Körperschall bzw. Wasserschall fortgeleitet	leise Armaturen, geringer Leitungsdruck, Dämpfung der Rohrleitung, Wasserschalldämpfer, geeignete Grundrißausbildung (Abschnitt 7)
7	Spülgeräusche u. ä. aus Küchen	Körperschallübertragung auf Decken und Wände	Verbesserung des Trittschallschutzes der Küchendecke, keine feste Verbindung der Spüle mit Wand
8	Außengeräusche, z. B. Verkehrslärm	Luftschallübertragung über Fenster	Verbesserung der Luftschalldämmung von Fenstern (Abschnitt 4.5)
9	Lärm wird in dem Raum, in dem er entsteht, zu laut empfunden	zu großer Hall im Raum (wegen geringer Schallabsorption)	Anbringen von schallschluckenden Verkleidungen an Decke und Wänden (Abschnitt 11)

Schließlich sei noch darauf hingewiesen, daß dem Menschen ein Gefühl dafür, was schalltechnisch vorteilhaft ist oder nicht, zunächst völlig fehlt, im Gegensatz zum Gebiete des Wärmeschutzes, auf dem man von Jugend auf unmittelbar Erfahrungen sammeln konnte. Trotzdem verlassen sich viele Architekten auch bei Fragen des Schallschutzes auf ihr Gefühl, wodurch dann oft erhebliche, nicht wieder zu behebende Mängel entstehen. Man verwende deshalb nur Ausführungen, von denen eindeutig feststeht, daß sie in der angewandten Form zweckmäßig sind. Notfalls ziehe man den Fachmann zu Rate.

2. Einige Grundbegriffe

Im folgenden werden einige Begriffe der Akustik erläutert, soweit sie für das Verständnis der späteren Ausführungen nötig sind.

2.1 Schallpegel, Lautstärke, Frequenz

Unter Schall versteht man mechanische Schwingungen und Wellen eines elastischen Mediums, insbesondere im Frequenzbereich des menschlichen Hörens von etwa 16 bis 20000 Hz. Pflanzen sich die Schwingungen in Luft fort, spricht man von *Luftschall*. Bei Schwingungen in festen Körpern, z. B. im Mauerwerk eines Hauses, spricht man von *Körperschall*.

Man unterscheidet zwischen Tönen, Klängen und Geräuschen. Bei einem Ton verläuft die Schwingung in Abhängigkeit von der Zeit sinusförmig. Die Zahl der Schwingungen je Sekunde wird als *Frequenz* (Schwingungszahl) bezeichnet. Die Maßeinheit der Schwingungszahl ist das Hertz, abgekürzt Hz. 100 Hz bedeuten somit 100 Schwingungen je Sekunde. Die bei Wohngeräuschen hauptsächlich interessierenden Frequenzen liegen zwischen etwa 100 und 3000 Hz.

Bei Geräuschen liegen mehrere — meist sehr viele — Teiltöne vor, deren Frequenzen in keinem einfachen Zahlenverhältnis zueinander stehen.

Die Stärke des Schalls kann durch den Wechseldruck (Druckschwankung) gekennzeichnet werden, der sich dem atmosphärischen Druck der Luft überlagert. Dieser Wechseldruck wird als Schalldruck bezeichnet. Er kann mit Hilfe von Mikrofonen gemessen werden. Da sich die im täglichen Leben auftretenden Schalldrücke bis zu 5 Zehnerpotenzen unterscheiden können (z. B. 0,001 bis 100 μbar), wird aus Zweckmäßigkeitsgründen ein logarithmisches Maß, der Schallpegel L verwendet:

$$L = 20 \, lg \left(\frac{p}{p_0} \right) dB$$

Dabei bedeutet p_0 einen Bezugswert, nämlich den bei 1000 Hz gerade mit dem Ohr noch wahrnehmbaren Schalldruck von 2.10^{-4} μbar bzw. 2.10^{-5} N/m². Die Einheit wird mit Dezibel, abgekürzt dB, bezeichnet, nach dem Erfinder des elektromagnetischen Telefons, Graham Bell. Der Vorsatz „dezi" besagt, daß $1/_{10}$ der Einheit „Bel" vorliegt. Das menschliche Ohr empfindet zwei Töne, die denselben Schallpegel besitzen, unter Umständen verschieden laut, wenn sie verschiedene Frequenzen besitzen. Man hat deshalb neben dem physikalischen Maß des Schallpegels noch ein zweites Maß — die Lautstärke — eingeführt, welche das Lautstärkeempfinden des menschlichen Ohrs kennzeichnen soll. Die Einheit ist das Phon. Definitionsgemäß ist die Lautstärke eines 100-Hz-Tones zahlenmäßig gleich groß wie der Schallpegel in dB. Für tiefe Töne ist das Ohr weniger empfindlich als für mittlere Frequenzen; dies gilt vor allem für kleine Lautstärken.

Die Lautstärke eines Geräusches hängt in sehr komplizierter Weise von der Frequenzverteilung des Geräusches und anderen Einflußgrößen ab, so daß eine unmittelbare Messung nur mit größerem Aufwand möglich ist.

Man hat deshalb als Näherungswert für das menschliche Gehörsempfinden einen sog. A-Schallpegel eingeführt, bei dem die verschiedenen Frequenzanteile eines Geräusches nach der sog. A-Frequenzbewertungskurve bewertet werden. Diese Werte können an einem Schallpegelmesser unmittelbar in der Einheit dB(A) abgelesen werden.

Zusammenfassend: Geräusche werden einigermaßen — jedoch nicht völlig — gehörsrichtig durch den sog. A-Schallpegel in dB(A) gemessen und angegeben[1]).

Tafel 2: **Richtwerte für den A-Schallpegel verschiedener Geräusche**

Fabriksaal einer Spinnerei	90—100 dB(A)
Verkehrslärm in lauter Straße	75— 80 dB(A)
laute Sprache	70 dB(A)
normale Sprache	60— 65 dB(A)
ruhiger Raum, tagsüber	25— 30 dB(A)

Die oben erwähnte Lautstärkeskala (phon) bzw. der A-Schallpegel sind nicht streng proportional dem Lautstärkeempfinden. Ein Geräusch, dessen Schallpegel um 10 dB(A) z. B. von 60 dB(A) auf 70 db(A) erhöht wird, wird vom Menschen als doppelt so laut empfunden wie das ursprüngliche Geräusch. Bei leisen Geräuschen, wie sie z. B. beim Durchhören von Sprache oder Musik durch Wände oder Decken auftreten, genügen sogar wesentlich geringere Steigerungen des Schallpegels, um das Gefühl der Verdoppelung hervorzurufen. Werden statt einer Schallquelle zwei Schallquellen von gleicher Einzellautstärke und gleichem Klangcharakter betrieben, dann erhöht sich der Schallpegel um 3 dB (A).

2.2 Luft- und Körperschallanregung

Wird in einem Raum, z. B. durch Sprechen, sogenannter Luftschall erzeugt, dann können die damit verbundenen, periodischen Luftdruckschwankungen die Wände und Decken in Biegeschwingungen (Schwingungen senkrecht zu ihrer Fläche) versetzen, die ihrerseits wieder die Luftteilchen des Nachbarraums zu Schwingungen, d. h. also zu Luftschall, anregen (vgl. Abb. 1). Bei diesem Übertragungsvorgang von Luftschall von einem Raum zum anderen spricht man von *Luftschall*-Übertragung. Der Widerstand einer Wand oder Decke, diese Übertragung zu hindern, wird als Luftschalldämmung bezeichnet. Man spricht auch von einem Luftschall*schutz* zwischen den Räumen.

---

[1]) Näheres zur Definition siehe DIN 45 633, Blatt 1 ,,Präzisionsschallpegelmesser".

Davon zu unterscheiden ist die Körperschall-Anregung. Wird z. B. mit einem Hammer an eine Wand geklopft (vgl. Abb. 1), so wird diese dadurch ebenfalls in Biegeschwingungen versetzt, die wieder zu entsprechenden Schwingungen der Luftteilchen im Nachbarraum, also zu Luftschall führen. Man spricht in diesem Fall von einer Körperschall-Anregung der Wand und einer Körperschall-Übertragung in den Nachbarraum. Die beiden Anregungsarten sind in Abb. 1 schematisch dargestellt.

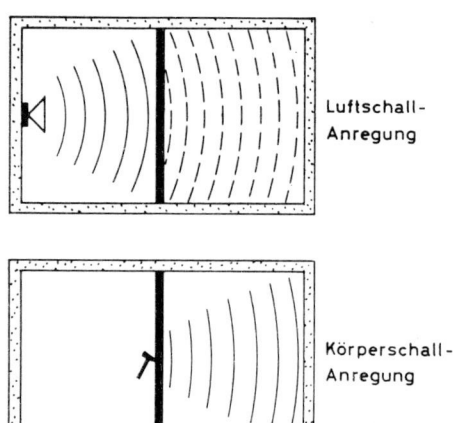

Luftschall-Anregung

Körperschall-Anregung

Abb. 1 : Bei allen auftretenden akustischen Störungen ist vor dem Ergreifen von Abhilfemaßnahmen zu klären, ob eine Anregung der Wände oder Decken in Form von Luftschall oder von Körperschall erfolgt.

Anstelle des Schlages eines Hammers können im praktischen Wohnbetrieb viele andere Formen der Körperschallanregung auftreten, z. B. das Schaltgeräusch eines Lichtschalters, das Ticken einer Uhr, das Schließgeräusch einer Tür. Besonders große praktische Bedeutung haben alle Körperschallanregungen bei Decken. Sie werden unter dem Sammelbegriff „Trittschall" zusammengefaßt, weshalb man von „Trittschall-Übertragung" und „Trittschallschutz" spricht.

Da die Abhilfemaßnahmen für die Unterdrückung der Luft- oder Körperschallübertragung oft unterschiedlich sind, ist es wichtig, bei jeder Störung zunächst zu klären, welche der beiden Anregungsformen bevorzugt vorliegt, d. h. ob der Geräuscherzeuger eine Wand oder Decke unmittelbar oder über den Luftraum hinweg angeregt hat.

2.3 Schallabsorption

Die Schallschluckung oder Schallabsorption tritt beim Reflexionsvorgang einer Schallwelle an einer Wand- oder Deckenoberfläche auf. Je nach der Oberflächenbeschaffenheit wird dabei ein mehr oder weniger großer Teil der Schallenergie in

Wärmeenergie umgewandelt. Kennzeichnend ist der Schallabsorptionsgrad (Näheres siehe Abschnitt 11). Die Begriffe „Schalldämmung" und „Schallabsorption" müssen bei der Behandlung von Fragen des Schallschutzes säuberlich voneinander getrennt werden, wie dies Abb. 2 verdeutlicht. Eine Wand kann gut schalldämmend sein und gleichzeitig eine geringe Schallabsorption besitzen. Ebenso kann das Umgekehrte gelten.

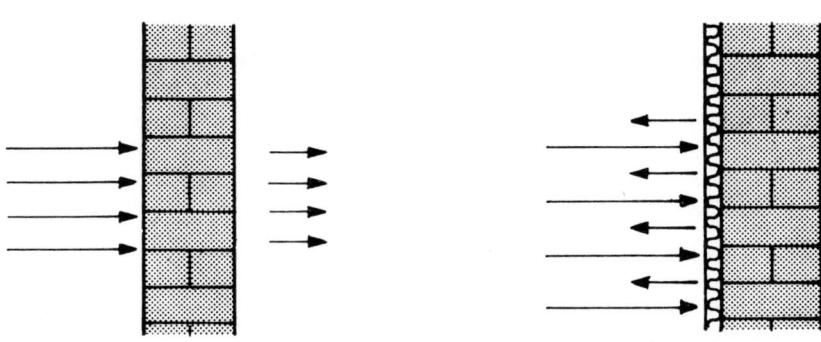

Luftschalldämmung

wieviel Schall gelangt in den Nachbarraum?

Schallabsorption

wieviel Schall wird in den eigenen Raum zurückgeworfen?

Abb. 2: Der Unterschied zwischen Schalldämmung und Schallabsorption.

3. Die Mindestanforderungen an den Schallschutz von Wohnbauten

Der Schallschutz zwischen verschiedenen Wohnungen eines Mehrfamilienhauses bzw. zwischen Wohnungen und fremden Arbeitsräumen muß nach den baurechtlichen Bestimmungen bestimmten Mindestanforderungen genügen. Diese Vorschriften dienen dem Schutz der Bewohner, aber letztlich auch dem des Bauherrn, um ihn vor Mängeln seines Hauses zu bewahren, die später nicht wieder gutzumachen sind und den Wert seines Hauses erheblich mindern können. Die Bewohner sollen vor störendem Lärm geschützt werden, aber auch davor, daß Gespräche normaler Lautstärke von Dritten außerhalb der Wohnung abgehört und verstanden werden können.

Die Vorschriften sind in DIN 4109 „Schallschutz im Hochbau" (Ausgabe 1962) enthalten. Eine Nichtbeachtung der Vorschriften kann nach vorliegenden Gerichtsurteilen erhebliche juristische Konsequenzen für Architekt (Schadenersatz) und Bauherrn (Mietpreis-Erniedrigung) nach sich ziehen.

Diese Vorschriften beziehen sich im wesentlichen auf die schalltechnischen Eigenschaften der verwendeten Konstruktion für die Wohnungstrennwände und für die Decken eines Hauses. Außerdem werden bestimmte Anforderungen an die Schalldämmung von Lüftungsschächten gestellt. Ausdrücklich sei vermerkt, daß nicht der Mindest-Schallschutz zwischen verschiedenen Wohnungen vorgeschrieben ist, sondern die Verwendung von Trennwänden und -decken, deren auf die Flächeneinheit bezogene Schalldämmung bestimmten Mindestwerten genügt (wegen der Unterschiede zwischen beiden Forderungen siehe Abschnitt 4.1).

Bei den gestellten Anforderungen handelt es sich jeweils um Mindestanforderungen, die noch keinen ausgesprochen guten Schallschutz gewährleisten. Neben diesen unbedingt einzuhaltenden Mindestwerten sind in DIN 4109 (Ausgabe 1962) auch Richtwerte für einen „erhöhten Schallschutz" genannt, deren Innehaltung empfohlen wird.

Die genannte Norm ist schon relativ alt. Sie ist daher in manchen Anforderungen änderungsbedürftig. So sind die Anforderungen für den Trittschallschutz zu milde. Eine Neubearbeitung ist z. Z. im Gange (1976).

3.1 Schallschutz erfordernde Bauteile

3.11 Mehrfamilienhäuser

Im einzelnen werden in DIN 4109 für folgende Bauteile schalltechnische Forderungen gestellt:

ausreichender *Luftschallschutz* für
  Wohnungstrennwände
  Treppenraumwände

Wohnungstrenndecken
Decken unter Dachräumen mit Trockenböden, Waschküchen, Bodenkammern
Kellerdecken

ausreichender *Trittschallschutz* für

Wohnungstrenndecken
Decken unter Dachräumen mit Waschküchen, Trockenböden,
Bodenkammern und ihren Zugängen
Decken unter Terrassen, Balkonen, Loggien und Laubengängen, wenn sie
über einem Wohn- oder Arbeitsraum (Aufenthaltsraum) liegen
Kellerdecken
Trenndecken über Hausfluren, Treppenhäusern oder Durchfahrten werden wie
Kellerdecken behandelt.

Ein Maß für den nötigen Trittschallschutz bei Treppen ist nicht vorgeschrieben,
obwohl sich viele Bewohner über zu laute Gehgeräusche von den Treppen be-
klagen. Es fehlten jedoch bisher praktikable Lösungsvorschläge.

Der geforderte Luftschallschutz bei Keller- und Dachgeschoßdecken soll in erster
Linie dazu dienen, ein unerwünschtes Abhören von Gesprächen durch Dritte
unmöglich zu machen.

Bei Decken über Kellern und bei Wohnungstrenndecken zwischen Arbeitsküchen, Aborten und Bädern soll durch die Forderung eines ausreichenden Trittschallschutzes erreicht werden, daß die angrenzenden, fremden Wohn- und Schlafräume nicht durch Trittschall aus den genannten Räumen gestört werden, wie dies
Abb. 3 verdeutlicht. Die Forderungen für die genannten Decken sind jedoch insofern gemildert, als lediglich die Trittschallübertragung zwischen den genannten
Räumen und dem nächstgelegenen, fremden Wohnraum — wie es Abb. 3 zeigt —

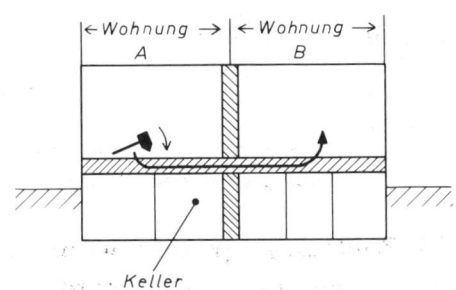

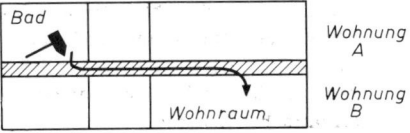

Abb. 3: Auch bei Kellerdecken (oberes
Bild) und bei Decken in Küche und Bad
(unteres Bild) wird ein gewisser Trittschallschutz verlangt, damit die Bewohner der Nachbarwohnungen vor Störungen auf den oben dargestellten Wegen
geschützt werden.

23

den später besprochenen Mindestanforderungen genügen muß. Diese Übertragung ist stets geringer als die Direktübertragung in einen unmittelbar darunter gelegenen Raum, so daß die Forderungen leichter als bei Wohnzimmerdecken erfüllt werden können.

3.12 Einfamilienhäuser

An alleinstehende Einfamilienhäuser werden bisher keine schalltechnischen Anforderungen gestellt. Trotzdem empfiehlt es sich, auch dort die üblichen Schallschutzmaßnahmen zu treffen. Empfohlene Richtwerte sind dafür in der Neufassung von DIN 4109 vorgesehen, siehe Abschnitt 3.22. Bei Einfamilien-Reihenhäusern werden an die Haustrennwände in schalltechnischer Hinsicht höhere Anforderungen als an Wohnungstrennwände gestellt. Außerdem gelten für die Decken bezüglich des Trittschallschutzes die Anforderungen nach Abb. 3, wonach die Trittschallübertragung aus einer Hauseinheit in einen Wohnraum der benachbarten Hauseinheit den Mindestanforderungen genügen muß, eine Forderung, die um etwa 15 dB zu milde ist und bei einer Neufassung von DIN 4109 entsprechend verschärft werden wird.

Es sei in diesem Zusammenhang bemerkt, daß in Einfamilien-Reihenhäusern erfahrungsgemäß höhere Ansprüche an den Schallschutz gestellt werden als in Mietshäusern, so daß oft erhebliche Klagen über einen mangelhaften Schallschutz laut werden, und zwar auch dann, wenn die Mindestanforderungen nach DIN 4109 erfüllt sind. Die höheren Ansprüche sind z. T. durch die Grundrißsituation bedingt: in den meisten Einfamilien-Reihenhäusern grenzen Treppen des einen Hauses an die Wohn- und Schlafräume des anderen Hauses. Das gleiche gilt für Bäder. Dadurch ist vor allem die Störung durch Körperschall besonders groß. Deshalb empfiehlt es sich, bei derartigen Bauten durch gut ausgeführte, zweischalige Haustrennwände (vergleiche Abschnitt 4.324) für einen Schallschutz zu sorgen, der wesentlich über den Mindestanforderungen liegt.

3.13 Sonstige Bauten

Auch an die Trennwände und -decken innerhalb von Schulen, Krankenhäusern und Hotels werden bestimmte, verpflichtende Mindestanforderungen gestellt. Ebenso sind schalltechnische Mindestanforderungen für die Trennwände und -decken zwischen Wohnungen und fremden Gewerberäumen sowie zwischen zwei nicht zum gleichen Betrieb gehörenden Gewerberäumen zu erfüllen.

3.2 Zahlenmäßige Anforderungen an den Schallschutz

3.21 Trenndecken und Trennwände

Der Luft- und Trittschallschutz von Wänden und Decken wird durch das „Luftschallschutzmaß" bzw. das „Trittschallschutzmaß" gekennzeichnet. Die Definition dieser Begriffe wird in den Abschnitten 4.1 und 5.1 erläutert.

Die in DIN 4109, Blatt 2, geforderten Mindestwerte für die verschiedenen Bauteile sind in Tafel 3 wiedergegeben. Für Wohnbauten ergibt sich dabei folgendes vereinfachte Schema:

	Mindest-anforderung dB	erhöhter Schallschutz dB
Luftschallschutzmaß	mind. 0	mind. 3
Trittschallschutzmaß unmittelbar nach Fertig-stellung 2 Jahre nach Fertig-stellung	mind. 3 mind. 0	mind. 13 mind. 10

Lediglich Haustrennwände sowie Decken und Wände, die an Durchfahrten, Einfahrten zu Sammelgaragen u. ä. grenzen, müssen höhere Anforderungen an den Luftschallschutz erfüllen (3 dB).

Für den Trittschallschutz sind zwei, vom Zeitpunkt der Überprüfung abhängige Forderungen gestellt, um das erfahrungsgemäß zu erwartende „Altern" der Trittschalldämmstoffe zu berücksichtigen (vgl. Abschnitt 5.426).

GrenzenWohnungen an Betriebe, bei denen vor allem nachts mit lauten Geräuschen zu rechnen ist, so müssen die Trennwände bzw. Trenndecken nach DIN 4109 wesentlich höhere Anforderungen als Wohnungstrennwände und -decken erfüllen:

Luftschallschutzmaß: mindestens 10 dB
Trittschallschutzmaß: mindestens 20 dB[2])

Diese Anforderungen lassen sich bezüglich des Luftschallschutzes nur mit größerem Aufwand erfüllen (Verminderung der Schallängsleitung erforderlich, vgl. Abschnitt 4.23 und 4.6). In solchen Fällen sollte ein Sachverständiger befragt werden. Die genannten Bedingungen sind z. B. für Kinos, Gaststätten, Bäckereibetriebe zu erfüllen, sofern sie an Wohnungen angrenzen.

An Trenndecken und Trennwände in Schulen sind bisher ebenfalls höhere Anforderungen gestellt worden wie an die entsprechenden Bauteile zwischen Wohnungen. Diese Anforderungen konnten mit den neuerdings in Schulen viel verwendeten Leichtwänden nicht erfüllt werden, wobei es teilweise nicht an den Trennwänden selbst, sondern an der Schall-Längsleitung über andere Bauteile vor allem den Deckenverkleidungen lag. Es sind deshalb Untersuchungen[3]) darüber durchgeführt worden, ob es nicht vertretbar wäre, die Anforderungen an Trennwände zwischen Klassenräumen herabzusetzen. Auf Grund dieser Ergebnisse ist ein Luftschallschutzmaß von mindestens − 5 dB für diese Trennwände in einem Erlaß festgelegt worden. Auch die Anforderungen an Flurtrennwände sind auf diesen Wert erniedrigt worden.

---

[2]) gemessen in Richtung der Lärmausbreitung.
[3]) Eisenberg, A. „Untersuchungen zu den Mindestanforderungen an den Schallschutz im Schulbau". Unveröffentlichter Bericht 1970/72; Amelang, M., K. Gösele, H. P. Klein, P. Lutz und J. Straube „Schallschutz zwischen Unterrichtsräumen" Deutsches Architektenblatt, Heft 11, 1974.

Tafel 3: **Mindestanforderungen an den Schallschutz von Decken und Wänden und Vorschläge für einen gehobenen Schallschutz nach DIN 4109** (DIN 4109, Blatt 2, Tabelle 1)

Spalte	a	b	c_1	c_2	d	e_1	e_2
Zeile	Bauteile	Mindestanforderungen[1]			Vorschläge für einen erhöhten Schallschutz[1]		
		Luft-schall-schutz-maß LSM in dB	Trittschallschutz-maß TSM in dB		Luft-schall-schutz-maß LSM in dB	Trittschallschutz-maß TSM in dB	
			unmittel-bar[2] nach Fertigstellung des Baues	≥ 2 Jahre		unmittel-bar[2] nach Fertigstellung des Baues	≥ 2 Jahre

1.1. Geschoßhäuser mit Aufenthaltsräumen (Wohnungen und Arbeitsräume)

Zeile	Bauteile	b	c_1	c_2	d	e_1	e_2
1	Decken unter nicht nutzbaren Dach-räumen	—			—		
2	Decken unter nutz-baren Dachräumen, z. B. unter Trocken-böden, Waschküchen, Bodenkammern und ihren Zugängen	0	3	0	≥ 3	≥ 13	≥ 10
3	Wohnungstrenn-decken[3] und Decken zwischen fremden Arbeitsräumen	0	3[4]	0[4]	≥ 3	≥ 13[4]	≥ 10[4]
4	Decken über Kellern, Hausfluren, Treppen-räumen unter Aufenthaltsräumen	0	3[5]	0[5]	≥ 3	≥ 13[5]	≥ 10[5]
5	Decken über Durch-fahrten, Einfahrten von Sammelgaragen u. ä. unter Aufenthaltsräumen	3[6]	3[5]	0[5]	≥ 3[6]	≥ 13[5]	≥ 10[5]
6	Decken unter Terrassen, Loggien und Laubengängen über Aufenthalts-räumen	—′	3	0	—	≥ 13	≥ 10

(Spalte a: Decken)

[1] Siehe auch die Bedingungen für den Nachweis der Eignung in DIN 4109, Blatt 2, Abschnitt 4.1.2.
[2] Die Werte dieser Spalte enthalten einen Sicherheitszuschlag von 3 dB für eine etwaige Alterung der Trittschalldämmschichten im Laufe der Zeit.
[3] Wohnungstrennwände und -trenndecken sind Bauteile, die Wohnungen voneinander oder von fremden Arbeitsräumen trennen.
[4] Bei Decken zwischen Aborten, Bädern und Arbeitsküchen als Schutz gegen waagerechte und schräge Trittschallübertragung (gemessen nach DIN 4109, Blatt 2, Abschnitt 4.2).
[5] Nur wegen der waagerechten und schrägen Trittschallübertragung in fremde Aufenthalts-räume (gemessen nach DIN 4109, Blatt 2, Abschnitt 4.2).
[6] Sind Durchfahrten zugleich Verkehrswege, soll ein Sachverständiger hinzugezogen werden, Anforderungen ggf. höher.

26

Spalte	a	b	c1	c2	d	e1	e2
Zeile	Bauteile	Mindestanforderungen[1]			Vorschläge für einen erhöhten Schallschutz[1]		
		Luftschallschutzmaß LSM in dB	Trittschallschutzmaß TSM in dB		Luftschallschutzmaß LSM in dB	Trittschallschutzmaß TSM in dB	
			unmittelbar[2] nach Fertigstellung des Baues	≥ 2 Jahre nach Fertigstellung des Baues		unmittelbar[2] nach Fertigstellung des Baues	≥ 2 Jahre nach Fertigstellung des Baues
7	**Decken** Decken unter Laubengängen	—	3[5]	0[5]	—	≥ 13[5]	≥ 10[5]
8	Decken zweigeschossiger Wohneinheiten		3[5]	0[5]	0	≥ 13[5]	≥ 10[5]
9	**Wände** Wohnungstrennwände[3] und Wände zwischen fremden Arbeitsräumen	0			≥ 3		
10	Treppenraumwände und Wände neben Hausfluren	0	—		≥ 3	—	
11	Wände neben Durchfahrten, Einfahrten von Sammelgaragen u. ä.	3[6]			≥ 3[6]		

1.2. Einfamilienhäuser[7]

Zeile	a	b	c1	c2	d	e1	e2
12	Decken in Einfamilien-Reihen- und Einfamilien-Doppelhäusern		3[5]	0[5]	≥ 0	≥ 13[5]	≥ 10[5]
13	Decken in frei stehenden Einfamilienhäusern	—			≥ 0	≥ 3	≥ 0
14	Haustrennwände (Wohnungstrennwände)[3] zwischen Einfamilien-Reihen- und Einfamilien-Doppelhäusern	3	—		≥ 3	—	

1.3. Gaststätten, Lichtspieltheater, Gewerbebetriebe und dgl., die an Wohnungen oder fremde Arbeitsräume grenzen

Zeile	a	b	c1	c2	d	e1	e2
15	Decken	10[8]	20[9]	20[9]	>10[8]	>20[9]	>20[9]
16	Wände[10]	10[8]	—		>10[8]	—	

[7] Ein guter Luft- und Trittschallschutz kann bei Einfamilien-Reihen- und Einfamilien-Doppelhäusern am zweckmäßigsten durch eine über die gesamte Gebäudetiefe und -höhe verlaufende Trennfuge nach DIN 4109, Blatt 3, Bild 9, erreicht werden.

[8] Das Luftschallschutzmaß LSM ≥ 10 dB kann in der Regel nicht durch Verbesserung des Luftschallschutzes der Trennflächen allein, sondern nur durch gleichzeitige Minderung der Flankenübertragung erreicht werden. Es empfiehlt sich, dafür einen Sachverständigen hinzuzuziehen (siehe auch DIN 4109, Blatt 5, Abschnitt 2.3.1).

Spalte	a	b	c_1	c_2	d	e_1	e_2
Zeile	Bauteile	Mindestanforderungen[1])			Vorschläge für einen erhöhten Schallschutz[1])		
		Luftschallschutzmaß LSM in dB	Trittschallschutzmaß TSM in dB		Luftschallschutzmaß LSM in dB	Trittschallschutzmaß TSM in dB	
			unmittelbar[2])	≧ 2 Jahre nach Fertigstellung des Baues		unmittelbar[2])	≧ 2 Jahre nach Bestellung des Baues

1.4. Hotels, Gasthäuser, Krankenhäuser

Zeile	Bauteile	b	c_1	c_2	d	e_1	e_2
17	Decken zwischen „ruhigen Räumen" (Übernachtungs- und Krankenräume) und „lauten Räumen" (Gasträume, Küchen und dgl.	10[8])	20[9])	20[9])	>10[8])	>20[9])	>20[9])
18	Wände entsprechend Zeile 17	10[8])	—		>10[8])	—	
19	Decken zwischen „ruhigen Räumen" (Übernachtungs- und Krankenräume einschl. der zugehörigen Flure)	0	3	0	≧ 3	≧ 13	≧ 10
20	Wände entsprechend Zeile 19	—3[11])	—		≧ 0	—	

1.5. Schulen[12])

Zeile	Bauteile	b	c_1	c_2	d	e_1	e_2
21	Decken zwischen Unterrichtsräumen und dgl. einschl. der Flure	3	13	10	—		
22	Wände zwischen Unterrichtsräumen und dgl.	3					
23	Wände zwischen Unterrichtsräumen und Fluren bzw. Treppenräumen	0	—				

[9]) Gemessen in Richtung der Lärmausbreitung; z. B. in Gaststätten durch Trittschallanregung des Fußbodens und Messung in der darüber liegenden Wohnung.

[10]) Für Wände zwischen Gaststätten usw. und der eigenen Wohnung des Inhabers gelten die Werte als Empfehlung.

[11]) Kann mit 11,5 cm dicken Wänden bei einem Gewicht einschließlich beiderseitigem Putz von mindestens 250 kg/m² erreicht werden.

[12]) Siehe auch DIN 18031 „Hygiene im Schulbau, Leitsätze".

Die Anforderungen an Zwischenwände zwischen Krankenräumen und zwischen Hotelzimmern sind geringer als bei Wohnungstrennwänden (Luftschallschutzmaß mindestens − 3 dB). Die Anforderungen an Decken sind dagegen die gleichen wie in Wohnbauten, von speziellen Fällen abgesehen (Räume über Gasträumen oder Küchen), bei denen wesentlich mehr gefordert wird.

3.22 Zwischenwände und Decken innerhalb von Wohnungen

In DIN 4109, Ausgabe 1962, sind keine Richtwerte für den Schallschutz innerhalb von Wohnungen genannt. In der in Arbeit befindlichen Neufassung sind dafür Empfehlungen mit folgenden Werten zu erwarten:

Zwischendecken: dieselben Werte wie für Wohnungstrenndecken
    Normalanforderungen: LSM $\geqq$ 0 dB
    für erhöhten Schallschutz: LSM $\geqq$ 3 dB

Zwischenwände:
    Normalanforderungen: LSM $\geqq$ −10 dB
    für erhöhten Schallschutz: LSM $\geqq$ − 5 dB

3.23 Zwischenwände in Verwaltungsbauten u. ä.

Auch dafür sind in DIN 4109, Ausgabe 1962, keine Richtwerte angegeben. In der Neufassung sind folgende Werte als Empfehlung zu erwarten:

	LSM in dB
1. Trennwände zwischen Räumen mit üblicher Bürotätigkeit	−15
2. Trennwände für Räume mit konzentrierter geistiger Tätigkeit oder zur Behandlung vertraulicher Angelegenheiten	− 5
3. Wände zwischen Fluren und den Räumen nach Nr. 2	− 5
4. Türen für Räume nach Nr. 2	−20

Der Luft- und Trittschallschutz von Decken soll den Anforderungen für Wohnungstrenndecken entsprechen.
Diese Werte sollten auch bei anderen vergleichbaren Bauten, wie z. B. Hochschul-Instituten, zugrundegelegt werden.

3.24 Haustechnische Gemeinschaftsanlagen

Der Betrieb von haustechnischen Gemeinschaftsanlagen, wie Aufzüge, Müllabwurfanlagen und die Wasserinstallation, soll nach DIN 4109 in fremden Wohn-, Schlaf- und Arbeitsräumen zu keinen größeren Schallpegeln führen als
    tagsüber (zwischen 7 Uhr und 22 Uhr): 40 dB(A)
    nachts (zwischen 22 Uhr und 7 Uhr):   30 dB(A)
Für die Geräusche der Wasserinstallation ist der Grenzwert ausnahmsweise durch einen Erlaß (siehe Fußnote in Abschnitt 9) auf 35 dB(A) erhöht worden. Für einen guten Schallschutz sollte jedoch ein um 10 dB(A) niedrigerer Wert angestrebt werden.

3.25 Außenlärm

3.251 Außenbauteile

Für die Schalldämmung nach außen, z. B. gegen Verkehrslärm, bestanden bisher keine Richtwerte. Neuerdings sind jedoch „Richtlinien für bauliche Maßnahmen zum Schutz gegen Außenlärm — Ergänzung zu DIN 4109 — Schallschutz im Hochbau" ausgearbeitet worden [4]). Danach wird empfohlen, daß das „bewertete Schalldämmaß R_w" — Definition siehe Abschnitt 4.1 — von Fenstern und Außenwänden folgenden Mindestwerten, abhängig von dem Dauerschallpegel des Außengeräusches, genügen soll:

Tafel 4:   Empfohlener Schallschutz bei Fenstern und Außenwänden nach DIN 4109, Teil 4 (Entwurf)

maßgeblicher Außenlärm-pegel in dB(A)	Raumarten					
	Bettenräume in Krankenhäusern u. Sanatorien		Aufenthaltsräume in Wohnungen, Übernachtungs-räume in Hotels, Unterrichtsräume		Büroräume	
	bewertetes Schalldämmaß R_w (für Fenster) bzw. R'_w für Außenwände in dB					
	Außen-wand	Fenster	Außen-wand	Fenster	Außen-wand	Fenster
$\leq$ 50	30	25	30	25	30	25
51—55	35	30	30	25	30	25
56—60	40	35	35	30	30	25
61—65	45	40	40	35	30	30
66—70	50	45	45	40	35	35
$\geq$ 70	55	50	50	45	40	40

Die angegebenen Werte beziehen sich auf die Messung im Laboratorium. Bei der Messung am Bau dürfen diese Werte — unter Einschluß gewisser meßtechnischer Unsicherheiten — bis zu 5 dB(A) niedriger sein.

3.252 Zulässiger Außenlärm

Über den zulässigen Außenlärm von Gewerbebetrieben, der sich vor anderen Bauten ergibt, enthält die Richtlinie des Vereins Deutscher Ingenieure VDI 2058 „Beurteilung von Arbeitslärm in der Nachbarschaft", Blatt 1, Ausgabe Juni 1973, Immissionsrichtwerte, die vor dem gestörten Gebäude nicht überschritten werden sollen. Diese Werte sind je nach Baugebiet unterschiedlich. Sie sind in Zahlentafel 5 angegeben.

---

[4]) „Richtlinien für bauliche Maßnahmen zum Schutz gegen Außenlärm", Ergänzung zu DIN 4109, Fassung Sept. 1975; Beuth-Verlag Berlin 30

Tafel 5: Immissionsrichtwerte nach VDI 2058, Blatt 1

Einwirkungsort	Immissionsrichtwert in dB(A)	
	tags	nachts
nur gewerbliche Anlagen (Industriegebiete)	70	70
vorwiegend gewerbliche Anlagen (Gewerbegebiete)	65	50
weder vorwiegend gewerbliche Anlagen, noch vorwiegend Wohnungen (Mischgebiete)	60	45
vorwiegend Wohnungen (Allgemeine Wohngebiete)	55	40
ausschließlich Wohnungen (Reines Wohngebiet)	50	35
Kurgebiete, Krankenhäuser	45	35

Die angegebenen Zahlenwerte entsprechen auch den Anforderungen der „TA-Lärm" der Gewerbeordnung für genehmigungspflichtige Anlagen.

Für die Festlegung neuer Baugebiete sind gleichartige Richtwerte für den zulässigen Schallpegel in DIN 18005 „Schallschutz im Städtebau", Ausgabe 1971 genannt. Diese Werte sollen sich jedoch nicht nur auf Gewerbelärm, sondern auch auf Straßenlärm beziehen. Dort ist die Einhaltung von Grenzwerten in der Größe von 35 bzw. 40 dB(A) sehr schwierig, wenn nicht unmöglich.

3.3 Nachweis des geforderten Schallschutzes

Der Nachweis, daß die verwendeten Bauteile den in DIN 4109 geforderten Schallschutz besitzen, kann auf drei verschiedenen Wegen erfolgen:

1. Verwenden von Trenndecken und -wänden, die in Blatt 3 von DIN 4109 ausdrücklich als schalltechnisch ausreichend genannt sind.
   In diesem Fall ist kein weiterer Nachweis erforderlich.
2. Verwenden von Trenndecken und Wänden, deren schalltechnische Brauchbarkeit durch eine sog. Eignungsprüfung nachgewiesen ist.
   Auch in diesem Fall ist kein weiterer Nachweis durch den Verwender erforderlich.
3. Verwenden von beliebigen Decken- oder Wandausführungen, die nicht unter Punkt 1 oder 2 fallen.
   Der ausreichende Schallschutz muß durch eine stichprobenweise Überprüfung am fertiggestellten Bauwerk nachgewiesen werden. Eine solche Prüfung wird als „Güteprüfung" bezeichnet.

In der Regel wird kein Architekt oder Bauherr das Risiko und die zusätzlichen Kosten der Überprüfung übernehmen wollen, die mit dem Weg 3 verbunden sind. Für den Weg 2 sind die entsprechenden Eignungszeugnisse vom Hersteller der in Frage kommenden Bauteile vorzuweisen. Diese Zeugnisse müssen einen ausdrücklichen Vermerk enthalten, daß es sich bei der durchgeführten Prüfung um eine Eignungsprüfung im Sinne von DIN 4109 handelt. Zur Ausstellung von Eignungszeugnissen, die vom Hersteller beantragt werden müssen, sind nur bestimmte, amtlich zugelassene Prüfstellen ermächtigt.

Ein Nachweis darüber, inwieweit die Geräusche von haustechnischen Anlagen den unter Abschnitt 3.22 genannten Bedingungen entsprechen, ist z. Z. nicht erforderlich, abgesehen von der Verwendung geräuscharmer Armaturen für die Wasserinstallation, Näheres siehe Abschnitt 9. Für die Anwendung von Lüftungsschächten gilt das oben für Trennwände und -decken Gesagte.

4. Luftschallschutz

4.1 Kennzeichnung und Messung

Zur Veranschaulichung stellen wir uns zwei durch eine Wand getrennte Räume vor. Wird in einem der beiden Räume Luftschall, z. B. durch Sprechen, Singen, Radio, erzeugt, dann setzen die periodisch auftretenden Über- und Unterdrücke der Schallwellen die Trennwand in sogen. Biegeschwingungen, d. h. unter dem Wechseldruck schwingen die Wandelemente senkrecht zu ihrer Wandfläche, wie dies in Abb. 4 schematisch dargestellt ist. Dadurch stoßen sie die Luftteilchen des

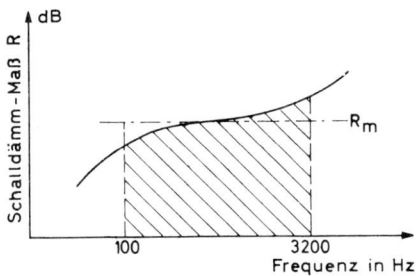

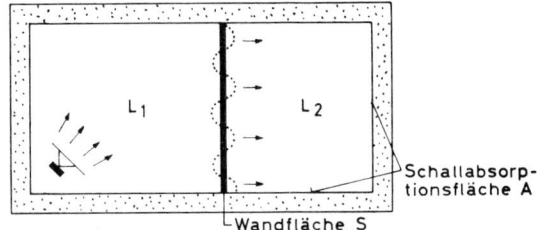

Abb. 4: Zur Messung und Darstellung der Luftschalldämmung von Decken und Wänden.

Nachbarraumes ebenfalls zu Schwingungen an, womit auch im Nachbarraum Luftschall auftritt.

Für die Bewohner ist als Schallschutz zwischen den beiden Räumen spürbar die Differenz der Schallpegelwerte L_1 und L_2, die im lauten und im leisen Raum auftreten. Diese sog. Schallpegeldifferenz ergibt sich rechnerisch zu:

$$L_1 - L_2 = R - 10 \lg \frac{S}{A} \qquad (1)$$

33

In erster Linie wird sie bestimmt von dem Schalldämm-Maß R, einem kennzeichnenden Maß für die Schalldämmung der Trennwandkonstruktion. Die Schallpegeldifferenz hängt außerdem davon ab, wie groß die Fläche S der Trennwand und wie groß das Absorptionsvermögen A des leisen Raumes ist. Die Pegeldifferenz ist um so niedriger, je größer die Wandfläche ist, weil die übertragene Schallenergie mit der Wandfläche zunimmt. Sie ist um so größer, je größer das Absorptionsvermögen A des leisen Raumes ist, d. h. letzten Endes, je größer die Ausstattung des Raumes mit Möbeln, Teppichen usw. ist (Näheres siehe Abschnitt 11). Ist der leise Raum kahl — z. B. ein Bad — dann ist die Schallpegeldifferenz kleiner als z. B. bei einem Schlafzimmer, auch wenn dieselbe Trennwand verwendet worden ist.

Die von den Bewohnern empfundene Dämmung (L_1-L_2) hängt somit nicht allein von der Art der Trennwand, sondern in gewissem Umfang — unter extremen Verhältnissen bis zu etwa 8 dB — von der Fläche der Trennwand und der Ausstattung der Räume ab. Von größerer Bedeutung als die genannten Einflüsse ist allerdings das Schalldämm-Maß R, d. h. die Art der verwendeten Wandkonstruktion. Man hat deshalb in Deutschland — im Gegensatz zum Ausland — die Verhältnisse für den Architekten vereinfacht, indem man nicht die mindesterforderliche Schallpegeldifferenz, sondern das mindesterforderliche Schalldämm-Maß, d. h. die Art der zulässigen Trennwandkonstruktion in DIN 4109 vorgeschrieben hat.

Unter dem Schalldämm-Maß R versteht man das Verhältnis der auf eine Wand auftreffenden Schallenergie P_1 zu der von ihrer Rückseite in den Nachbarraum durchgelassenen Energie P_2, und zwar in logarithmischem Maße:

$$R = 10 \, lg \, \frac{P_1}{P_2} \tag{2}$$

Ein Schalldämm-Maß R von z. B. 50 dB bedeutet, daß $^1/_{100000}$ der auf die Trennwand auftreffenden Schallenergie in den Nachbarraum gelangt. Bei $R = 30$ dB gelangt $^1/_{1000}$ der Energie in den Nachbarraum, was wegen der großen Empfindlichkeit des menschlichen Ohrs bereits als sehr laut empfunden wird.

Die Messung der Schalldämmung erfolgt, indem man in einem an die Trennwand angrenzenden Raum Schall, meist mit einer elektrischen Apparatur erzeugt und dann L_1 und L_2, die Fläche S und das Schallabsorptionsvermögen A des leisen Raumes — durch die Messung der Nachhallzeit des Raumes — bestimmt. Unter Benützung der obigen Beziehung (1) kann dann R berechnet werden:

$$R = L_1 - L_2 + 10 \, lg \, \frac{S}{A} \tag{3}$$

Die Messung kann sowohl in Bauten als auch im Laboratorium vorgenommen werden.

R ist von der Frequenz abhängig, so daß es für verschiedene Frequenzen bestimmt werden muß. Um einen kennzeichnenden Mittelwert zu bekommen, mittelt man die Werte von R über den Frequenzbereich 100 bis 3150 Hz, wobei die Meßwerte über einem logarithmischen Frequenzmaßstab aufgetragen sind, vgl. Abb. 4. Der Mittelwert wird als mittleres Schalldämm-Maß (R_m oder $\bar{R}$) bezeichnet. Man kann zeigen, daß verschiedene Wände, die dasselbe mittlere Schalldämm-Maß besitzen, unter Umständen subjektiv mit dem Ohr als verschieden schalldämmend empfunden werden. Verständlicherweise läßt sich eine besonders schlechte Dämmung, etwa bei mittleren Frequenzen um 500 Hz, nicht durch eine besonders gute Dämmung bei tiefen und hohen Frequenzen kompensieren.

Man hat deshalb für Wohnungstrenndecken und -wände eine andere Bewertungsmethode eingeführt, wobei man bestimmte, in Abb. 5 dargestellte Sollwerte in Abhängigkeit von der Frequenz festlegte, die nur wenig, im Mittel um 2 dB, unterschritten werden sollen. Bei der Festlegung dieser Sollwerte hat man die Frequenzverteilung üblicher Geräusche sowie die stark von der Frequenz abhängende Empfindlichkeit des menschlichen Ohrs berücksichtigt[5]).

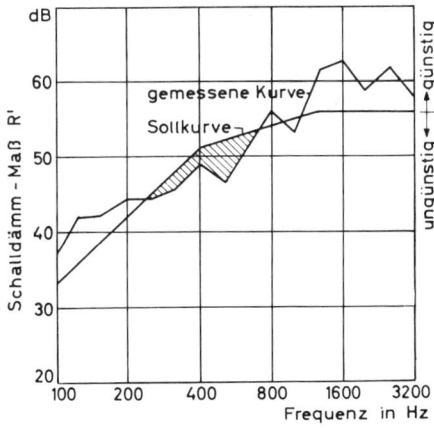

Abb. 5: Die Mindestanforderungen an den Luftschallschutz von Wohnungstrenndecken und -wänden nach DIN 4109 bei der Messung am Bau. Die Sollwerte dürfen im Mittel nur um 2 dB (im Beispiel schraffierter Bereich) unterschritten werden.

Der mit der Frequenz zunächst stark und dann langsamer ansteigende Verlauf der Sollkurve in Abb. 5 beruht in erster Linie auf der in gleicher Weise zunehmenden Empfindlichkeit des menschlichen Ohres mit der Frequenz bei den hier vorliegenden kleinen Lautstärken. Oder anders ausgedrückt: Die Dämmung einer Wand darf bei tiefen Frequenzen ohne Schaden relativ gering sein, weil das menschliche Ohr für die tiefen Frequenzen weniger empfindlich ist.

Bei der Berechnung der zulässigen Unterschreitung der Sollwerte dürfen Überschreitungen bei anderen Frequenzen nicht berücksichtigt werden.

[5]) vgl. auch Cremer, L. „Der Sinn der Sollkurven" in „Schallschutz von Bauteilen", Verlag W. Ernst & Sohn, Berlin, 1960.
Gösele, K. „Zur Bewertung der Schalldämmung von Bauteilen nach Sollkurven", Acustica, 1965.

Diese Sollwerte dienten zunächst nur für die Festlegung von Mindestanforderungen für den Schallschutz von Wohnungstrennwänden und -decken. Damit sie auch für die Kennzeichnung des Schallschutzes durch einen einzigen Zahlenwert geeignet sind, wurde das sogen. Luftschallschutzmaß, abgekürzt LSM, eingeführt. Es stellt denjenigen Wert in dB dar, um den die obengenannten Sollwerte — nach Abb. 5 — in positiver Richtung (nach oben) oder in negativer Richtung (nach unten) verschoben werden müssen, damit die mittlere Unterschreitung der verschobenen Sollwerte durch eine Meßkurve gerade 2 dB beträgt. Abb. 6 verdeutlicht dieses Verfahren an zwei Beispielen.

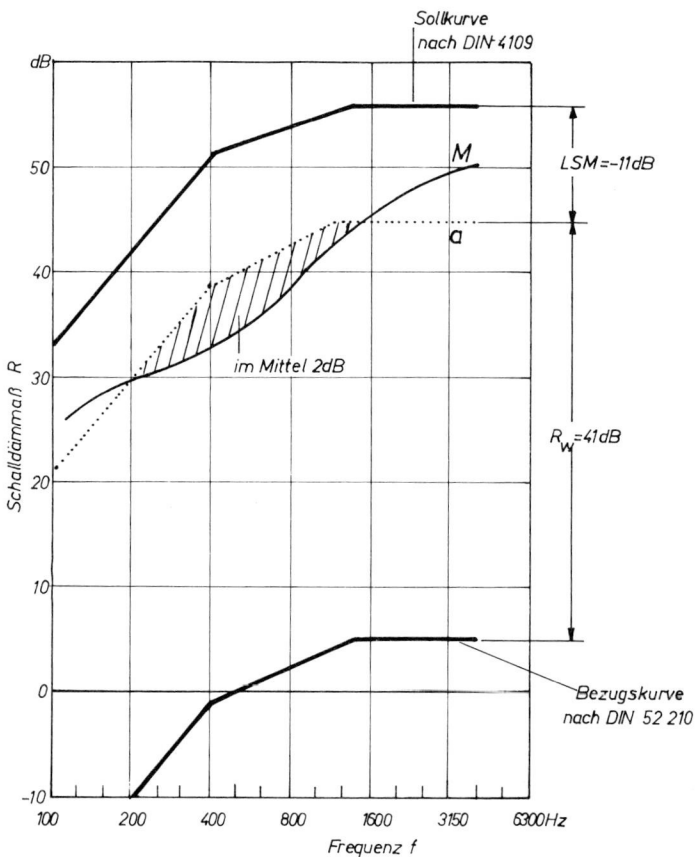

Abb. 6: Zur Definition des bewerteten Schalldämmaßes R_w. Die zugehörige Bezugskurve ($R_w = 0$ dB) liegt um 52 dB niedriger als die Sollkurve nach DIN 4109.
M Meßkurve als Beispiel für die Auswertung mit der verschobenen Bezugskurve a.

Ein negativer Wert für das Luftschall-Schutzmaß bedeutet, daß die Schalldämmung der Wand nicht den Mindestanforderungen für Wohnungstrennwände bzw. -decken genügt. Wenn auch kein strenger Zusammenhang zwischen dem oben erwähnten mittleren Schalldämm-Maß R_m und dem Schallschutzmaß (LSM) besteht, läßt sich doch experimentell im Mittel ein solcher Zusammenhang bestimmen, wonach näherungsweise gilt:

LSM $= R_m - 50$ dB, für Messungen im Bau

Werte für Wände, die vor 1960 in Gutachten, Veröffentlichungen usw. genannt sind, beziehen sich durchweg auf die Bewertung nach DIN 52211, wobei diese LSM-Werte um 2 dB höher sind als nach der Bewertung nach DIN 4109.
Das Luftschallschutzmaß hat den Nachteil, daß als „Nullpunkt" die Mindestanforderung für Wohnungstrennwände bzw. -decken gewählt worden ist. Dadurch ergeben sich selbst für schalltechnisch relativ günstige Bürotrennwände, Türen oder Fenster negative Werte des LSM, die dem Anwender leicht ein falsches Bild von der Brauchbarkeit des in Frage stehenden Bauteils vortäuschen.
Es ist deshalb ein neues Maß in DIN 52210, Teil 4, Ausgabe 1975, eingeführt worden, das „bewertete Schalldämmaß R_w," das diesen Mangel nicht aufweist. Es unterscheidet sich vom LSM nur dadurch, daß die Bewertungskurve (Sollkurve) um 52 dB nach unten verschoben ist, siehe Abb. 6. Deshalb gilt:

$$R_w = \text{LSM} + 52 \text{ dB} \qquad (4)$$

Es ist beabsichtigt, in Zukunft nur noch R_w als Mittelwert zu benutzen und LSM und R_m aufzugeben. Für die Praxis wichtig ist, daß R_w in der Regel etwa 2 dB höher ist als R_m.

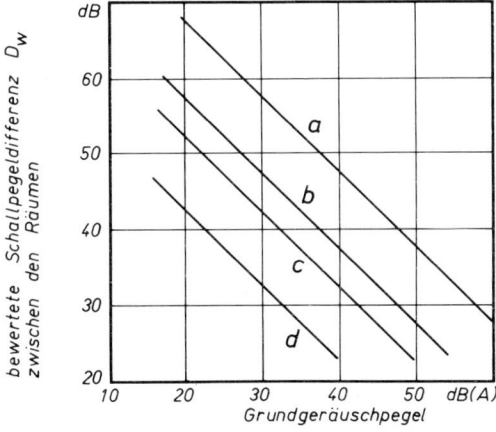

Abb. 7: Zum Durchhören von Sprache durch Wände mit verschieden großen Werten des bewerteten Schalldämmaßes R_w; dargestellt in Abhängigkeit von der Höhe des Geräuschpegels im Empfangsraum
a: nicht zu hören
b: zu hören, jedoch noch nicht zu verstehen
c: schwer zu verstehen
d: gut zu verstehen

37

Subjektive Wirkung

Bei der Festlegung der Anforderungen an die Schalldämmung von Bauteilen wird man sich in vielen Fällen fragen, inwieweit man Sprache durch eine Wand bei einem bestimmten Wert des bewerteten Schalldämmaßes R_w noch durchhört oder gar durchversteht.

Dies hängt stark davon ab, wie groß das Grundgeräusch im Empfangsraum ist. In Abb. 7 sind die entsprechenden Werte von R_w, abhängig vom Grundgeräusch-pegel angegeben, die nötig sind, damit man normal laute Sprache — im Mittel 65 dB(A) — nicht durchhört (Kurve a), bzw. zwar durchhört, jedoch noch nicht versteht (Kurve b), oder aber gut durchversteht (Kurve d). Man ersieht daraus, daß die folgenden, in Zahlentafel 6 genannten Werte von R_w, je nach Grund-geräusch erforderlich sind.

Tafel 6:   **Bewertetes Schalldämmaß R_w und das Durchhören von Sprache**

Sprachverständlichkeit	erforderliches bewertetes Schalldämmaß R_w in dB	
	Grundgeräusch 20 dB(A)	Grundgeräusch 30 dB(A)
nicht zu hören	67	57
zu hören, jedoch nicht zu verstehen	57	47
teilweise zu verstehen	52	42
gut zu verstehen	42	32

Ob die Schalldämmung einer Wand oder Decke im praktischen Fall als befriedigend empfunden wird oder nicht, hängt somit in hohem Maß von dem vorhandenen Grundgeräusch ab. In einer ruhigen Umgebung sollte die Schalldämmung zwischen den Räumen besonders gut sein.

4.2 Grundsätzliches Verhalten

4.21 Einschalige Wände und Decken [6])

Um einen Überblick über die schalltechnischen Eigenschaften von Wänden[6]) zu bekommen, muß zwischen ein- und zweischaligen Wänden unterschieden werden. Zunächst sollen die Eigenschaften der einschaligen Wände besprochen werden.

---

[6]) Der Einfachheit halber wird im folgenden jeweils von Wänden gesprochen. Die Ausführungen gelten jedoch in gleicher Weise auch für Decken bzw. allgemein für Platten, z.B. auch für Türen, Fenster.

Darunter versteht man Wände, die weitgehend homogen aufgebaut sind und keine Schichtung im akustischen Sinne besitzen. Die Schallübertragung kann bei einschaligen Wänden auf zwei Wegen erfolgen, über etwaige Undichtheiten der Wand und über die Masse der Wand selbst.

4.211 Einfluß von Undichtheiten

Unter der Undichtheit einer Wand werden Luftkanäle verstanden, die unter Umständen sehr fein sein können und von der einen Wandseite zur anderen reichen, so daß der Luftschall — ohne eine Umsetzung in Körperschall — vom einen Raum zum anderen gelangen kann. Grobe Undichtheiten können die Schalldämmung einer Wand um eine Größenordnung verringern. Unverputzte Wände haben deshalb häufig eine ungenügende Dämmung.

Tafel 7: **Luftschall-Schutzmaß von Trennwänden im unverputzten und im verputzten Zustand**

	unverputzt dB	verputzt dB
24 cm Hochlochziegel	—2	2
25 cm Schüttbeton	—41	1
24 cm Hohlblocksteine aus Bimsbeton	—36	—3
20 cm Gasbetonplatten, geschoßhoch	—7	—5

Diejenigen Wände, die viele und große, durchgehende Poren und Luftspalte besitzen, wie z. B. Schüttbeton oder Bimsbeton, zeigen im unverputzten Zustand eine besonders geringe Schalldämmung, so daß sich bei mittleren Frequenzen nur ein Schalldämm-Maß von etwa 10 bis 20 dB ergibt, bzw. Luftschall-Schutzmaße von — 30 bis — 40 dB.

Gasbetonplatten besitzen dagegen im unverputzten Zustand eine vergleichsweise hohe Dämmung, weil diese Platten allseitig geschlossene Luftporen haben. Ähnliches gilt für Wände aus Ziegeln oder Kalksandsteinen, bei denen lediglich die Übertragung über Undichtheiten von Mörtelfugen von Bedeutung ist. Sobald ein Verputz aufgebracht ist, nimmt die Dämmung bei den besonders undichten Wänden sprunghaft zu. Dabei reicht es in der Regel vom schalltechnischen Standpunkt aus, wenn nur eine der beiden Wandseiten verputzt wird.

Auch wenn nur kleine Teilflächen einer Wand beidseitig unverputzt bleiben, kann dies zu einer Beeinträchtigung der Schalldämmung führen. So wird häufig der Putz nur oberhalb einer Putzleiste angebracht, die einige Zentimeter über der Wandunterkante angeordnet ist. Wird ein solcher unverputzter Wandstreifen nur mit einer Fußleiste abgedeckt, dann kann dies zu einer zusätzlichen Schallübertragung über diese Undichtheit führen. Im folgenden wird vorausgesetzt, daß Wände jeweils ausreichend gedichtet sind.

Die Schallübertragung über Fugen hat neuerdings durch den Aufbau von demontierbaren Trennwänden aus einzelnen Tafeln große Bedeutung gewonnen. Die Schalldämmung von offenen Fugen hängt von ihrer Tiefe und von deren Breite ab. In Abb. 8 ist das Schalldämmaß R_{ST} von Schlitzen von 1 m Länge, bezogen auf 1 m² Plattenfläche, dargestellt. Auffällig ist die bei hohen Frequenzen geringer werdende Schalldämmung, bedingt durch eine Resonanz, wenn die Länge des Schlitzes gleich der halben Wellenlänge des Schalls wird. Deshalb haben Wände, Türen, Fenster mit undichten Fugen bei hohen Frequenzen eine besonders niedrige Schalldämmung, wo es sehr störend ist.

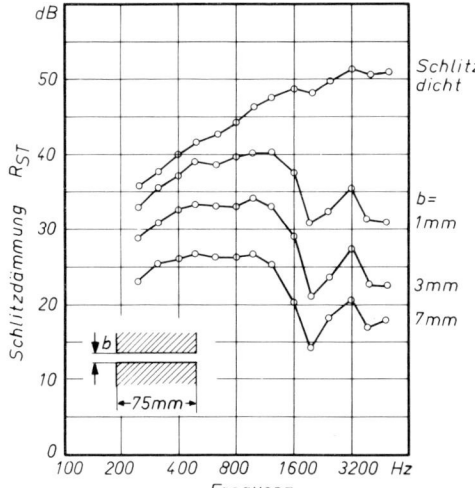

Abb. 8: Schlitzdämmaß R_{st} von Schlitzen verschiedener Breite b.

Die Schallübertragung läßt sich bei gegebener Schlitzbreite wesentlich verringern, wenn die Fuge in einen Hohlraum mündet, der möglichst einen Strömungswiderstand, z. B. in Form von Mineralwolle, enthalten soll. In Abb. 9 ist ein Beispiel gezeigt. Viele heute noch störenden Probleme der Fugendichtung werden wahrscheinlich auf diese Weise gelöst werden können [7]).
Die Wirksamkeit derartiger Hohlräume nach Abb. 9 hängt in starkem Maß von der Breite der Fuge ab. Das Beispiel ist in der Regel nur für Fugen von 1 bis 2 mm Breite anwendbar.
Fugen werden häufig dadurch gedichtet, daß man einen weichfedernden Schaumstoffstreifen in die Fuge einbringt. Die Dichtwirkung ist oft enttäuschend gering,

---

[7]) siehe Gösele, K. „Schalldämmung von Türen". Berichte aus der Bauforschung. 1969, Heft 63.

weil die besonders nachgiebigen, offenporigen Schaumstoffe auch einen geringen Strömungswiderstand besitzen. Für die Dichtwirkung ist jedoch ein hoher Wert des Strömungswiderstandes maßgeblich[8]). Erst wenn derartige Schaumstoffstreifen stark zusammengedrückt werden, auf etwa $1/3$ bis $1/5$ ihrer ursprünglichen Dicke, stellen sie eine wirksame Dichtung dar. Allerdings gibt es auch Schaumstoffe oder Filze, die von vorneherein einen hohen Strömungswiderstand haben und daher nicht so stark komprimiert werden müssen. Sie haben dann andererseits den Nachteil, daß sie sich an Unebenheiten der Fugenbegrenzung weniger gut anpassen.

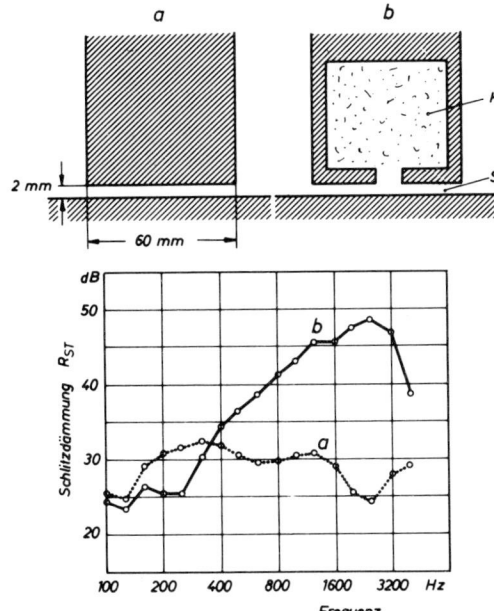

Abb. 9: Bedeutung eines angekoppelten Hohlraumes H (mit Mineralwollefüllung) für die Schalldämmung eines Schlitzes S
a: ohne Hohlraum
b: mit Hohlraum

4.212 Einfluß des Flächengewichtes und der Biegesteife

Die Schalldämmung von dichten, einschaligen, homogenen Wänden hängt in erster Linie vom Gewicht der Wände je Flächeneinheit, von ihrem Flächengewicht ab (Berger'sches Gewichtsgesetz[9]). Abb. 10 zeigt die im Mittel sich ergebende Abhängigkeit des Luftschall-Schutzmaßes und des bewerteten Schalldämmaßes

[8]) Gösele K. und U. Decker „Schalldämmung von Fugen mit porösen Dichtungsstreifen" DAGA 1972 — Akustik und Schwingungstechnik — S. 190/193 VDE-Verlag GmbH., Berlin.
[9]) Berger, L. „Über die Schalldurchlässigkeit", Dissertation, Techn. Hochschule München, 1911.

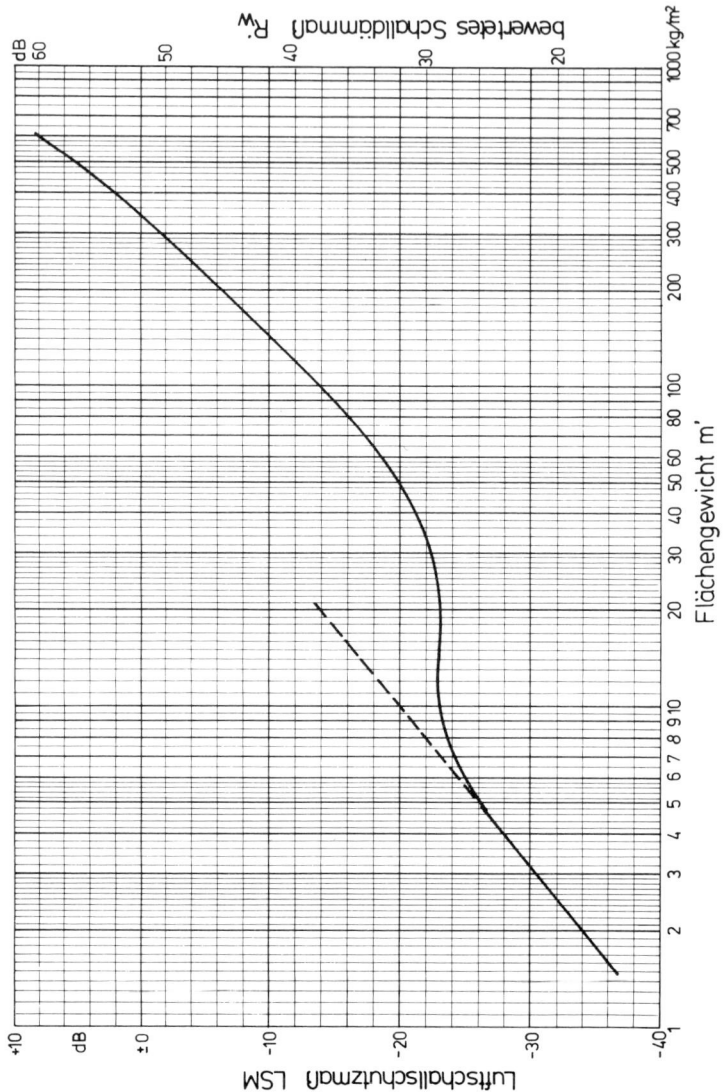

Abb. 10: Abhängigkeit des Luftschallschutzmaßes LSM und des bewerteten Schalldämmaßes R'_w von einschaligen Wänden und Decken von ihrem Flächengewicht m'.

Die gestrichelt eingezeichnete Gerade gilt für Platten von besonders geringer Biegesteifigkeit, z. B. Stahl- oder Bleiblech, Gummiplatten.

42

	A	B
Raumgewicht:	800 kg/m³	2400 kg/m³
Flächengewicht:	150 kg/m²	340 kg/m²
Luftschall-Schutzmaß:	—9 dB	0 dB
Wärmedurchlaß-widerstand 1/Λ:	0,48 m²h grd/kcal	0,09 m²h grd/kcal

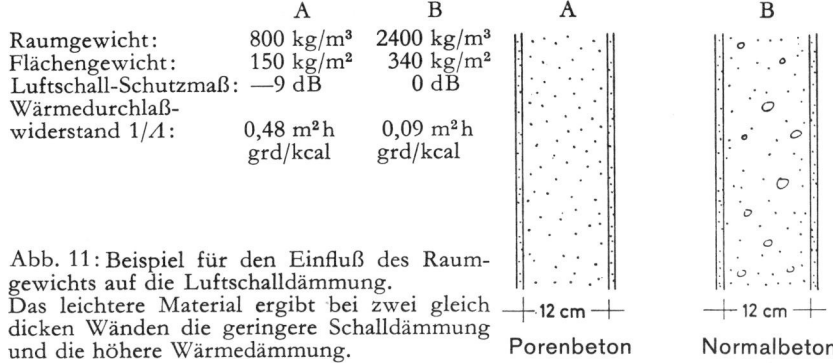

Abb. 11: Beispiel für den Einfluß des Raumgewichts auf die Luftschalldämmung. Das leichtere Material ergibt bei zwei gleich dicken Wänden die geringere Schalldämmung und die höhere Wärmedämmung.

Porenbeton   Normalbeton

R'_w von Wänden von ihrem Flächengewicht[10]). Daraus ist zu entnehmen, daß die Schalldämmung stetig mit dem Flächengewicht ansteigt. Nicht die Art des Materials ist in erster Linie für die Größe der Schalldämmung entscheidend, sondern das Gewicht der Wand je Flächeneinheit. Von zwei gleich dicken Wänden wird — wie es Abb. 11 veranschaulichen soll — diejenige mit dem höheren Raumgewicht die bessere Schalldämmung, jedoch auch die geringere Wärmedämmung haben. Aus Abb. 10 ist ferner zu ersehen, daß eine für Wohnungstrennwände gerade noch zulässige Schalldämmung, also ein Schallschutzmaß von 0 dB (nach DIN 4109) bei einem Flächengewicht von etwa 350 kg/m² erreicht wird. Für eine ausgesprochen gute Schalldämmung sind jedoch schwerere Wände erforderlich. Allerdings darf der in Abb. 10 gezeigte Zusammenhang nicht als strenges Gesetz betrachtet werden; vielmehr spielt in gewissem Maße das verwendete Material doch eine Rolle, da die Biegesteifigkeit — vor allem bei dünnen Wänden — von Bedeutung ist. Betrachtet man die Schalldämmung von dünnen Wänden in Abhängigkeit von der Frequenz — siehe die Werte für eine Betonplatte in Abb. 12, Kurve a — so stellt man fest, daß die Schalldämmung in der Regel zunächst mit der Frequenz ansteigt, um dann zu einem Minimalwert abzunehmen und darauf wieder stark zuzunehmen. L. Cremer, der erstmals auf diese Erscheinung aufmerksam gemacht und sie erklärt hat[11]), konnte zeigen, daß dieses Minimum auf einer Art räumlicher Resonanz beruht, bei der die Fortpflanzungsgeschwindigkeit der Biegewellen innerhalb der Wand mit der Geschwindigkeit übereinstimmt, mit der die Spur der schräg einfallenden Luftschallwelle die Wandoberfläche entlang eilt. Das Minimum der Schalldämmung tritt wenig oberhalb der sog. Grenzfrequenz f_{gr} auf, die sich rechnerisch für homogene Platten ergibt zu

[10]) Heckl, M. „Die Schalldämmung von homogenen Einfachwänden endlicher Fläche". Acustica 1960 S. 98—108.
[11]) Cremer, L. „Theorie der Schalldämmung dünner Wände bei schrägem Einfall". Akustische Zeitschrift 7, 1942, S. 81.

43

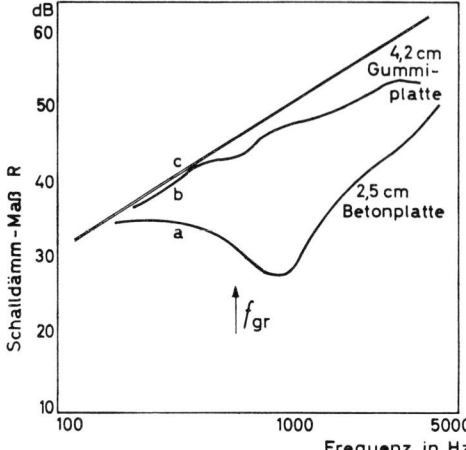

Abb. 12: Der ungünstige Einfluß der Biegesteifigkeit auf die Schalldämmung dünner Wände. Eine Gummiplatte hat wegen ihrer geringen Biegesteife eine bessere Schalldämmung als eine gleich schwere Betonplatte (jeweils 55 kg/m²).

$$fgr = \frac{c^2}{2\,\pi}\,\sqrt{\frac{m'}{B}} \tag{5}$$

dabei sind:

m': Flächengewicht der Platte
B: Biegesteifigkeit der Platte
c: Schallgeschwindigkeit in Luft

Maßgeblich für fgr und damit für die Frequenzlage des Dämmungsminimums ist somit das Verhältnis von Flächengewicht zu Biegesteife.

Da die Biegesteife in der Dicke d und dem Elastizitätsmodul E ausgedrückt werden kann, gilt auch:

$$fgr = 6,4 \cdot 10^5 \cdot \frac{1}{d}\,\sqrt{\frac{\varrho}{E}}\ Hz \tag{6}$$

wobei bedeuten:

d: Dicke der Wand in cm
ϱ: Dichte des Wandmaterials in kg/dm³
E: Elastizitätsmodul in kp/cm²

Die Grenzfrequenz liegt danach umso niedriger, je dicker und damit je steifer die Platte ist. Die Grenzfrequenzen einiger üblicher Baustoffe sind in Abhängigkeit von der Dicke der Platte in Abb. 13 dargestellt. So hat z. B. eine Gipsplatte von 1 cm Dicke ihre Grenzfrequenz bei rd. 3000 Hz, eine solche von 8 cm Dicke bei 370 Hz. In der Nähe dieser Frequenzen liegen dann auch die störenden Dämmungsminima der Platten (vgl. dazu Kurve a in Abb. 23).

Die Schalldämmung wird nach der Cremer'schen Theorie besser, wenn diese Grenzfrequenz sehr hoch liegt. Den Vorteil einer Verringerung des Elastizitätsmoduls und damit der Biegesteife zeigt Abb. 12 an den Werten einer Gummiplatte

44

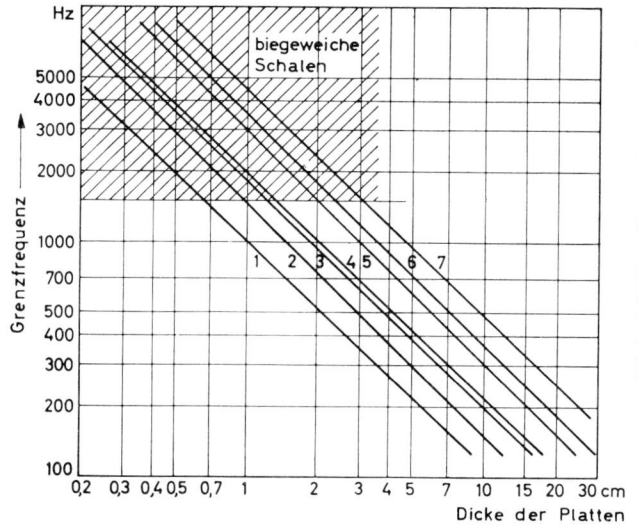

Abb. 13: Grenzfrequenzen für Platten aus verschiedenen Baustoffen.
Platten oder Schalen, deren Grenzfrequenz über etwa 1500 Hz liegt, können als biegeweich angesprochen werden.
1: Glas
2: Schwerbeton
3: Sperrholz
4: Vollziegel
5: Gips
6: Hartfaserplatten
7: Porenbeton (700 kg/m³)

(Kurve b), die bei gleichem Flächengewicht eine wesentlich bessere Schalldämmung besitzt als die eingangs betrachtete Betonplatte. Sie erreicht nahezu die theoretischen Werte (Kurve c) für eine Platte ohne jede Biegesteife.

Durch das Einsägen von sich kreuzenden Rillen in Platten oder durch das Aufkleben einzelner Klötzchen kann das Verhältnis Masse/Biegesteife ebenfalls erhöht und damit das Dämmungsminimum an den oberen Rand des interessierenden Frequenzbereichs verschoben werden[12]). Wesentlich günstiger als andere Materialien verhalten sich — wegen ihrer geringen Biegesteife — Bleiblech und Gummi. Man kann z.B. mit einer mit Bleiblech beklebten, dünnen Platte von beispielsweise 10—20 mm Dicke eine Dämmung erreichen, die etwa 10 dB höher ist als die gleich schwerer Platten aus anderen Materialien. Dies gilt jedoch nur, wenn die Trägerplatte selbst noch keine zu große Steifigkeit hat. Dies gilt z.B. nicht für eine steife, leichte Trennwand von beispielsweise 100 mm Dicke. Dort hat das Aufkleben einer Bleifolie akustisch keinen Vorteil mehr.

Das Ziel, ein relativ hohes Flächengewicht bei kleiner Biegesteifigkeit zu erhalten, kann man auch durch das Aufeinanderlegen mehrerer Einzelplatten erreichen, die nur durch wenige einzelne Nägel o.ä. miteinander verbunden sind. Ein Beispiel zeigt Abb. 14 bei einem Türblatt. Bei gleichem Flächengewicht ist das bewertete Schalldämmaß um etwa 10 dB höher, wenn mehrere Einzelplatten statt einer massiven Platte verwendet werden. Der Grund der Verbesserung liegt darin,

---

[12]) siehe Cremer, L. und A. Eisenberg „Verbesserung der Schalldämmung dünner Wände durch Verringerung ihrer Biegesteifigkeit" in Bauplanung und Bautechnik 1948, S. 235.

45

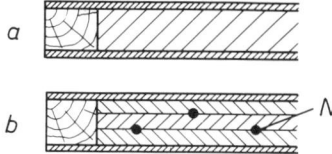

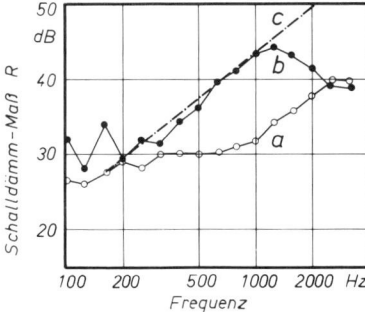

Abb. 14: Verbesserung der Schalldämmung einer Platte (Türblatt)
durch die Füllung des Hohlraumes
mit lose eingelegten Holzspanplatten,
die nur über einzelne Nägel N miteinander verbunden sind.
a: massive Holzspanplatte
$$m' = 29 \text{ kg/m}^2$$
$$R_w = 34 \text{ dB}$$
b: mehrere lose Holzspanplatten
$$m' = 27 \text{ kg/m}^2$$
$$R_w = 40 \text{ dB}$$

daß die Biegesteifigkeit einer massiven Platte mit h^3 zunimmt, die von mehreren
übereinandergelegten Platten jedoch nur mit h, wenn h die Gesamtdicke darstellt.

Daß trotz des geschilderten Einflusses des Wandmaterials auf die Schalldämmung eine ziemlich eindeutige Abhängigkeit des Schallschutzmaßes vom Flächengewicht der Wände — siehe Abb. 10 — festgestellt werden kann, liegt darin, daß
die unterschiedlichen Dichten der üblichen Baumaterialien durch entsprechende
Änderungen des Elastizitätsmoduls weitgehend kompensiert werden.

Holz zeigt dabei ein von üblichen Baustoffen etwas abweichendes Verhalten,
weil es, bezogen auf sein Raumgewicht, relativ steif ist. Seine Schalldämmung
kann deshalb bei Flächengewichten von etwa 10 bis 20 kg/m² etwas niedriger sein
als den Kurven in Abb. 10 entspricht[13]), vgl. Kurven a und b in Abb. 16.

4.213 Einfluß von Inhomogenitäten

Meist wird angenommen, daß eine Wand, gleichgültig wie sie aufgebaut ist, keine
schlechtere Dämmung aufweisen könne als nach Abb. 10 auf Grund ihres Flächengewichts zu erwarten ist. Dies trifft durchaus nicht zu. Es sind vor allem die beiden
folgenden Gründe, die zu Abweichungen führen können:

---

[13]) Näheres siehe Gösele, K. „Die Luftschalldämmung von einschaligen Trennwänden und Decken".
Acustica 20, 1968, S. 334; FBW-Blätter 1968, Folge 4.

1. ungleichmäßige Massenverteilung,
2. Resonanzeigenschaften von Teilen der Wand.

Werden auf eine Platte einzelne, weit auseinander liegende, punktförmige Massen aufgesetzt, dann wird dadurch die Schalldämmung nicht nennenswert erhöht, obwohl dadurch das mittlere Flächengewicht unter Umständen stark zugenommen hat. Dies hat R. Berger schon vor 50 Jahren gezeigt. Nicht das mittlere Flächengewicht, sondern dasjenige der leichten Stellen ist für die Schalldämmung in erster Linie maßgeblich, sofern diese Stellen die hauptsächliche Fläche darstellen.

Die zweitgenannte Ursache für eine Verschlechterung der Dämmung (Resonanzeffekte) kann dann auftreten, wenn eine Wand größere Hohlräume hat. Die einzelnen massiven Teilstücke der Wand können Resonanzen besitzen, wodurch die Schalldämmung verschlechtert wird. Dabei treten besonders hohe Schwingungsamplituden auf, wie dies Abb. 15 schematisch zeigt. Hohlräume haben deshalb in der Regel keine Vorteile, sondern unter Umständen sogar erhebliche akustische Nachteile. Je kleiner die Hohlräume sind, um so geringer ist die Gefahr von derartigen Resonanzen. Hohlräume mit Abmessungen von einigen Zentimetern sind unschädlich (Beispiel: Hochlochziegel).

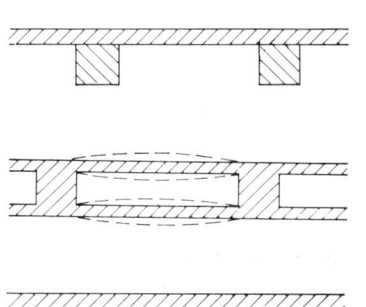

Das Aufsetzen von einzelnen Massen macht eine Wand oder Decke schwerer, ohne die Schalldämmung nennenswert zu erhöhen.

Resonanz einzelner, schwingungsfähiger Platten, verursacht durch große Hohlräume.

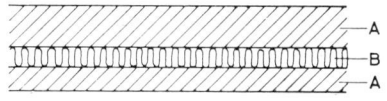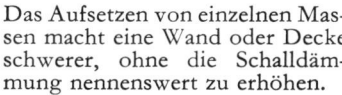

Resonanz durch mehrschichtigen Aufbau, zwei steife Schichten A und eine mäßig weichfedernde Schicht B.

Abb. 15: Ursachen für die Verschlechterung der Schalldämmung inhomogen aufgebauter, einschaliger Wände und Decken gegenüber gleich schweren, homogenen Wänden.

Auch bei mehrschichtigem Aufbau von Wänden, nach Abb. 15 (unten), können unter bestimmten, unglücklichen Umständen Resonanzen auftreten, die zu einer starken Verschlechterung der Schalldämmung führen. Sie ergeben sich dann, wenn zwischen zwei relativ steifen Schichten A, z. B. Mauerwerk, Beton, Putzschalen, eine federnde Schicht B bestimmter Steife eingebracht wird. Die beiden äußeren steifen Schichten wirken als Massen, die Zwischenschicht als Feder, wie dies in Abb. 15 (unten) schematisch dargestellt ist. Liegt die Resonanz dieses

Schwingungssystems oberhalb des interessierenden Frequenzbereichs, so ist sie ohne Bedeutung; fällt sie dagegen mitten in den Bereich von 100 bis 3000 Hz, dann ist sie ausgesprochen schädlich (vgl. Abschnitt 4.325). Im zweiten Fall ist die Schicht B weichfedernder als im erstgenannten Fall. Es kann somit so sein, daß die Einschaltung eines besser federnden, nachgiebigeren Materials die Dämmung verschlechtert. Die landläufige Meinung — herrührend von einer mißverständlichen Deutung bestimmter theoretischer Überlegungen — wonach die wechselnde Anordnung „schallharter" und „schallweicher" Schichten die Schalldämmung verbessere, ist somit nicht immer richtig. Öfters kann das Gegenteil eintreten. Zusammenfassend muß davor gewarnt werden, bei bisher unbekannten Bauarten die zu erwartende Schalldämmung aus dem Flächengewicht nach Abb. 10 abzuschätzen, sofern nicht ein weitgehend homogener Aufbau vorliegt.

4.214 Einfluß der Materialdämpfung

Schließlich muß hier noch ein Einfluß erwähnt werden, dem man lange Zeit wenig Bedeutung beigemessen hat, das ist die innere Dämpfung oder sog. Materialdämpfung. Man versteht darunter die Eigenschaft eines Materials, bei jeder Schwingung einen Teil der Schwingungsenergie in Wärme umzuwandeln und damit der Schwingung Energie zu entziehen. Theoretische und experimentelle Untersuchungen[14]) haben gezeigt, daß die Schalldämmung von Bauteilen bei und oberhalb ihrer Grenzfrequenz mit zunehmender Materialdämpfung besser wird. Zum Beispiel hat eine sandgefüllte Röhrenspanplatte eine um etwa 5 dB höhere Luftschalldämmung als ihrem Flächengewicht entspricht. Dies ist aus Abb. 16 zu entnehmen.

4.22 Zweischalige Wände

Bei einschaligen Wänden ist für eine gute Schalldämmung zwangsläufig ein großes Flächengewicht nötig, das oft lästig ist. Dieses große Gewicht kann unter Umständen vermieden werden, wenn man die Wände zweischalig ausbildet. Darunter versteht man Wände, die aus zwei einzelnen, durch eine Luftschicht voneinander getrennten Schalen — (1) und (2) in Abb. 17 — bestehen. Die Luftschicht (3) kann auch durch eine weichfedernde Dämmschicht ersetzt werden. Die Trennung zwischen den Wandschalen kann bei einer praktisch ausgeführten Wand meist nicht vollkommen sein. Die beiden Schalen haben über die gemeinsame Einspannung am Rande stets eine feste Verbindung (ausgenommen schwimmende Estriche bei Decken); oft sind sie außerdem noch über einzelne Stege oder Rippen miteinander verbunden. Die Schallübertragung bei einer derartigen Wand verläuft auf verschiedenen Wegen, die in Abb. 17 schematisch dargestellt und mit Weg A, B und C bezeichnet sind. Bei einer schalltechnisch vorteilhaften Doppelwand muß darauf

---

[14]) Heckl, M. „Die Schalldämmung von homogenen Einfachwänden endlicher Fläche". Acustica 10, 1960, S. 98. Ferner auch Fußnote [13]).

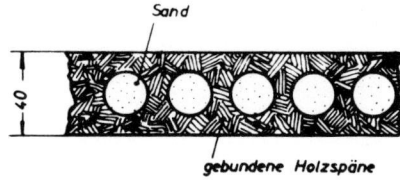

Sand

gebundene Holzspäne

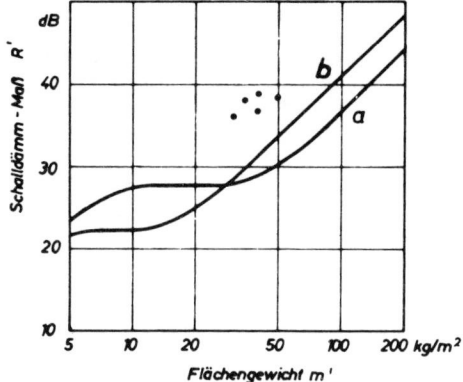

Abb. 16: Beispiel für die Bedeutung der Materialdämpfung für die Luftschalldämmung von einschaligen Platten. Meßpunkte für Röhrenspanplatten mit Sandfüllung.
Zum Vergleich Gewichtskurven für einschalige Platten aus Gips, Beton u.ä. (Kurve a) und für Holzwerkstoffe (Kurve b).

gesehen werden, daß nicht nur auf einem der drei Wege eine geringe Übertragung vorhanden ist. Vielmehr entscheidet jeweils die stärkste Übertragung auf einem dieser Wege über die erreichbare Schalldämmung. Im folgenden werden die Gesetzmäßigkeiten der einzelnen Übertragungswege besprochen.

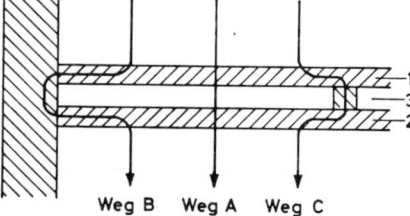

Abb. 17: Zu unterscheidende Wege der Schallübertragung bei Doppelwänden.
1, 2: Wandschalen
3: Luft- oder Dämmschicht

4.221 Übertragung über die Luftschicht

Das schalltechnische Verhalten von Doppelwänden läßt sich verstehen, wenn man sich die Wand als aus zwei Massen aufgebaut denkt, welche über eine Federung, nämlich die als Feder wirkende Luft- oder Dämmschicht miteinander verbunden

49

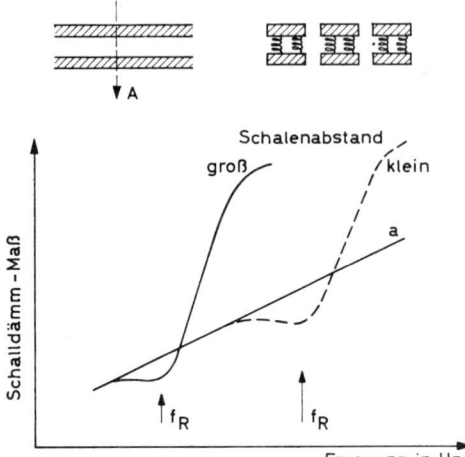

Abb. 18: Die Schalldämmung von Doppelwänden bei verschieden großen Abständen der Wandschalen bei alleiniger Übertragung auf dem Weg A nach Abb. 17.
a: zum Vergleich Schalldämmung einer gleich schweren, einschaligen Wand.
Der Luftabstand zwischen den Wandschalen einer Doppelwand muß genügend groß sein; sonst ist er akustisch unwirksam.

sind. Die Wand stellt ein Schwingungssystem dar, das eine Resonanzfrequenz f_R besitzt, bei der die Massen bei Einwirken eines Wechseldrucks sehr starke Schwingungen ausführen. Die zu erwartende Dämmung der Wand, bei Wegfall der Wege B und C, hat einen Verlauf, der in Abb. 18 schematisch dargestellt ist, wobei zum Vergleich die Schalldämmung einer Einfachwand wiedergegeben ist, die dasselbe

zwischen den Schalen	Doppelwand aus gleich schweren Schalen	leichte Vorsatzschale vor schwerem Bauteil
Luftschicht mit schallschluckender Einlage, z. B. Fasermatten	$f_R = \dfrac{850}{\sqrt{m' \cdot d}}$ Hz (6a)	$f_R = \dfrac{600}{\sqrt{m' \cdot d}}$ Hz (6b)
Dämmschicht mit beiden Schalen vollflächig verbunden	$f_R = 700 \sqrt{\dfrac{s'}{m'}}$ Hz (6c)	$f_R = 500 \sqrt{\dfrac{s'}{m'}}$ Hz (6d)

Gesamtgewicht hat wie die Doppelwand (Kurve a). Dabei sind drei Frequenzgebiete im Dämmungsverlauf festzustellen:

wesentlich unterhalb von f_R: keine Verbesserung

in der Nähe von f_R: Verschlechterung der Dämmung

genügend oberhalb von f_R: große Verbesserung

Wenn Doppelwände einen schalltechnischen Vorteil haben sollen, muß deshalb die Resonanzfrequenz genügend tief, möglichst an der unteren Grenze des interessierenden Frequenzbereiches liegen. Die Resonanzfrequenz ist um so niedriger, je schwerer die Schalen und je größer der Luftabstand bzw. je geringer die Steifigkeit der Dämmschicht ist. Im einzelnen berechnet sie sich zu [15]:

Hierbei bedeuten:

f_R: Resonanzfrequenz in Hz

m': Flächengewicht der Vorsatzschale bzw. der Einzelschale in kg/m²

d: Schalenabstand in cm

s': dynamische Steifigkeit der Dämmschicht in kp/cm³ bzw. 10^{-7} N/m³

Nimmt man an, daß die Resonanzfrequenz f_R höchstens 80 Hz betragen soll, dann ergeben sich folgende Werte für den mindesterforderlichen Luftabstand d_{min} bzw. die höchstzulässige Steifigkeit s'_{max} der Dämmschicht:

zwischen den Schalen	Doppelwand aus gleich schweren Schalen	leichte Vorsatzschale vor schwerem Bauteil
Luftschicht mit schallschluckender Einlage	$d_{min} = \dfrac{115}{m'}$ cm (7a)	$d_{min} = \dfrac{57}{m'}$ cm (7b)
Dämmschicht mit beiden Schalen vollflächig verbunden	$s'_{max} = 0{,}013 \; m' \; kp/cm^3$ (7c)	$s'_{max} = 0{,}026 \; m' \; kp/cm^3$ (7d)

Die Anwendung der Formeln für die Praxis sei an einigen Beispielen erläutert:

Beispiel 1: An Massivdecke unterseitig Putzschale ($m' = 30$ kg/m²) über 2,4 cm dicke Dachlatten angebracht.

$$f_R = \frac{600}{\sqrt{30 \cdot 2{,}4}} = 71 \; Hz \qquad \text{(nach 6b)}$$

Der Abstand ist somit ausreichend.

---

[15] Neuere Überlegungen führen allerdings zu dem Ergebnis, daß die angegebenen Werte der Resonanzfrequenz mit dem Faktor 1.2 zu multiplizieren sind und daß die Berechnung bei Doppelwänden aus zwei biegesteifen Schalen zu Werten von f_R führt, die wesentlich zu niedrig sind.

Beispiel 2: Haustrennwand aus 11,5 cm Bimsbetonsteinen ($m' = 120$ kg/m^2), Abstand zwischen den Schalen: 2 cm

$$f_R = \frac{850}{\sqrt{120 \cdot 2}} = 55\ Hz \qquad \text{(nach 6 d)}$$

Der Abstand ist ausreichend.

Beispiel 3: Vor einer Massivwand ist über mit Gips angebrachte 3 cm dicke Mineralfaserplatten (vom Hersteller s' zu 1,5 kp/cm^3 angegeben) ein Putz von 20 mm Dicke ($m' = 30$ kg m^2) aufgebracht.

$$f_R = 500\ \sqrt{\frac{1,5}{30}} = 112\ Hz \qquad \text{(nach 6 c)}$$

Die Resonanzfrequenz ist gerade noch zulässig.

Beispiel 4: Wie groß soll der Abstand einer Schale aus Gipskartonplatten ($m' = 10$ kg/m^2) vor einer zu verbessernden Massivwand gewählt werden?

$$d_{min} = \frac{57}{10} = 5,7\ cm \qquad \text{(nach 7 b)}$$

Die obigen Beziehungen für die Resonanzfrequenz f_R bzw. den Mindestabstand d_{min} gelten nur, wenn im Wandhohlraum ein genügend hoher Strömungswiderstand vorhanden ist, wie er am einfachsten durch das Einbringen von Faserdämmstoffen erzielt werden kann.

Die günstige Wirkung einer Füllung des Hohlraumes ist aus Abb. 19 zu entnehmen. Die Schalldämmung bei leerem Hohlraum ist um 10 bis 15 dB geringer als bei Füllung mit einem Material genügend hohen Strömungswiderstandes. Dieser soll mindestens 5 bis 10 Rayl/cm betragen[16]). E. Meyer[17]) hat gezeigt, daß unter Umständen nicht der ganze Hohlraum gefüllt werden muß, daß es vielmehr ausreicht, wenn nur die Ränder des Hohlraumes mit Mineralwolle versehen sind. Allerdings haben eingehende Versuche[16]) ergeben, daß durch eine Randdämpfung nicht die volle Wirkung der Hohlraumfüllung erreicht werden kann, siehe Abb. 19, Kurve b. Ebenso ist die Wirkung nicht voll vorhanden, wenn in einem breiten Hohlraum nur eine dünne Matte eingelegt wird.

Schließlich soll noch darauf hingewiesen werden, daß sehr dichte Materialien, auch wenn sie porös sind, in diesem Sinne unwirksam sind. Beispielsweise ist das Einlegen von Hartschaumplatten in den Hohlraum von Doppelwänden akustisch wertlos, ja sogar schädlich.

Die obigen Beziehungen gelten nicht mehr, wenn eine Doppelwand aus zwei gleichen, steifen Wandschalen besteht, deren Grenzfrequenzen mitten im interessierenden Frequenzbereich liegen (z. B. 4 cm bis 8 cm dicke Platten aus Gips, Leichtbeton o. ä.).

---

[16]) Näheres siehe Gösele, K. „Zur Hohlraumdämpfung von Doppelwänden" Akustik und Schwingungstechnik — DAGA 1972, S. 181—193, VDE-Verlag GmbH., Berlin.
[17]) Meyer, E. „Die Mehrfachwand als akustisch-mechanische Drosselkette". El. Nachrichtentechnik 12, 1935, S. 393.

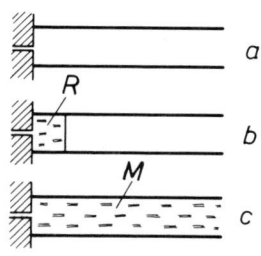 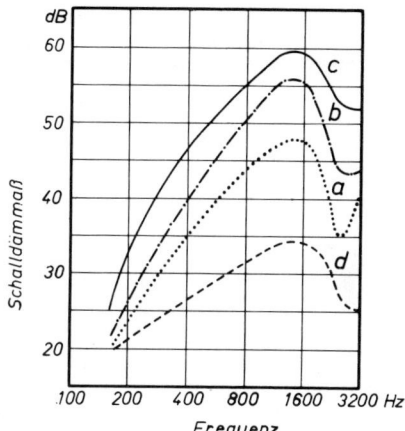

Abb. 19: Einfluß der Hohlraumdämpfung auf die Schalldämmung von Doppelwänden

Beispiel: 12,5 mm Gipskartonplatten in 50 mm Abstand

a: Hohlraum leer
b: mit Randdämpfung R
c: Hohlraum mit Mineralwolle M
d: zum Vergleich einfache Gipskartonschale

Die sehr große Verbesserung der Schalldämmung durch einen doppelschaligen Aufbau ist aus Abb. 20 zu entnehmen, wenn man die Werte für die einschalige Platte (Kurve d) mit den Werten der doppelschaligen Anordnung (Kurve c) vergleicht.

4.222 Übertragung über die Randeinspannung

Die Übertragung auf dem Weg B über die gemeinsame Randeinspannung kann bei einer Doppelwand relativ groß sein und die Übertragung auf dem Weg A übertreffen. Sie kann klein gehalten werden, wenn eine der drei in Abb. 20 schematisch dargestellten Maßnahmen ergriffen wird:

Verwenden einer biegeweichen Schale
Körperschall-Isolierung an den Einspannstellen
hohe Materialdämpfung der Schalen.

Bevor hier die erstgenannte Maßnahme näher erläutert wird, sei auf einen wichtigen Effekt der Bauakustik kurz eingegangen.

Der Abstrahleffekt

Werden verschieden dicke Wandschalen zu gleich großen Biegeschwingungen erregt, so strahlen sie durchaus nicht in jedem Fall gleich viel Schallenergie in

53

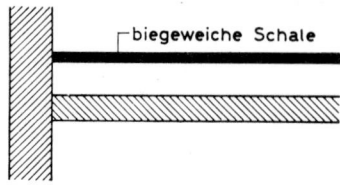

Verwenden einer biegeweichen Schale.

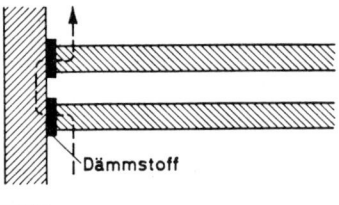

Verwenden einer Randisolierung aus einem weichfedernden Dämmstoff.

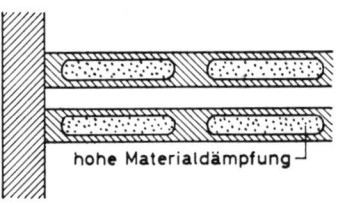

Verwenden einer hohen Materialdämpfung z. B. durch losen Sand.

Abb. 20: Möglichkeiten zur Verminderung der Schallübertragung über die Einspannung von Doppelwänden (Übertragungsweg B nach Abb. 17).

einen angrenzenden Raum ab (Abb. 21). Die Abstrahlung hängt von der Frequenz ab, wobei dünne Wandschalen weit weniger abstrahlen als dicke Schalen. Dies soll Abb. 21 verdeutlichen, wo der Schallpegel aufgetragen ist, der in einem Raum entsteht, der mit der betrachteten, zu Schwingungen erregten Wandschale abgeschlossen ist. Eine 12 cm dicke Stahlbetonplatte strahlt über den ganzen gezeichneten Frequenzbereich gleich viel ab, während eine 1 cm dicke Gipsplatte zwischen 100 und 1000 Hz einen um etwa 20 dB niedrigeren Schallpegel erzeugt, obwohl sie gleich große Schwingungsamplituden hat wie die Betonplatte. Oberhalb 1000 Hz nimmt allerdings der von der Gipsplatte herrührende Schallpegel höhere Werte an. Bei der Grenzfrequenz der Gipsplatte, bei f_{gr} = 3000 Hz, ist der Schallpegel sogar größer als der von der Betonplatte herrührende. Die besonders geringe Schallabstrahlung der dünnen Gipsplatte tritt dann auf, wenn die Wellenlänge der Biegeschwingungen auf der Platte kleiner ist als die Wellenlänge des Luftschalls gleicher Frequenz. Die Wirkung[18])

---

[18]) vgl. Cremer, L. „Wissenschaftliche Grundlagen der Raumakustik", Band III, S. 196, Verlag Hirzel, Leipzig 1950.
Gösele, K. „Schallabstrahlung von Platten, die zu Biegeschwingungen angeregt sind", Aucustica, 1953, S. 243.
Gösele, K. „Abstrahlverhalten von Wänden", VDI-Berichte, Band 8, 1956, S. 50/54.

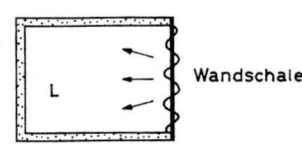

Wandschale

L

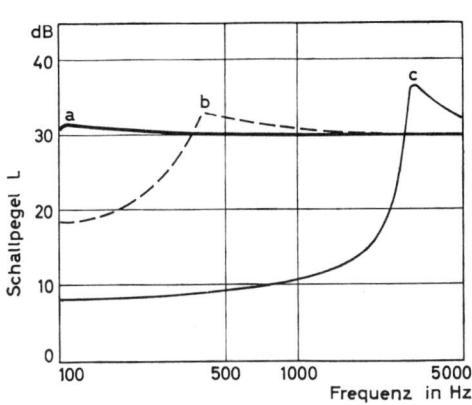

Abb. 21: Abstrahlverhalten von verschiedenen Wandschalen.

Die Schalen sind zu gleich großen, freien Biegeschwingungen angeregt; aufgetragen ist der abgestrahlte Luftschallpegel (Relativwerte).
a: 12 cm Schwerbeton
   (fgr =   120 Hz)
b: 7 cm Gipsplatte
   (fgr 400 Hz)
c: 1 cm Gipsplatte
   (fgr = 3000 Hz)
(Rechnung für 3 m × 3 m große Wand)

beruht — anschaulich ausgedrückt — darauf, daß die unmittelbar vor der schwingenden Wand auftretenden Über- und Unterdruckzonen — vgl. Abb. 22 — bei den kleinen Biegewellenlängen so nahe beieinander liegen, daß sich ihre Wirkung auf den Raum weitgehend aufhebt („akustischer Kurzschluß"). Sobald diese Zonen genügend weit auseinander liegen, fällt dieser „Kurzschluß" weg.

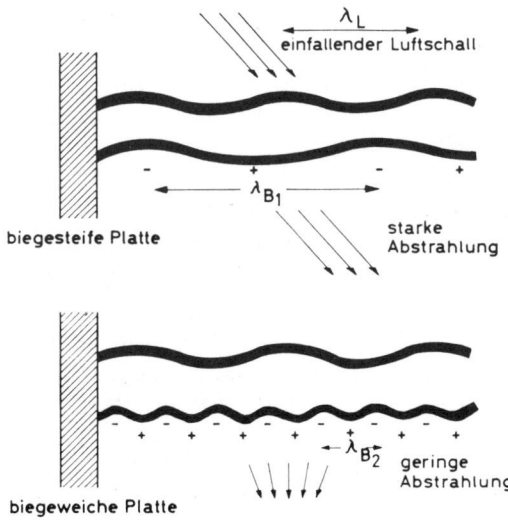

Abb. 22: Zur Wirkungsweise von biegeweichen Schalen bei Doppelwänden.

Der über die Randeinspannung (Weg B) übertragene Körperschall regt bei biegeweichen Schalen kürzere Biegewellen (λ_{B_2}) an, die zu einer geringeren Schallabstrahlung führen als die größeren Biegewellenlängen (λ_{B_1}) bei steifen Schalen.

Die vor den zweiten Wandschalen eingetragenen + und —Zeichen sollen die Über- und Unterdruckzonen in der Luft vor den Schalen darstellen.

55

Auf diesem anomalen Abstrahlverhalten von Platten unterhalb ihrer Grenzfrequenz beruht die große Bedeutung von sogen. „biegeweichen" Schalen für den Schallschutz, vor allem im Bauwesen. Wann Schalen als biegeweich im akustischen Sinne anzusprechen sind, ist für einige Baustoffe aus Abb. 13 zu entnehmen. Dort ist der Dickenbereich für biegeweiche Schalen durch Schraffur hervorgehoben.

Verhalten von biegeweichen Schalen bei Doppelwänden

Wird die auf der „leisen" Seite befindliche Wandschale einer Doppelwand, wie Abb. 22 zeigt, über die Einspannung hinweg zu Biegeschwingungen angeregt, so ist die Wellenlänge der Biegeschwingungen (λ_{B1} bzw. λ_{B2}) verschieden groß, je nach der Biegesteife der Schalen. Bei kleiner Dicke (bzw. Steife), d. h. hoher Grenzfrequenz nach Abschnitt 4.21 sind die Wellenlängen klein, bei großer Dicke dagegen groß. Im erstgenannten Fall wird dann anomal wenig Schallenergie in den Raum abgestrahlt, im zweiten Fall dagegen in normaler Weise. Das heißt aber, daß bei dünnen Wandschalen der auf dem Weg über die Einspannung übertragene Körperschall viel weniger schädlich ist als bei der dicken Wandschale. Dünne, biegeweiche Wandschalen mit hoher Grenzfrequenz sind somit gegenüber einer Körperschallübertragung von den Einspannstellen her ziemlich unempfindlich[19]).

Von den in Abb. 20 weiter angeführten beiden Möglichkeiten zur Unterdrückung der Schallübertragung auf dem Weg B ist die Verwendung von Dämmstreifen an den Einspannstellen bisher noch nicht genauer untersucht worden, so daß noch keine Angaben über die erforderlichen Eigenschaften der Dämmstreifen gemacht werden können. Sicher ist jedoch, daß z. B. Streifen aus 0,5—1 cm dicken Mineralfaserplatten ausreichend wirksam sind. Allerdings hat sich auch gezeigt, daß derartige Randisolierungen bei Wänden aus zwei gleich dicken, steifen Wandschalen aus anderen Gründen unbrauchbar sind und unter Umständen die Schalldämmung verschlechtern[20]). Dies ist darauf zurückzuführen, daß durch die Randisolierung die Übertragung auf dem Weg A — über den Lufthohlraum hinweg— vergrößert wird[21]).

Die dritte Möglichkeit — Erhöhung der Materialdämpfung — hat zu guten Erfolgen geführt[21]). Die hohe Dämpfung wurde durch Hohlräume in den Wandplatten erzielt, welche mit Sand gefüllt werden.

4.223 Übertragung über Verbindungen zwischen den Schalen

Liegt neben den Wegen A und B noch eine unmittelbare Verbindung zwischen den Wandschalen auf dem Weg C vor, dann findet eine erhebliche Körperschall-

[19]) Gösele, K. „Über die Schalldämmung von Leichtwänden", Schriftenreihe der FBW, Heft 14/1951.

[20]) siehe Eisenberg, A. „Schalldämmung von Doppelwänden aus Leichtbeton in Schallschutz von Bauteilen" 1960, Verlag W. Ernst & Sohn.

[21]) Gösele, K. und R. Jehle „Verbesserung der Schalldämmung von Doppelwänden aus biegesteifen Schalen". Die Bauzeitung, 1959, Heft 7 und 9 und Schriftenreihe der FBW, Heft 58.
Gösele, K. „Schalldämmende Wände aus biegesteifen Schalen". FBW-Blätter, Folge 1, 1967.
„Schalldämmende Doppelwände aus biegesteifen Schalen". Betonstein-Zeitung 35, 1969, S. 296.

Übertragung von einer Wandschale zur anderen statt. Derartige Verbindungen zwischen zwei Wand- oder Deckenschalen werden als *Schallbrücken* bezeichnet. Die Übertragung ist dabei so stark, daß derartige Wände oft eine schlechtere Schalldämmung aufweisen als eine gleich schwere einschalige Wand. Dies gilt allerdings nur dann, wenn wir es mit steifen Schalen zu tun haben. Sobald die oben besprochenen biegeweichen Schalen verwendet und gleichzeitig nicht allzu steif mit der ersten Schale verbunden werden, ergibt sich — trotz einer solchen Verbindung — eine Verbesserung der Schalldämmung. Bei dünnen, biegeweichen Schalen hat sich in den letzten Jahren eine weitere Möglichkeit zur Verminderung der Wirkung der Schallübertragung über Körperschallbrücken ergeben, das ist die Beschwerung der Innenseite der Schalen mit einem Material, das ein gewisses Gewicht (5 bis 10 kg/m^2), keine nennenswerte Biegesteifigkeit und außerdem eine gewisse Materialdämpfung hat, siehe Abb. 23. Damit kann eine Verbesserung von etwa 5 bis 10 dB erreicht werden. Als Beschwerungsmaterial kann verwendet werden Gummi, Bleiblech, Bitumenpappen, Sand (in Hohlräumen gehalten). Nicht ganz so wirksam waren Gipskartonplatten, Hartfaserplatten o.ä., die nur an wenigen Stellen an die Innenseite der Schale angeheftet oder angeklebt werden. Neuerdings sind auch Ständer für Doppelwände entwickelt worden, die eine gewisse akustische Trennung der Schalen ergeben und trotzdem eine ausreichende mechanische Steifigkeit und Festigkeit haben.

Zusammenfassend ist festzustellen, daß derartige Schallbrücken bei Doppelwänden in jedem Fall störend wirken und daß ihre ungünstige Wirkung nur bei Verwendung biegeweicher Schalen zu einem Teil unterdrückt werden kann.

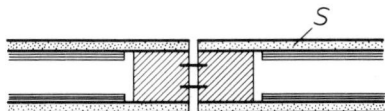

Abb. 23: Verbesserung der Luftschalldämmung von Trennwänden aus zweischaligen Tafeln durch Anbringen einer Beschwerung S aus biegeweichem und stark dämpfendem Material (Bleiblech, Bitumenpappe, Sand).

4.23 Längsleitung

Bisher wurde die Luftschallübertragung über die Trennwand oder Trenndecke zwischen zwei aneinandergrenzenden Räumen betrachtet. Daneben tritt noch eine Übertragung entlang der flankierenden Bauteile auf, wie es in Abb. 24 schematisch dargestellt ist. Sämtliche Wände und Decken eines Raumes werden zu Schwingungen angeregt, wenn in ihm Luftschall, z. B. durch Sprechen, erzeugt wird. Diese Schwingungen wandern entlang der Bauteile zu den Wänden und Decken des Nachbarraumes weiter, wobei sie allerdings beim Übertritt in den Nachbarraum mehr oder weniger stark geschwächt werden. Im Nachbarraum

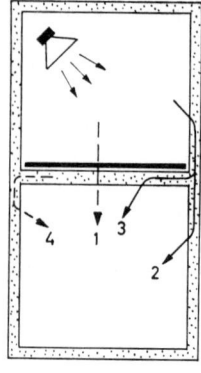

Abb. 24: Begrenzung der Luftschalldämmung zwischen zwei Räumen durch Längsleitung.
Neben der Übertragung über die Trenndecke auf dem Weg 1 wird der Luftschall auf den Wegen 2, 3 und 4 übertragen.

stoßen die in Schwingungen versetzten Bauteile die angrenzenden Luftteilchen zu Schwingungen an, womit die Übertragung des Luftschalls von einem zum anderen Raum entlang der „flankierenden" Bauteile erfolgt ist.

Man unterscheidet verschiedene Einzelwege der Schall-Längsleitung, die in Abb. 24 mit 2, 3 und 4 bezeichnet sind.

Es ist zur Zeit noch nicht möglich, diese Form der Schallübertragung rechnerisch genau zu erfassen. Einen gewissen Einblick in die vorliegenden Einflußgrößen gibt jedoch Abb. 25. Zunächst werden die Schwingungen der Längswand[22] im „lauten" Raum umso größer sein, je kleiner das Flächengewicht der Wand ist.

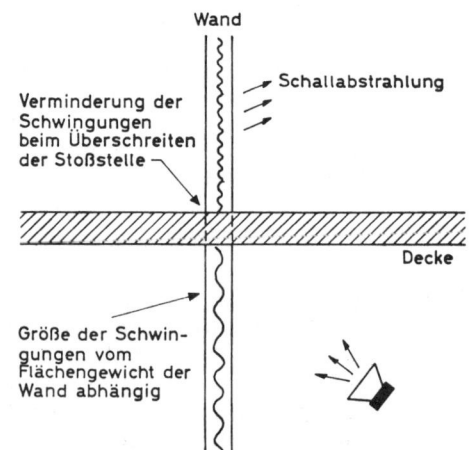

Abb. 25: Zur Längsleitung entlang einer Wand.

---

[22]) Die Verhältnisse werden hier der Einfachheit halber nur für die Übertragung entlang einer Wand zwischen zwei Stockwerken beschrieben. Sie gelten jedoch sinngemäß auch für die Übertragung zwischen zwei nebeneinanderliegenden Räumen über flankierende Wände oder Decken.

58

Beim Übertritt der Schwingungen vom „lauten" zum „leisen" Raum werden sie an der Stoßstelle zwischen Decke und Wand teilweise reflektiert, so daß nur ein Teil der Schwingungsenergie in die anstoßende Wand eintritt. Die durch die Decke hervorgerufene „Verzweigungs-Dämmung" d.h. die Verminderung der Schwingungen beim Übertritt vom „lauten" in den „leisen" Raum ist umso größer, je steifer und schwerer die Decke ist und umgekehrt umso kleiner, je steifer und schwerer die betrachtete Längswand selbst ist, siehe Abb. 42.

Die Schall-Längsleitung ist aus den vorgenannten Gründen bei leichten Bauweisen — mit Ausnahme extrem leichter — besonders groß. Sie kann dazu führen, daß sich dort, trotz guter Trenndecken und Trennwände, eine unbefriedigende Schalldämmung ergibt[23]). Allerdings gilt diese negative Beurteilung nur für massive Wände. Sobald die Wände aus dünnen Platten mit relativ hoher Grenzfrequenz ausgeführt sind, und diese Platten einzelne Stoßfugen aufweisen, ergibt sich wiederum eine geringe Schall-Längsleitung, siehe Abb. 41.

Die Schalldämmung zwischen zwei aneinandergrenzenden Räumen wird durch die Längsleitung begrenzt, auch wenn man eine noch so gute Trenndecke oder Trennwand benützt. Man kann die Größe der Längsleitung zahlenmäßig kennzeichnen, indem man dasjenige Schalldämmaß angibt, das sich zwischen zwei Räumen einstellt, wenn die Übertragung über die Trenndecke bzw. Trennwand völlig wegfällt und die Übertragung nur auf dem Weg 2 nach Abb. 24 erfolgt. Es wird als Grenzdämm-Maß bezeichnet (vgl. die Beispiele in Abb. 40).

Wegen des Hinzukommens der Längsleitung kann man zwischen zwei Räumen eines Hauses strenggenommen nicht mehr die Luftschalldämmung einer Trennwand oder -decke allein messen. Der Einfachheit halber spricht man trotzdem von der Luftschalldämmung einer Trennwand oder -decke, obwohl man eigentlich von der Dämmung zwischen zwei *Räumen* sprechen müßte. Die Luftschalldämm-Maße der Trennwände oder -decken ergeben sich dadurch scheinbar kleiner als im Laboratorium. Man unterscheidet diese Werte von den im Laboratorium gemessenen, indem man die im Bau gemessenen Werte als Bauschalldämm-Maß R' bezeichnet, im Gegensatz zu dem im Laboratorium gewonnenen Schalldämm-Maß R. Es werden jedoch in der Regel Laboratoriumsprüfräume verwendet, bei denen eine Längsleitung vorhanden ist, die in ihrer Größe etwa der von Bauten entspricht. (Prüfräume mit bauähnlichen Schallnebenwegen, siehe auch DIN 52210, Teil 2, Ausgabe 1976).

4.3 Ausgeführte Trennwände

4.31 Einschalige Trennwände

In Tafel 8 sind die Werte des Luftschall-Schutzmaßes verschiedener gebräuchlicher einschaliger Wandausführungen angegeben, wie sie für Wohnungstrenn-

---

[23]) Gösele, K. „Der Einfluß der Hauskonstruktion auf die Schall-Längsleitung bei Bauten". Ges. Ing. 1954 S. 282.
„Untersuchungen zur Längsleitung in Bauten". Berichte aus der Bauforschung 1968, Heft 56.

Tafel 8: Luftschall-Schutzmaße gebräuchlicher, einschaliger Wohnungstrennwände; Wände beidseitig verputzt

Wandausführung, beidseitig jeweils verputzt	Flächengewicht kg/m²	Luftschall-Schutzmaß nach DIN 4109 dB
240 mm Kalksandsteine	510	3
240 mm Vollziegel	460	3
240 mm Hochlochziegel	350	1
240 mm Hohlblocksteine aus Ziegelsplitt	330	—1
240 mm Hohlblocksteine aus Ziegelsplittbeton, Hohlräume mit Sand gefüllt	400	4
240 mm Hohlblocksteine aus Bimsbeton Hohlräume mit Sand gefüllt Hohlräume mit Beton gefüllt	280 350 370	—3 0 1
240 mm Bimsbeton-Vollsteine	340	0
250 mm Schüttbeton aus Ziegelsplitt	400	1
120 mm Normalbeton	330	0
120 mm Normalbeton, beidseitig 25 mm Gipsplatten anbetoniert	360	2
180 mm Normalbeton, unverputzt	430	3
250 mm Normalbeton, unverputzt	600	8
240 mm „Durisol" (Hohlkörper aus zementgebundenen Holzfasern, mit Beton gefüllt)	440	1

wände verwendet werden. Wände mit einem Flächengewicht von etwa 350 kg/m² und mehr genügen danach den Mindestanforderungen von DIN 4109 an Wohnungstrennwände. Wände, die dieses Gewicht wesentlich überschreiten, wie z. B. solche aus 24 cm Vollziegeln oder Kalksandsteinen, oder genügend dicke Schwerbetonwände besitzen eine ausgesprochen gute Schalldämmung (Luftschall-Schutzmaß: 3 dB oder mehr). Wesentlich höhere Werte sind wegen der Schall-Längsleitung meist nicht zu erreichen. 24 cm dicke Bimshohlblockwände liegen unterhalb der Grenze des Zulässigen. Ihre Anwendung in dieser Dicke für Wohnungstrennwände ist nur dann zulässig, wenn die Hohlräume der Steine mit Beton oder Sand gefüllt werden. Dadurch wird das Schallschutzmaß um 2 bis 3 dB erhöht. Der Sand wirkt in diesem Fall weniger durch seine Masse als durch seine hohe innere Dämpfung. Wände aus Normalbeton ergeben bei genügendem Flächengewicht eine günstige Dämmung. Allerdings muß dabei beachtet werden, daß diese günstigen Werte — z. B. für 25 cm Normalbeton — nicht durch die Schall-Längsleitung vor allem der Außenwand verringert wird, siehe Abschnitt 4.23. Wände aus Gasbeton reichen bei der meist angewandten geringen Dicke von 15 bis 24 cm schalltechnisch als Wohnungstrennwände nicht aus.

Die Tafel 9 enthält schließlich eine Reihe von Werten für leichte, einschalige Zwischenwände, wie sie vor allem in Büros, Verwaltungsgebäuden und innerhalb einer Wohnung verwendet werden. Bei diesen leichten Wänden wirkt sich der Spuranpassungseffekt nach Cremer — siehe Abschnitt 4.212 — so aus, daß diese Wände sich bei den subjektiv wichtigen mittleren Frequenzen besonders ungünstig verhalten, weil dort ihre Grenzfrequenz und damit das nach Abschnitt 4.212 zu erwartende Minimum der Dämmung liegt. Dies geht deutlich aus den drei Beispielen in Abb. 26 hervor.

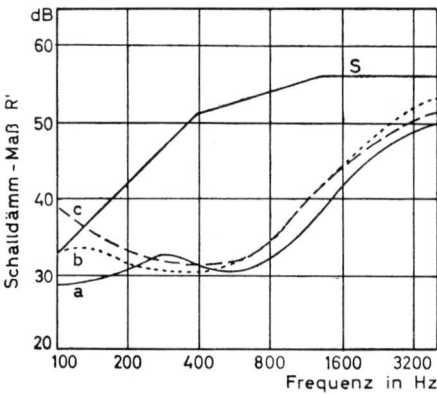

Abb. 26: Luftschalldämmung von einschaligen Leichtwänden aus verschiedenem Material.
a: 6 cm Bimsbetonplatten mit Putz
b: 8 cm Gipsplatten ohne Putz
c: 7,5 cm Gasbetonplatten mit Putz
Derartige Wände weisen gerade bei mittleren Frequenzen eine geringe Dämmung auf, wo sich dies subjektiv besonders störend auswirkt, vgl. Abweichung gegen Sollkurve S für Wohnungstrennwände.

4.32 Zweischalige Wände

Vom akustischen Standpunkt sind nach den Ausführungen in Abschnitt 4.22 folgende Gruppen von zweischaligen Wänden zu unterscheiden:

Wände mit zwei biegeweichen Schalen
Wände mit zwei biegesteifen Schalen
Wand mit biegesteifer Schale und einer biegeweichen Vorsatzschale

Im folgenden werden Beispiele derartiger Wände und die damit erreichbaren Schalldämmwerte besprochen werden.

Tafel 9: Luftschall-Schutzmaß und bewertetes Schalldämm-Maß verschiedener einschaliger Zwischenwände
jeweils für den eingebauten Zustand am Bau; Wände beidseitig verputzt (soweit nichts anderes vermerkt)

Wandausführung	Flächen-gewicht kg/m²	bewertetes Schall-dämm-Maß dB	Schall-Schutzmaß dB
60 mm Bimsbetonplatten	110	36	—16
115 mm Bimsbetonsteine	140	45	— 7
80 mm Gipsplatten mit Einlage von Holzwolle-Leichtbauplatten	70	35	—17
100 mm Vollgipsplatten (ohne Putz)	105	38	—14
60 mm Porengipsplatten	36	28	—24
100 mm Porengipsplatten	62	35	—17
75 mm Gasbetonplatten	85	37	—15
100 mm Gasbeton	150	43	— 9
150 mm Gasbeton	180	46	— 6
100 mm Normalbeton (unverputzt)	230	46	— 6
200 mm Kalkleichtbetonsteine	220	47	— 5
71 mm Hochlochziegel	145	43	— 9
115 mm Hochlochziegel	200	47	— 5
115 mm Vollziegel	270	49	— 3
50 mm Holzwolle-Leichtbauplatten (verputzt)	50	37	—15
80 mm Glasbau-Hohlsteine, je nach Format (ohne Putz)	70—80	40—46	—12 bis —6

4.321 Wände mit zwei biegeweichen Schalen

Als Schalen kommen alle dünnen Platten in Frage, wie z. B. Gipskartonplatten, Holzspanplatten, Asbestzementplatten; aber auch Bleche sowie Putzschalen auf einem Putzträger wie z. B. Schilfrohrplatten oder -matten, Holzwolle-Leichtbauplatten. Da die Platten zum Teil ein relativ geringes Flächengewicht aufweisen, kann auf diesen — raumseitig oder hohlraumseitig — noch eine zusätzliche Beschwerung aufgebracht werden, wodurch die Schalldämmung wesentlich erhöht wird. Dies ist vor allem dann wichtig, wenn der Hohlraum relativ schmal gewählt werden muß. Entscheidend ist natürlich für die erreichbare Schalldämmung, ob die Schalen völlig voneinander getrennt sind, oder ob gemeinsame Ständer o. ä. verwendet werden. Es hängt dabei von der Art der Ständer und vor allem der Art der Befestigung ab, wie sehr sich solche Ständer störend bemerkbar machen, siehe Beispiele Nr. 3 und 7 in Tafel 10.

Die Schalldämmung von Wänden mit zwei biegeweichen Schalen kann im ausgeführten Bau nicht beliebig hoch gemacht werden, bedingt durch die Schall-Längsleitung auf dem Weg 2 nach Abb. 24, entlang der flankierenden Wände und Decken. Im Laboratorium mit bauähnlichen Schallnebenwegen nach DIN 52210, Teil 2, ist dabei kein höherer Wert als ein Luftschallschutzmaß von 3 bis 4 dB erreichbar. In Zahlentafel 10 sind die Schalldämmwerte verschiedener Wände mit biegeweichen Schalen angegeben, wobei es sich jeweils um Messungen an einer Reihe von Wänden verschiedener Hersteller in einem Prüfstand mit Schallnebenwegen handelt.

4.322 Wände aus zwei steifen Schalen,

wie z. B. solche aus Bimsbetonplatten, Gipsplatten, Porenbetonplatten u. ä., von etwa 5 bis 8 cm Dicke, haben in vielen Fällen enttäuscht. Die Luftschall-Schutzmaße liegen zwischen etwa —5 und —2 dB, siehe Tafel 11. Oft werden auch noch wesentlich schlechtere Werte beobachtet (z. B. —10 dB). Die letztgenannten Werte sind auf Körperschallbrücken zwischen den Wandschalen zurückzuführen, meist bedingt durch Fugenmörtel, der von der einen zur anderen Wandschale durchdrang. Gerade bei derartigen Wänden aus zwei biegesteifen Schalen ist besonders darauf zu achten, daß die verwendete Dämmschicht zwischen den Schalen das Durchdringen von Fugenmörtel sicher verhindert.

Überraschenderweise hat sich gezeigt, daß derartige Wände sich besonders ungünstig verhalten, wenn sie mit einer Randisolierung versehen werden[24]). Durch diese Maßnahme wird auf Grund eines komplizierten Vorgangs die Übertragung über die Luftschicht hinweg verstärkt. Die Ergebnisse darüber sind allerdings nicht einheitlich.

In anderen Fällen verhielten sich derartige Wände wiederum wesentlich günstiger. Die Erklärung für derartige Streuungen liegt darin, daß die Schalldämmung solcher Wände sehr von der Materialdämpfung abhängt. Ist diese, oft bedingt durch Zufälligkeiten, höher als normal, dann ist auch die Dämmung besser. Man kann diesen Einfluß bewußt ausnützen, indem man die Materialdämpfung stark erhöht. Entsprechende Versuche haben gezeigt, daß es dann möglich ist, auch mit biegesteifen Wandschalen eine sehr gute Dämmung zu erzielen. Die hohe Materialdämpfung wurde durch Hohlräume in den Wandplatten erreicht, die mit losem Sand gefüllt waren. Auch das Anbringen von Bitumenfilzstreifen zwischen den Schalen der Trennwand und den flankierenden Bauteilen hat sich, bedingt

---

[24]) Näheres siehe Fußnoten 20) und 29).

Tafel 10: Luftschalldämmung zweischaliger Trennwände mit zwei dünnen, biegeweichen Schalen untersucht in einem Prüfstand mit bauähnlichen Schall-Nebenwegen nach **DIN 52210, Teil 2**

lfd. Nr.	Schalenmaterial	Schalenverbindung	Schalen-beschwerung	Wand-dicke mm	Flächen-gewicht kg/m²	bewertetes Schall-dämm-maß R'_w dB	Luftschall-schutzmaß LSM dB
1	12,5 mm Gipskarton-platten	getrennte Schalen	keine Be-schwerung	125	25	52	0
2			2. Lage Gips-kartonplatten	155	52	55	+3
3		gemeinsame Ständer aus Stahlblech-C-Profilen	keine Be-schwerung	75	24	45	−7
4				100	24	47	−5
5			2. Lage Gips-kartonplatten	100	49	51	−1
6				125	50	52	0
7		gemeinsame Holzständer		85	30	37	−15
8	16 mm Holzspanplatten	getrennte Schalen	keine Be-schwerung	200	25	55	+3

			100	25		
9						
10	gemeinsame Ständer oder Rahmen	mit Be-schwerung	100—150	45—50	51—55	—1 bis +3
11		keine Be-schwerung	80—100	25—30	40—45	—12 bis —7
12	1 mm Stahlblech	mit Be-schwerung	90—120	35—50	43—50	—9 bis —2
13	getrennte Schalen	mit Be-schwerung	80—150	35—40	51—55	—1 bis +3
14	gemeinsame Ständer bzw. Verbindungen	keine Be-schwerung	60	20—25	39—45	—13 bis —7
15		mit Be-schwerung	80—100	35—40	47—50	—5 bis —2
16	25 mm Holzwolle-Leichtbauplatten, außenseitig verputzt	keine Verbindung, Holzpfosten gegen-einander versetzt	keine Be-schwerung	160	70	55	+3
17	50 mm Holzwolle-leichtbauplatten, in Mörtel versetzt, verputzt	freitragende Schalen, ohne Verbindung miteinander (zwischen den Schalen Mineralwolle oder Wellpappe im ca. 10 mm breiten Hohlraum)	keine Be-schwerung	140	85	55	+3

Tafel 11: **Luftschalldämmung zweischaliger Trennwände aus biegesteifen Schalen**

lfd. Nr.	Ausführung der Wand	Dicke der Wand mm	Flächen-gewicht kg/m²	bewer-tetes Schall-dämm-maß dB	Luft-schall-schutz-maß dB
1	60 mm Bimsbetonplatten, außenseitig verputzt, im Hohlraum (50 mm) Mineralfasermatten	200	150	50	−2
2	60 mm Vollgipsplatten, im Hohlraum (30 mm) Mineralwolleplatten	150	108	48	−4
3	70 mm Porenbeton, außenseitig verputzt, im Hohlraum (50 mm) Mineralwolle	230	120	47	−5
4	zwei Schalen aus 100 mm Vollgipsplatten und 50 mm Porengipsplatten, im Hohlraum (36 mm) Mineralwollematten	192	150	50	−2
5	zwei Schalen aus 60 mm und 100 mm Gipsplatten, Schalenabstand 90 mm, im Hohlraum Mineralfaserfilz; zwischen Schalen und flankierenden Bauteilen 5 mm Bitumenfilz	250	160	52	0
6	65 mm Vollziegel, außenseitig verputzt, Lufthohlraum (50 mm) leer	200	275	50	−2
7	zwei Schalen aus 100 mm Stahlbeton-Tafeln, dazwischen 20 mm Hartschaumplatten	220	480	52	0

durch die Erhöhung der Dämpfung der Schalen, als zweckmäßig erwiesen (Verbesserung der Schalldämmung um etwa 2 bis 3 dB)[25].

Eine gewisse Verbesserung der Schalldämmung bei biegesteifen Wandschalen kann auch erreicht werden, wenn die Schalen verschieden dick ausgeführt werden (z. B. Verbesserung im Mittel um 2 dB).

Von großer Bedeutung sind zweischalige Wände aus biegesteifen Schalen für Haustrennwände, siehe Abschnitt 4.324.

---

[25] siehe Fußnote 13).

4.323 Schalldämmende Verkleidungen

In manchen Fällen soll eine Massivwand bereits beim Bau oder auch erst nachträglich, nachdem sich Mängel herausgestellt haben, durch Zusatzmaßnahmen schalltechnisch verbessert werden. Eine Verbesserung ist möglich, wenn die bisher einschalige Wand durch eine geeignete Verkleidung in eine zweischalige Wand umgewandelt wird.

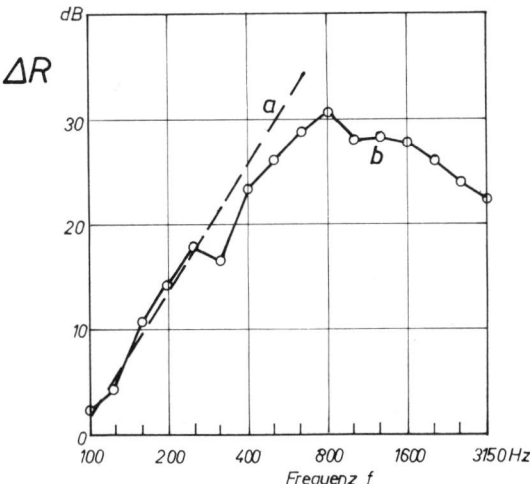

Abb. 27: Verbesserung der Schalldämmung einer Massivwand durch eine Vorsatzschale, abhängig von der Frequenz (Kurve b). Vorsatzschale: 12,5 mm Gipskartonplatten 50 mm Mineralfaserfilz gültig bei unterdrückter Schall-Längsleitung.

In Abb. 27 ist die Verbesserung ΔR der Schalldämmung durch eine übliche Vorsatzschale in Abhängigkeit von der Frequenz dargestellt, wobei nur die Schallübertragung über die Trennwand betrachtet wird. Oberhalb der Resonanzfrequenz — im vorliegenden Beispiel 90 Hz — nimmt die Verbesserung mit der Frequenz zu. Die Gerade a stellt dabei den rechnerisch zu erwartenden Verlauf dar. Bei mittleren und höheren Frequenzen beträgt die Verbesserung mehr als 20 dB.

Die erzielbare Verbesserung des Schallschutzes zwischen zwei Räumen hängt nicht nur von der Art der Verkleidung, sondern in hohem Maße von der Längsleitung entlang der flankierenden Bauteile ab. Die Dämmung zwischen zwei Räumen kann nicht höher werden als es die Längsleitung zuläßt, auch bei noch so wirksamer Verkleidung der Trennwand.

In Bild 28 ist dies verdeutlicht. Dort ist das Luftschallschutzmaß von Massivwänden verschiedenen Flächengewichts aufgetragen. Die Kurve a bezieht sich auf einschalige Wände (entspricht der „Gewichtskurve" in Abb. 10). Die Kurve b bezieht sich auf den Fall, daß die Trennwand mit einer „idealen" Vorsatzschale versehen wäre, die keine Übertragung durch die Trennwand mehr zuließe. Die

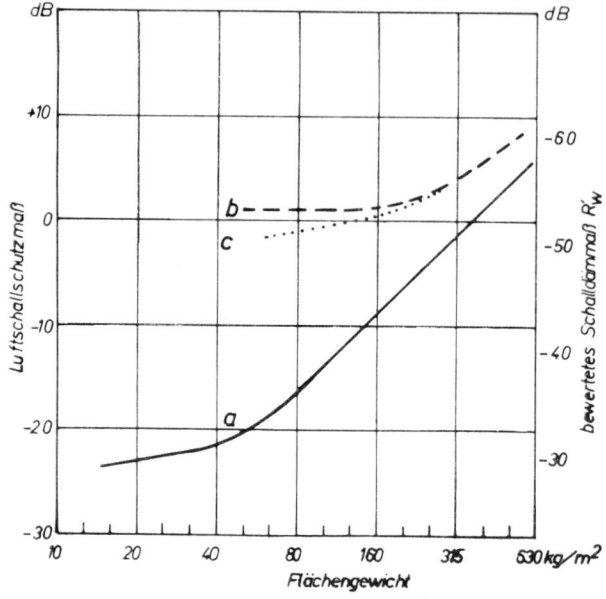

Abb. 28: Erreichbares Luftschallschutzmaß mit Vorsatzschalen vor Massivwänden mit verschiedenen Flächengewichten.
a: einschalige Massivwand
b: mit „idealer" Vorsatzschale, die keine Übertragung über Trennwand selbst mehr zuläßt
c: mit praktisch möglicher Vorsatzschale (Gipskartonplatten in 50 mm Abstand)

noch verbleibende Übertragung erfolgt auf den Wegen 1 und 3, siehe Skizze in Abb. 24. Eine praktisch in Frage kommende Verkleidung würde die Werte der Kurve c in Abb. 28 ergeben. Man ersieht daraus, daß bei leichten Massivwänden durch Vorsatzschalen eine erhebliche Verbesserung (15 bis 20 dB) der Schalldämmung möglich ist, nicht dagegen bei schweren Wänden. Dort beträgt die Verbesserung 3 bis 4 dB.

Die praktisch in Frage kommenden Verkleidungen unterscheiden sich in erster Linie nach der Art wie die Vorsatzschalen gehalten werden. Die wichtigsten Formen sind in Abb. 29 dargestellt. Die Befestigung über Leisten ist schalltechnisch ungünstiger und vor allem von Zufälligkeiten der Befestigung abhängig. Bei Gispskartonplatten haben sich die Lösungen d und e durchgesetzt. Im Fall d werden die Platten über Mineralfaserplatten an der Massivwand angeklebt. Im Fall e geschieht die Befestigung durch Kleben auf einzelne Leisten, die mit einem weichfedernden und gleichzeitig ausreichend reißfesten Dämmstreifen DS versehen sind.

4.324 Zweischalige Haustrennwände

Ein besonders dankbares Anwendungsgebiet für zweischalige Wände sind Haustrennwände bei Zweifamilienhäusern oder Einfamilienreihenhäusern, zum Teil auch bei mehrgeschossigen Mehrfamilienreihenhäusern.

68

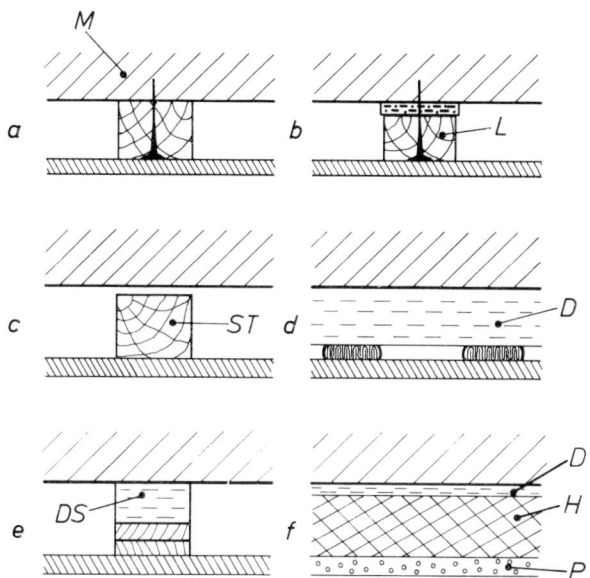

Abb. 29: Zu unterscheidende Befestigungsmöglichkeiten für Vorsatzschalen vor Massivwänden (M)
a: Leisten L, unmittelbar angenagelt
b: Leisten über Dämmstreifen angenagelt
c: freistehende Ständer St
d: über Faserdämmplatten D angeklebt
e: über einzelne Leisten mit Dämmstreifen DS angeklebt
f: freitragende Holzwolle-Leichtbauplatten H mit Putz P
Mineralwolle im Hohlraum bei a, b, c und e der Übersichtlichkeit halber nicht dargestellt.

Trennt man die einzelnen Hausabschnitte voneinander durch eine über die ganze Haustiefe hindurchgehende Fuge — eine sog. Schalldämmfuge — dann fällt der sonst stark störende Weg B in Abb. 17 fort. Es ist in diesem Fall möglich, auch mit den hierfür erforderlichen biegesteifen Schalen einen guten Schallschutz zu erhalten. Die Verbesserung gegenüber gleich schweren Einfachwänden beträgt je nach Ausführungssorgfalt 5 bis 15 dB.

Derartige Haustrennwände — siehe Abb. 30 — können aus 11,5 cm dicken Schalen aus Voll- oder Hohlziegeln, aus Bimsbeton oder anderen Materialien, z.B. auch aus geschoßhohen Gasbeton- oder Stahlbetonplatten ausgeführt werden. Der Luftspalt sollte 2 cm betragen. Das wichtigste bei diesen Wänden ist, daß keine Mörtelbrücken zwischen den beiden Wandschalen entstehen können. Zur Vermeidung von Mörtelbrücken sollte zwischen den Schalen eine Dämmschicht

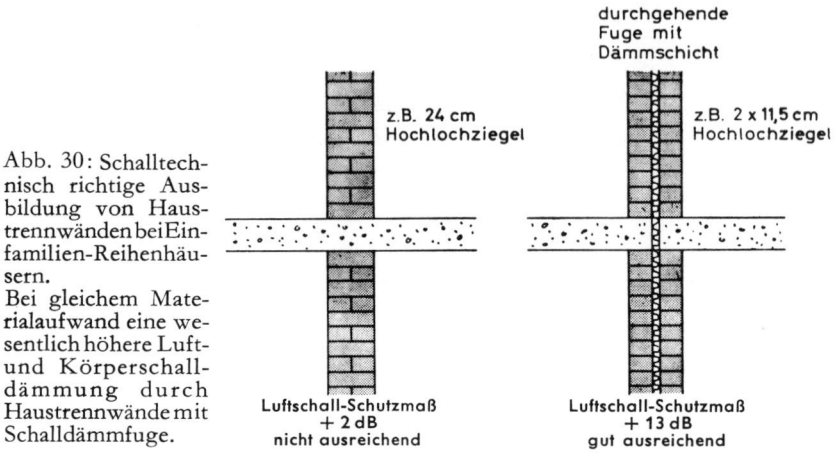

Abb. 30: Schalltechnisch richtige Ausbildung von Haustrennwänden bei Einfamilien-Reihenhäusern.
Bei gleichem Materialaufwand eine wesentlich höhere Luft- und Körperschalldämmung durch Haustrennwände mit Schalldämmfuge.

durchgehende Fuge mit Dämmschicht

z.B. 24 cm Hochlochziegel

z.B. 2 x 11,5 cm Hochlochziegel

Luftschall-Schutzmaß + 2 dB nicht ausreichend

Luftschall-Schutzmaß + 13 dB gut ausreichend

eingelegt werden, die unter Umständen noch mit einer Pappe abgedeckt werden muß. An sich sollte die eingelegte Dämmschicht weichfedernd sein. Die Erfahrung zeigt jedoch, daß auch relativ steife Dämmplatten wie Holzwolle-Leichtbauplatten und poröse Holzfaserplatten, zu guten Dämmwerten führen. Die Erklärung liegt darin, daß diese Platten lose in die Trennfuge eingestellt werden, so daß sie nur einen geringen, punktweisen Kontakt mit der bereits bestehenden Wandschale haben, wodurch die Steifigkeit der Platten sich nicht voll auswirken kann (Kontaktfederung)[26].

Wenn derartige Platten anbetoniert würden, wären sie ungeeignet.

Weniger geeignet für den genannten Zweck sind Hartschaumplatten, weil sie geschlossene Poren haben. Sie wirken so, als ob nur noch der geringe Lufthohlraum zwischen den Schalen und den Hartschaumplatten vorhanden wäre.

Bei sorgfältiger Ausführung von Haustrennwänden werden Luftschall-Schutzmaße zwischen 10 und 20 dB erreicht, also wesentlich mehr als selbst mit schweren Einfachwänden. Außerdem wird der im Nachbarhaus entstehende Körperschall (von Treppen, Küchengeräusche, Gehgeräusche) gegenüber dem Normalfall um etwa 10 bis 15 dB geschwächt auf die nächste Hauseinheit übertragen.

Die Trennung der Wandschalen sollte möglichst bis zur Dachhaut und bis zum Kellerfundament vorgenommen werden, das nicht getrennt zu werden braucht.

Bei mangelhafter Ausführung treten Körperschallbrücken zwischen den beiden Schalen auf, die die Dämmung so weit erniedrigen können, daß die Sollwerte von DIN 4109 nur knapp oder überhaupt nicht erreicht werden. Schlecht ausgeführte Fugen können nachträglich mit einem Sägeverfahren schalltechnisch ver-

---

[26] vgl. Gösele, K. „Neue Wege zur Entwicklung von Trittschalldämmstoffen". Ges. Ing. 1954, S. 3.

bessert werden. Die Schalldämmung kann noch schlechter werden, als wenn eine einschalige Wand gleichen Flächengewichts ohne Fuge verwendet worden wäre. Das gleiche gilt, wenn zweischalige, massive Haustrennwände verwendet werden, bei denen die Decken und eventuell auch die Außenwände durchgezogen sind. Die Trennfuge lohnt sich in diesem Fall nicht; sie schadet sogar, weil die Längsleitung bei zwei massiven Schalen größer ist als bei einer gleich schweren Einfachschale. Dies sei an einem Beispiel gezeigt:

zwei je 150 mm dicke Betonwandtafeln mit Trennfuge,
Decken durchgezogen $\qquad$ LSM = +4 dB

eine 300 mm dicke Betonwand $\qquad$ LSM = +8 dB

Damit soll jedoch nicht zu einschaligen Haustrennwänden geraten werden, da sie keine befriedigende Körperschalldämmung gegen Treppengeräusche u. ä. ergeben.

Mit keiner anderen schalltechnischen Dämm-Maßnahme läßt sich bei tragbarem wirtschaftlichem Aufwand so viel erreichen wie mit durchgehenden Schalldämmfugen bei Haustrennwänden. Dadurch lassen sich die immer wieder auftretenden Rechtsstreite zwischen Bauherrn und Architekten wegen eines mangelhaften Schallschutzes von Haustrennwänden mit Sicherheit vermeiden, vorausgesetzt, daß die Trennfuge einwandfrei ausgebildet ist.

4.325 Unzweckmäßige Ausführungen

Sehr häufig findet man in der Baupraxis, daß zur Verbesserung der Schalldämmung relativ steife Dämmplatten, wie Holzwolle-Leichtbauplatten, Polystyrol-Hartschaumplatten oder Verbundplatten aus beiden Materialien, an einer Massivwand angeklebt und verputzt werden. Oft wird diese Verkleidung sogar an beiden Seiten der Massivwand angebracht.

Das Ergebnis ist eine ausgeprägte Verschlechterung der Luftschalldämmung. Sie ist darauf zurückzuführen, daß die Massivwand zusammen mit dem Putz auf der Dämmschicht eine Doppelwand darstellt, deren Resonanzfrequenz zu hoch, nämlich mitten im hörbaren Gebiet liegt. [27]) Zusammen mit einigen zusätzlichen Einflüssen wirkt sich deshalb die Verkleidung verschlechternd auf die Schalldämmung aus. Abb. 31 zeigt zwei Beispiele über die Auswirkung derartiger Maßnahmen.

Sind die verwendeten Dämmplatten wesentlich steifer oder wesentlich weichfedernder als die hier genannten Platten (dynamische Steife zwischen etwa 10 und 200 kp/cm³), dann tritt keine Verschlechterung, bzw. sogar eine Verbesserung der Dämmung auf. In Abb. 32 ist schematisch dargestellt, in welcher Weise Holzwolle-Leichtbauplatten vorteilhaft für die schalltechnische Verbesserung von Trennwänden verwendet werden können.

---

[27]) Gösele, K. ,,Verschlechterung der Schalldämmung von Decken und Wänden durch anbetonierte Wärmedämmplatten". Ges. Ing. 1961, S. 333 und FBW-Blätter, Folge 6-1961.

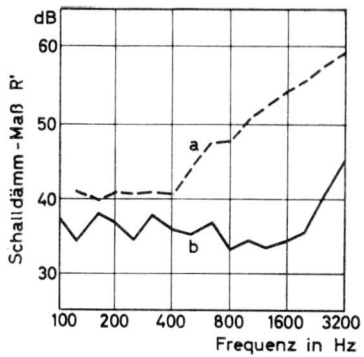

240 mm Bimshohlblocksteine, beidseitig 25 mm Holzwolle-Leichtbauplatten mit Mörtel befestigt und verputzt;

Luftschall-Schutzmaße:
a: —3 dB
b: —16 dB

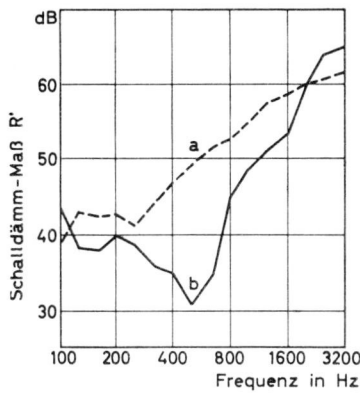

125 mm Schwerbeton, beidseitig Verbundplatten aus 10 mm Hartschaumplatten und 25 mm Holzwolle-Leichtbauplatten anbetoniert und verputzt;

Luftschall-Schutzmaße:
a: + 1 dB
b: —10 dB

Abb. 31: Verschlechterung der Luftschalldämmung von Trennwänden durch angemörtelte bzw. anbetonierte und verputzte Dämmplatten.
Kurve a: ohne Dämmplatten; Kurve b: mit Dämmplatten

Derartige Verschlechterungen der Schalldämmung können auch bei anderen Verkleidungen auftreten, bei denen man an sich gar keine Verbesserung der Schalldämmung anstrebt. Dies sei an einem Beispiel gezeigt. Es betrifft den sogen. Trockenputz, d. h. die Verkleidung von Trennwänden mit Gipskartonplatten, die anstelle eines Putzes über Gipspflaster angeklebt werden. Dabei kann eine Verschlechterung der Schalldämmung gegenüber einer gleichartigen, verputzten Wand auftreten, wie es in Abb. 33 dargestellt ist. Die Ursache liegt, wie eingehende Untersuchungen ergeben haben, vor allem an Undichtheiten der unverputzten Wand. Dieser Mangel kann vermieden und eine Verbesserung der Schalldämmung gegenüber dem verputzten Zustand erreicht werden, wenn die Gipskartonplatten auf einer Seite der Trennwand über Mineralfaserplatten angeklebt werden.

72

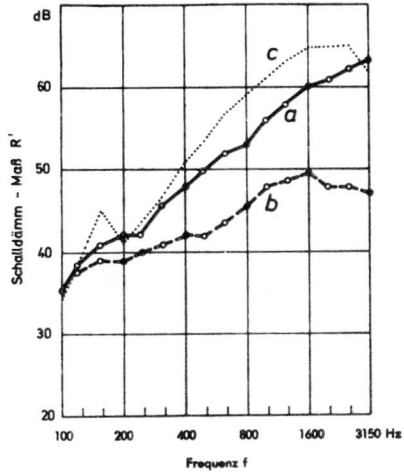

Abb. 32: Beeinflussung der Schalldämmung von Trennwänden durch „Trockenputz" (Gipskartonplatten) anstelle von Naßputz

a: mit Naßputz

b: mit Trockenputz

c: mit Trockenputz, auf einer Seite über 20 mm Mineralfaserplatten

untersucht an Wänden aus 240 mm Kalksandsteinen.

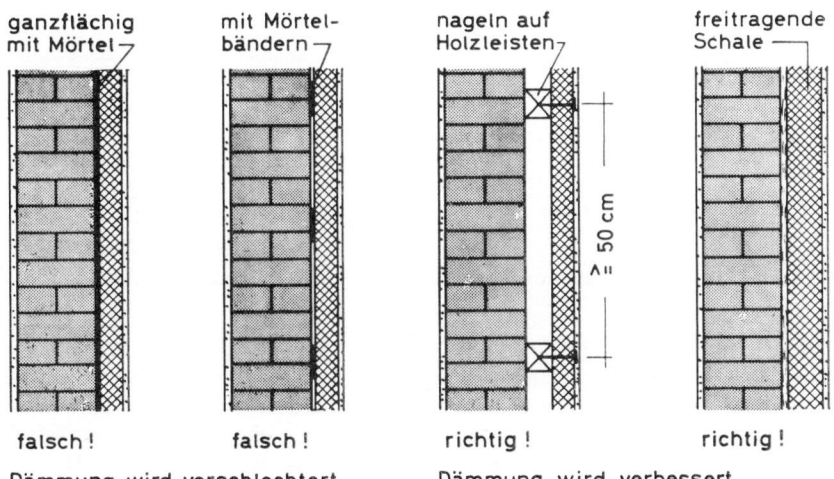

Abb. 33: Schalltechnisch richtiges Anbringen von Holzwolle-Leichtbauplatten an Trennwänden.

4.4 Luftschallschutz ausgeführter Decken

Für den Luftschallschutz von Massivdecken gelten die gleichen Grundsätze wie für Wände. Für eine übersichtliche Darstellung empfiehlt es sich, zu unterscheiden zwischen der Schalldämmung der Decken ohne und mit Fußboden.

4.41 Decken ohne Fußboden

Einen Überblick über die Luftschall-Schutzmaße von Massivdecken ohne Fußboden gibt die Tafel 12. Diese Werte sind dann von unmittelbarer Bedeutung, wenn Fußböden verwendet werden, die keine Verbesserung des Luftschallschutzes ergeben. Deshalb wird in DIN 4109 bei einer Einteilung der Decken in zwei akustische „Güteklassen" — die Deckengruppen I und II — die Luftschalldämmung als Kriterium benützt. Deckengruppe II umfaßt diejenigen Decken, deren Luftschallschutz auch ohne Fußboden ausreicht. Bei Decken, welche dieser Bedingung genügen, ist man in der Auswahl des Fußbodenaufbaus viel freizügiger als in den Fällen, in denen der Fußboden auch noch die Luftschalldämmung verbessern muß.

Tafel 12 gibt einen Überblick über die Luftschalldämmung üblicher Massivdecken. In Abb. 34 ist das Luftschalldämm-Maß verschiedener Decken in Abhängigkeit von der Frequenz dargestellt. Die Werte werden im folgenden besprochen.

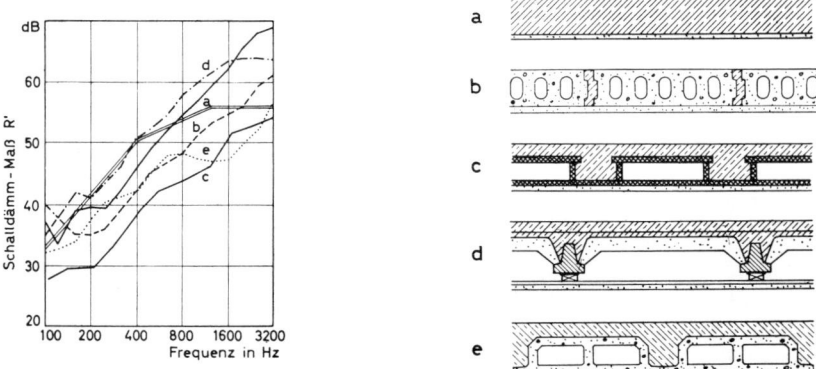

Abb. 34: Luftschalldämmung verschiedener Massivdecken, ohne Fußboden.

4.411 Einschalige Decken

Die Luftschalldämmung nimmt stets mit zunehmendem Flächengewicht zu. Eine Voraussage über die zu erwartenden Schallschutzmaße ist allerdings nur bei weitgehend homogen aufgebauten Decken möglich, wobei die Werte der Abb. 10 verwendet werden können. Um die Mindestanforderungen von DIN 4109 zu erfüllen, ist wie bei den Trennwänden ein Mindestgewicht von etwa 350 kg/m² erforderlich, wobei das Gewicht des Putzes und eines etwaigen Ausgleichestrichs zum Gesamtgewicht hinzugezählt werden dürfen. Dem entspricht z. B. eine

74

Tafel 12: Schallschutz von Massivdecken, ohne Fußboden, jedoch verputzt

lfd. Nr.	Deckenausführung Querschnitt	Bezeichnung	Flächen- gewicht kg/m²	Schallschutzmaße in dB für Luft- schall	für Trittschall TSM	für Trittschall TSM eq*
1		12 cm Stahlbeton-Hohldielen	185	—4	—20	—18
2		leichte Hohlkörper-decke, einschalig	210	—5	—24	—22
3		Decke mit geschlos-senen, unmittelbar verputzten Holz-wolle-Hohlkörpern	250	—8	—19	—18
4		Stahlstein-Decke ("Leipziger"-Decke)	260	—3	—15	—16
5		"Remy"-Decke	270	—4	—19	—14
6		Hohlbalkendecke	280	—3	—19	—14
7		schwere Hohl-körperdecke, einschalig	295	—2	—21	—15
8		Stahlstein-Decke mit 3 cm Überbeton	300	—3	—22	—15
9		14 cm Stahlbeton-plattendecke	360	0	—12	—10

* TSM$_{eq}$: äquivalentes Trittschallschutzmaß, Näheres siehe DIN 52210, Teil 4 und 38.

Tafel 12, fortgesetzt

	zweischalige Massivdecken					
lfd. Nr.	Deckenausführung Querschnitt	Bezeichnung	Flächen-gewicht kg/m²	für Luft-schall	Schallschutz-maße in dB für Trittschall TSM	TSM eq*
10		Decke aus 12 cm Stahlbeton-Hohl-dielen, Putzschale über angerödelte Drähte befestigt	200	3	—9	—10
11		„Zech"-Decke	210	—1	—9	—15
12		zweischalige Fertigteildecke	210	3	—12	—12
13		zweischalige, schwere Hohlkörperdecke	300	3	—8	— 8
14		„Könen"-Decke, Putzträger an jeder zweiten Rippe befestigt	250	1	—8	—13

* TSM_{eq}: äquivalentes Trittschallschutzmaß, Näheres siehe DIN 52210, Teil 4 und 38.

mindestens 14 cm dicke Stahlbetonplattendecke (einschließlich eines etwaigen Ausgleichestrichs). Dabei sind normale Verhältnisse bezüglich der Schall-Längs-leitung vorausgesetzt.

Manche Massivdecken besitzen — teils zur Erhöhung der Wärmedämmung, teils zur Verringerung des Gewichtes — größere Hohlräume. Wie in Abschnitt 4.213 ausgeführt, sind solche Hohlräume, sobald sie größere Abmessungen haben, schalltechnisch ungünstig. Die Ursache liegt zum Teil in der Konzentration eines wesentlichen Teils des Deckengewichts in Rippen oder Balken, zum anderen Teil in Resonanzeffekten der Hohlkörperschalen. Deshalb besitzen derartige Decken ohne Fußboden in der Regel keinen ausreichenden Luftschallschutz, zumal sie meist auch ein kleineres Flächengewicht als 350 kg/m² haben. Besonders ungünstig verhalten sich Rippendecken mit geschlossenen, unmittelbar ver-putzten Holzwolle-Hohlkörpern.

Stahlbetonplattendecken haben neben ihren schalltechnischen Vorzügen erhebliche wärmetechnische Mängel, wie in Teil B näher ausgeführt ist. Man beseitigt diese Mängel in manchen Fällen dadurch, daß man unterseitig Holzwolle-Leichtbauplatten oder andere Dämmplatten anbetoniert, die man auf die Deckenschalung aufgelegt hat. Dadurch wird zwar die angestrebte wärmetechnische Verbesserung erreicht, schalltechnisch wirkt sich diese Maßnahme jedoch nachteilig aus[28]) (siehe Abschnitt 4.325). Sowohl der Luft- als auch der Trittschallschutz werden verringert. Man sollte deshalb bei Stahlbetonplattendecken die Wärmedämmschicht stets auf der Deckenoberseite anordnen, damit diese gleichzeitig den Wärme- und den Schallschutz verbessert.

4.412 Zweischalige Decken

Die Luftschalldämmung von Massivdecken kann verbessert werden, wenn man an ihrer Unterseite eine Verkleidung, z. B. in Form von Platten oder als Putzschale anbringt, die von der Decke durch einen Lufthohlraum oder eine weichfedernde Dämmschicht getrennt ist. Die erzielbare Verbesserung ist relativ groß, vor allem, wenn es sich um eine leichte Decke handelt[29]) und die Deckenverkleidung geeignet gewählt ist. Auf diese Weise kann auch bei leichten Massivddecken ein den Mindestanforderungen genügender Luft-Schallschutz erzielt werden. Die einzuhaltenden Bedingungen sind:

Material für die Verkleidung:	Die Verkleidung soll eine geringe Biegesteife besitzen. Vorwiegend in Frage kommen Putz auf Putzträger, wie z. B. Holzwolle-Leichtbauplatten, Schilfrohrmatten, Streckmetall. Auch Platten sind verwendbar, z. B. Gipskartonplatten, bei genügendem Luftabstand auch dichte Mineralfaserplatten.
Lufthohlraum zwischen tragender Decke und Putzschale:	für Putzschalen nach bisheriger Erfahrung 2 bis 3 cm Abstand ausreichend; Schallschluckmaterial im Deckenhohlraum bei Putzschalen meist nicht erforderlich, dagegen bei leichteren Plattenverkleidungen, wegen des erforderlichen Schalenabstandes vergleiche Abschnitt 4.22.
Befestigung der Verkleidung an der Decke:	Sie soll möglichst lose sein, so daß die Verkleidung durch die Befestigung nicht unnötig versteift wird; anzustreben ist ein „Kugelgelenk". Eine Berührung der tragenden Decke auf breiter Fläche ist ungünstig (vgl. Abb. 35 Fall b); eine Befestigung von Holzleisten mit Drähten ist akustisch vorteilhaft.
Abstand der Befestigungsstellen:	mindestens 50 cm

---

[28]) vgl. Fußnote 27).
[29]) Bei schweren Decken sind die Verbesserungsmöglichkeiten durch die Schall-Längsleitung entlang der flankierenden Wände stärker beschränkt, vgl. Abb. 28.

unzweckmäßig:

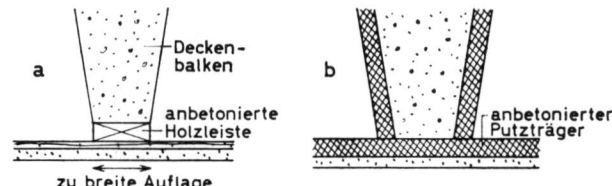

zweckmäßig:

Abb. 35: Schalltech-
nisch zweckmäßige Be-
festigung von Putzscha-
len an Deckenbalken
oder -rippen bei zwei-
schaligen Massivdecken.

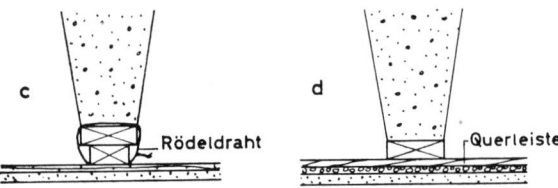

Die Verwendung einer zusätzlichen Verkleidung lohnt sich bezüglich der akustischen Wirkung besonders bei leichten Decken. Sie ist vor allem dort wirtschaftlich, wo die noch fehlende, zusätzliche Trittschalldämmung durch weichfedernde
Gehbeläge o. ä. erreicht werden soll. Eine unterseitige Verkleidung ist auch bei
schweren Decken am Platze, wenn eine besonders hohe Luftschalldämmung
zusammen mit einem schwimmenden Estrich erzielt werden soll. Durch eine
unterseitige Verkleidung kann das Luftschall-Schutzmaß in diesen Fällen noch
um 1 bis 2 dB vergrößert werden.

Wird die unterseitige Schale nicht locker, sondern starr befestigt, z. B. durch
Anbetonieren des Putzträgers, dann kann der Schallschutz durch die Putzschale
verschlechtert werden. (Beispiel: Stahlbetonrippendecken mit geschlossenen
Holzwolle-Hohlkörpern als Schalungskörper).

Die Verkleidung von Decken auf ihrer Unterseite hat in akustischer Hinsicht in
den letzten Jahren wieder große Bedeutung gewonnen, und zwar bei Bauten mit
demontierbaren Trennwänden. Dort werden über Metall-Profilschienen gelochte
Metallkassetten (mit oberseitiger Dämmeinlage), dichte Mineralfaserplatten,
Holzspanplatten (mit geringem Raumgewicht und oberseitiger Dichtung) abge-
hängt. Sofern über den Platten schallabsorbierendes Material angebracht ist,
bringen derartige Verkleidungen bei dem meist vorhandenen großen Luftabstand
wesentliche Verbesserungen der Luftschalldämmung, vergleiche Abb. 78.

4.42 Verbesserung der Luftschalldämmung durch Fußböden

Fußböden verbessern die Luftschalldämmung von Decken nur dann, wenn sie zusammen mit der Decke eine zweischalige Konstruktion bilden und die beiden Schalen über eine genügend weichfedernde Dämmschicht getrennt sind. Dies trifft im wesentlichen nur für schwimmende Estriche und schwimmend gelagerte Holzfußböden zu. Die nachfolgende Zusammenstellung gibt eine Übersicht über die Wirksamkeit verschiedener Fußböden.

Fußboden-Ausführung	Verbesserung des Luftschallschutzes
unmittelbar auf Rohdecke verlegte Estriche	geringfügig; nach Maßgabe der Gewichtserhöhung (10% Gewichtserhöhung etwa 1 dB)
auf Dämmschichten verlegte Estriche (schwimmende Estriche)	mittelmäßig bis gut, je nach Dämmschicht
Holzfußböden mit und ohne Dämmschicht unter Lagerhölzern	mit Dämmschicht: mittelmäßig bis gut, sofern Dämmschicht genügend weichfedernd
zweischichtige Beläge mit dünner, lastverteilender Schicht (z. B. Hartfaserplatten auf Weichfaserplatten)	keine oder geringe, je nach Anordnung
Gehbeläge	keine Verbesserung

Die Verbesserung des Luftschallschutzes durch schwimmende Estriche ist — wenn man nur die Übertragung über die Decke selbst betrachtet — zahlenmäßig etwa gleich groß wie die Verbesserung des Trittschallschutzes (siehe Abschnitt 5.32). Sie beginnt oberhalb einer Resonanzfrequenz f_R nach Abschnitt 5.322 und nimmt mit der Frequenz stark zu.

Allerdings wirkt sich diese Verbesserung — siehe Abb. 24 und 28 — für die Schalldämmung zwischen zwei Räumen nur begrenzt aus, weil die Schallübertragung entlang der flankierenden Wände vorhanden ist.

Mit schwimmenden Estrichen kann die Luftschalldämmung auch leichter Massivdecken — von wenigen Ausnahmen abgesehen — ausreichend verbessert werden, wenn die Dämmschichten genügend weichfedernd sind und eine sorgfältige Ausführung vorliegt. Dasselbe gilt für schwimmend verlegte Riemenböden.

4.5 Fenster und Türen

4.51 Fenster

Wegen des Anwachsens des Verkehrslärms ist die Schalldämmung der Häuser gegenüber Außenlärm in vielen Fällen zu einem brennenden Problem geworden. Die Übertragung des Außenlärms in die Räume erfolgt in den meisten Fällen

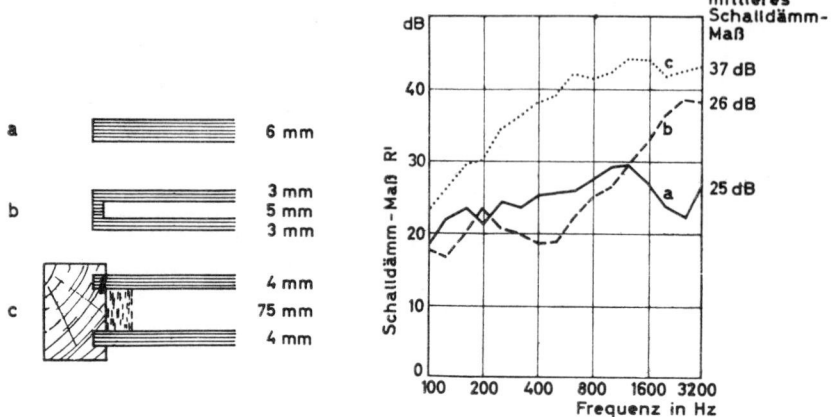

Abb. 36: Schalldämmung von etwa gleich schweren Verglasungen (an den Anschlußfugen gedichtet).
a: Einfachscheibe
b: Verbundscheibe, wegen des geringen Scheibenabstandes (5 mm) keine nennenswerte Verbesserung gegenüber a
c: Doppelscheibe mit genügend großem Scheibenabstand (75 mm) ergibt gute Verbesserung

über die Fenster, da diese weit leichter sind als die Außenwände, soweit es sich um massive Wände handelt. Die Schalldämmung der Fenster hängt von der Art der Verglasung und der Dichtung ab.

Verglasung

Das schalltechnische Verhalten von Verglasungen ist aus Abb. 37 ersichtlich. Dort ist das bewertete Schalldämmaß R_w von ein- und zweischeibigen Verglasungen in Abhängigkeit von der „Gesamt-Glasdicke d_{Gl}" aufgetragen. Darunter soll die Summe der Dicken bei zweischaligen Verglasungen verstanden werden. Betrachtet man zunächst Einfachscheiben (Kurve a), dann zeigt sich, daß R_w etwa 30 und 35 dB für 5 bis 10 mm dicke Scheiben beträgt. Schon aus wärmetechnischen Gründen wird man jedoch doppelschalige Verglasungen verwenden und dabei auch eine entsprechende schalltechnische Verbesserung erwarten. Bei kleinen Luftabständen, z. B. 12 mm, wie sie bisher meist bei Isolierscheiben verwendet worden sind, ergibt sich bei mittleren Glasdicken, z. B. $d_{Gl} = 10$ mm eine Verschlechterung der Schalldämmung. Dies ist aus Abb. 37 zu entnehmen, wo mit der Linienschar b die Werte für Doppelscheiben dargestellt sind, wobei als Parameter der Luftabstand d_L der Scheiben verwendet worden ist.

Die Verschlechterung gegenüber Einfachscheiben ist auf eine Resonanz des zweischaligen Systems mitten im interessierenden Frequenzgebiet zurückzuführen.

80

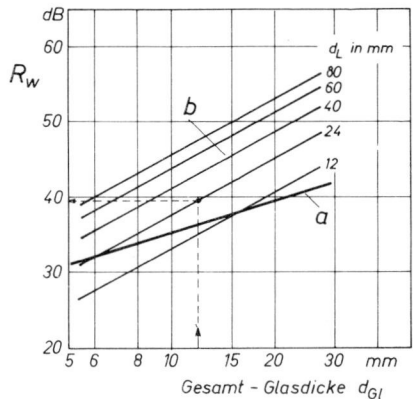

Abb. 37: Das bewertete Schall-dämmaß R_w von Doppelscheiben, abhängig von der Gesamt-Glas-dicke d_{Gl} und dem Luftabstand d_L zwischen den Scheiben (Geraden-schar b), zum Vergleich: Einfach-scheiben (Gerade a). Bei dem Diagramm ist nur die Schallüber-tragung über die Luftschicht der Scheibe erfaßt.

Dies ist aus Abb. 36 zu entnehmen, wo eine Isolierglasscheibe (Kurve b) mit einer gleich schweren Einfachscheibe (Kurve a) verglichen ist.

Doppelscheiben sind erst dann günstiger als Einfachscheiben, wenn der Scheiben-abstand d_L wesentlich größer als 12 mm ist. Die in Abb. 37 angegebenen Werte beziehen sich auf die Übertragung über die Luftschicht. Bei R_w-Werten von mehr als etwa 42 bis 45 dB spielt auch die Art der Scheibenverbindung am Rande eine Rolle. Die Schallübertragung über die Luftschicht kann durch eine sog. Randdämpfung (schallabsorbierende Verkleidung am Rande des Lufthohlraumes) verbessert werden.

Neuerdings wird auch mit Erfolg versucht, die Schalldämmung von Isolierver-glasungen durch Füllung des Scheibenhohlraumes mit Gasen statt mit Luft zu verbessern[30]). Die Verbesserung liegt in der Größenordnung von 3 bis 6 dB. Sie beruht auf der unterschiedlichen Schallgeschwindigkeit in Luft und den ver-wendeten Gasen, wobei entweder sehr leichte oder sehr schwere Gase verwendet werden sollen.

Derzeitig erreichbare R_w-Werte von Fenstern sind:

$$R_w$$

Fenster mit Isolierverglasung	35 – 42 dB
Verbundfenster	38 – 48 dB
Kastenfenster	48 – 55 dB

Man kann somit mit geeigneten Fenstern etwa die Schalldämmung von massiven Außenwänden erreichen.

---

[30]) P. Derner „Einfluß der Gasfüllung auf die Schall- und Wärmedämmung von Isoliergläsern" Glas-technische Berichte 48 (1975) S. 84; Gösele, K. und B. Lakatos „Verbesserung der Schalldämmung von Isolierglasscheiben durch Gasfüllung" Glastechnische Berichte 48 (1975) S. 91/95.

Dichtung

Die üblichen Fenster ohne Dichtungen sind nach längerer Gebrauchsdauer häufig so undicht, daß die Schalldämmung nicht mehr durch die Verglasung, sondern durch die Undichtheiten bestimmt wird. Für schalldämmende Fenster sollten deshalb stets weichfedernde Dichtungen und ein an mehreren Stellen einrastender Riegelverschluß verwendet werden.

Lüftung

Die beste Schalldämmung eines Fensters nützt dann nichts, wenn das Fenster zu Lüftungszwecken geöffnet werden muß. Bei Bürogebäuden u.ä. wäre deshalb eine Klimaanlage nötig. Dies ist aus wirtschaftlichen Gründen meist nicht möglich. Dann können gesonderte Lüftungsöffnungen in der Außenwand oder am Fenster angeordnet werden, die mit einem Schieber geöffnet oder geschlossen werden können. Nach einem Vorschlag von L. Cremer können derartige Lüftungsöffnungen schallschluckend ausgebildet werden, so daß trotz der vorhandenen Öffnung kein zu großer Lärm in den Raum dringt.

In den Fällen, in denen nur eine gewisse Belichtung und keine unmittelbare Durchsicht ins Freie gewünscht wird, können auch Ausmauerungen aus Glasbausteinen verwendet werden. Dies ist vor allem für Werkstätten von Bedeutung, wo wenig Lärm nach außen dringen soll. Je nach Ausführung weisen 50 bis 80 mm dicke Wände dieser Art bewertete Schalldämm-Maße zwischen 38 und 45 dB auf.

4.52 Türen

Häufig sind in Trennwänden Türen eingebaut. Die Schalldämmung zwischen zwei Räumen wird dadurch in der Regel wesentlich verringert, vor allem, wenn es sich um schwere Trennwände handelt. Die Schallübertragung bei Türen erfolgt teils über das Türblatt, teils über Undichtheiten in den Falzen und an der Türschwelle. Normale Türblätter besitzen ein niedriges Flächengewicht (10 bis 20 kg/m²) und deshalb auch eine geringe Dämmung. In Abb. 38 sind **zahlreiche**

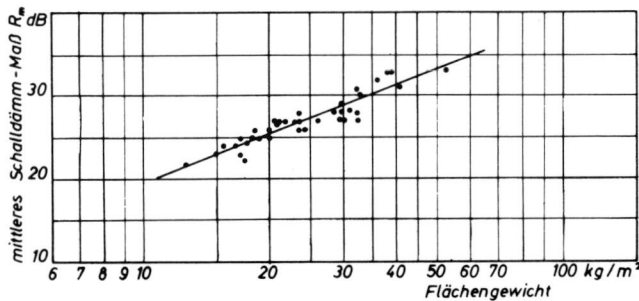

Abb. 38: Abhängigkeit des mittleren Schalldämm-Maßes von einschaligen Türblättern (ohne eingelegte Dämmplatten) von ihrem Flächengewicht.

Werte des mittleren Schalldämm-Maßes für einschalige Türblätter in Abhängigkeit vom Flächengewicht aufgetragen. Ein Vergleich mit Werten für homogene Platten zeigt, daß sich leichte Türen zum Teil noch ungünstiger verhalten als auf Grund ihres geringen Gewichts an sich schon zu erwarten war. Eine wesentliche Ursache dafür ist, daß bei leichten Türen ein erheblicher Teil des Gewichts in dem Türrahmen konzentriert ist, so daß die eigentlich übertragende Fläche ein kleineres als das in Abb. 38 angegebene mittlere Flächengewicht besitzt. Ein weiterer Grund ist, daß Holz und Holzwerkstoffe wegen ihrer relativ großen Biegefestigkeit bei kleinem Flächengewicht in einem bestimmten Bereich, siehe Abb. 16, Kurve b, eine geringere Schalldämmung als anorganische Baustoffe haben. Vor allem macht sich dies bei den in vielerlei Formen verwendeten Türblättern bemerkbar, die aus zwei Deckblättern und einer dazwischen befindlichen, wabenförmigen Stützkonstruktion bestehen[31]), vgl. Abb. 39.

Eine schalltechnisch wirksame und gleichzeitig preiswerte Vergrößerung der Masse der Tür kann durch die Füllung von Türhohlräumen mit Sand erreicht werden. Abb. 39 zeigt dafür ein Beispiel, wobei die zylindrischen Hohlräume einer Holzspanplatte mit Sand gefüllt wurden. Die Schalldämmung hat daher um 10 dB, das Gewicht um das 1,8fache zugenommen.

Das Einkleben von relativ steifen Dämmschichten, z. B. aus Kunststoffhartschaum Holzfaserdämmplatten u. ä., zwischen Deckschichten aus Holzwerkstoffen führt zu keiner Verbesserung der Schalldämmung. Vielmehr ergibt sich dadurch ein in diesem Fall ungünstiger zweischaliger Aufbau mit einer Resonanzfrequenz zwischen etwa 500 und 2000 Hz, wodurch die Schalldämmung verschlechtert wird. Beobachtete Ausnahmen von dieser Regel beruhen stets darauf, daß nur ein lockerer mechanischer Kontakt zwischen den Schalen über die Dämmschicht besteht, z. B. durch loses Einlegen der Dämmschicht. Näheres siehe[31]).

Das lose Einlegen von Holzspanplatten o. ä. zwischen die Deckschichten von Türblättern führt zu Schalldämmwerten, die etwa um 10 dB höher sind als sonst üblich, siehe Abb. 14 und Erklärung in Abschnitt 4.212.

Ein hohes Gewicht ist bei Türen lästig, weil sie sich wegen der Massenträgheit nur mit größerem Kraftaufwand bewegen lassen. Es liegt deshalb nahe, die Türblätter zweischalig aufzubauen, um eine gute Schalldämmung bei mäßigem Gewicht zu bekommen. Will man keine schwere Schalen benützen, dann muß der Abstand der Schalen relativ groß sein. Türdicken über 6 cm zu wählen, ist kaum möglich. Infolge der festen Verbindung der beiden Türschalen über den Türrahmen wird die „Doppelwand"-Wirkung durch die Schwingungsübertragung über den Rahmen begrenzt. Diese Übertragung kann in gewissem Umfang unschädlich gemacht werden, wenn die Schalen eine hohe Grenzfrequenz haben, d. h. relativ biegeweich sind, eine Eigenschaft, die natürlich bei Türen wegen der Gefahr des Verwindens nicht besonders geschätzt wird.

---

[31]) Gösele, K. „Schalldämmung von Türen". Berichte aus der Bauforschung, Heft 63, 1969.

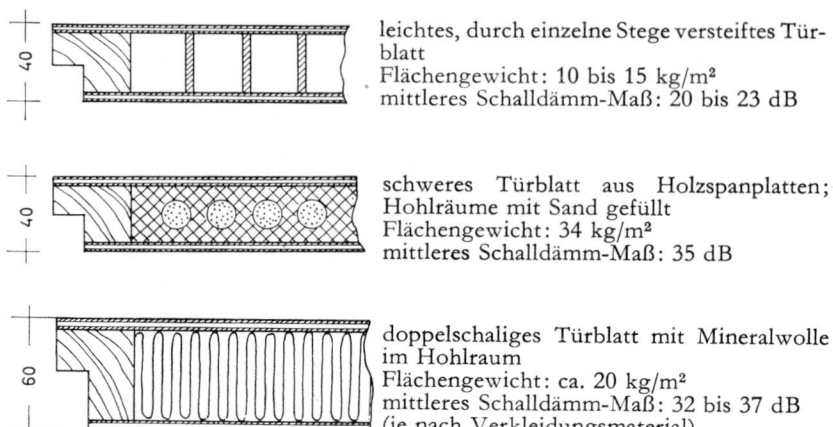

leichtes, durch einzelne Stege versteiftes Türblatt
Flächengewicht: 10 bis 15 kg/m²
mittleres Schalldämm-Maß: 20 bis 23 dB

schweres Türblatt aus Holzspanplatten;
Hohlräume mit Sand gefüllt
Flächengewicht: 34 kg/m²
mittleres Schalldämm-Maß: 35 dB

doppelschaliges Türblatt mit Mineralwolle im Hohlraum
Flächengewicht: ca. 20 kg/m²
mittleres Schalldämm-Maß: 32 bis 37 dB
(je nach Verkleidungsmaterial)

Abb. 39: Zur Schalldämmung von Türblättern.

Bei doppelschaligen Türen, deren Verkleidungen aus Sperrholz-, Holzfaser- oder Holzspanplatten bestehen, werden bei einem Flächengewicht von 20 bis 30 kg/m² bewertete Schalldämm-Maße von 34 bis 40 dB erreicht.

Die Dichtung von Türfälzen ist ein heute noch nicht befriedigend gelöstes Problem. Die meisten Dichtungen benötigen entweder einen zu hohen Kraftaufwand oder eine auf die Dauer nicht erhaltbare Genauigkeit.

Eine „narrensichere" Dichtung wird wahrscheinlich unter Ausnützung eines Prinzips möglich sein, das in Abb. 41 skizziert ist. Die Schalldämmung eines Schlitzes wird wesentlich erhöht, wenn er nicht von einem Raum zum anderen durchgeht, sondern wenn ein Hohlraum, z. B. der Hohlraum des Türblatts, über eine Öffnung (Schlitz) an die Türfuge angekoppelt wird. Es handelt sich dabei um die Ausnützung eines „Schalldämpfer-Effekts", wie er auch beim Automobilschalldämpfer verwendet wird. Als Dichtungen an der Türunterkante haben sich Schleppgummistreifen, vor allem, wenn zwei Dichtungen hintereinander angebracht sind, bewährt. Auch Dichtungsschienen, die in vertikaler Richtung beweglich sind, und sich beim Schließen der Tür automatisch anpressen, sind gebräuchlich.

Abschließend soll in Tafel 13 eine Übersicht über die erreichbaren Schalldämm-Maße bei Türen gegeben werden.

Aus den Werten der Zahlentafel ist zu entnehmen, daß eine gute Schalldämmung auch durch zwei einfache, hintereinandergeschaltete Türen möglich ist.

4.6 Praktische Maßnahmen zur Verringerung der Längsleitung

In Abschnitt 4.23 war darauf hingewiesen worden, daß die Schalldämmung zwischen zwei aneinandergrenzenden Räumen nicht nur von der Art der Trenn-

Tafel 13: Bewertetes Schalldämm-Maß von Türen

lfd. Nr.	Türausführungen	bewertetes Schall-dämm-Maß dB
1	einfache, leichte Zimmertüren, ohne besondere Dichtungsmaßnahmen	17—25
2	schwer ausgeführte Zimmertüren mit zusätzlichen Falzdichtungen	25—32
3	schalldämmende Türen, Spezialausführungen	32—40
4	hochschalldämmende Türen (doppelschalige Stahlblechtüren für Rundfunk u. ä.)	40—50
5	zwei einfache Einzeltüren, hintereinander geschaltet	40

wand oder Trenndecke abhängt, sondern auch von den flankierenden Bauteilen. Die Ausbildung dieser Bauteile ist entscheidend für die maximal erreichbare Dämmung. In normalen Bauten wird man ohne Zusatzmaßnahmen keine größeren Werte des Luftschallschutzmaßes erreichen können als etwa 2 bis 5 dB. Im folgenden sollen einige Gesichtspunkte behandelt werden, die beachtet werden müssen, wenn die Luftschalldämmung nicht durch Längsleitung unzulässig stark verschlechtert werden soll. Dabei sind nach Abb. 25 zwei Effekte wesentlich, das Flächengewicht der Längswand oder Decke und die Verzweigungsdämmung.

4.61 Einfluß des Flächengewichtes

Leichte, massive Wände werden im „lauten" Raum — vgl. Abb. 25 — zu stärkeren Schwingungsamplituden angeregt als schwere Wände. Entsprechend sind auch die in den angrenzenden Raum weitergeleiteten Schwingungen größer. Je leichter die Wände eines Hauses sind, desto geringer wird die Grenzdämmung. Abb. 40 zeigt diesen Einfluß an zwei Beispielen. Wird ein bestimmtes Flächengewicht unterschritten, dann wird die Längsleitung so groß, daß selbst mit noch so guten Trenndecken oder Trennwänden kein ausreichender Schallschutz mehr möglich ist. Daraus ist zu entnehmen, daß den massiven Leichtbauweisen in schalltechnischer Hinsicht bestimmte Grenzen gesetzt sind, und zwar nicht etwa deshalb, weil die Trenndecken oder Wohnungstrennwände nicht genügend schalldämmend ausgeführt werden können, sondern ausschließlich wegen der Schall-Längsleitung. Als ungefähren Rechenwert kann man angeben, daß bei dem Unterschreiten eines Flächengewichts von 150 bis 200 kg/m² für die tragenden Wände die Mindestanforderungen nach DIN 4109 nicht mehr erfüllt werden können.

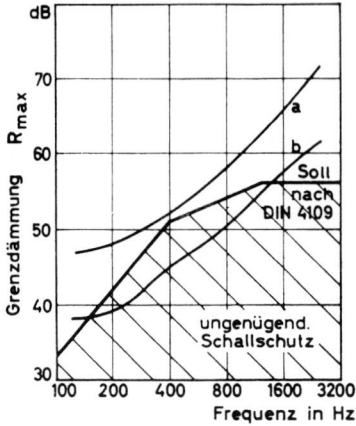

Abb. 40: Die maximal mögliche Schalldämmung zwischen zwei übereinanderliegenden Räumen infolge Schallübertragung entlang der Wände.

a: schwere Wände
(teils 270 kg/m² teils 450 kg/m²)
b: leichte Wände (150 kg/m²)

Allerdings gelten diese Überlegungen nur für Massivwände. Bei Skelettbauten mit extrem dünnen und damit biegeweichen Verkleidungen werden die Verhältnisse überraschenderweise wieder günstiger, so daß auch bei kleinem Gewicht gute Schalldämmungen erreichbar sind [32]). So sind z. B. in Holztafel-Fertighäusern höhere Schalldämmwerte bei Verwendung geeigneter Decken maximal erreichbar als in massiven Bauten. Dieses erstaunliche Verhalten ist auf das Auftreten der in Abschnitt 4.222 besprochenen anomal geringen Schallabstrahlung dünner Schalen − vgl. Abb. 21 − zurückzuführen. Dazu kommen noch die bei solchen dünnen Platten erforderlichen Fugen, welche die Körperschall-Ausbreitung verringern. Die Schall-Längsdämmung von Platten. hängt somit etwa in der in Abb. 41 dargestellten Weise vom Flächengewicht ab.

4.62 Einfluß der Stoßstellen

Die Übertragung der Schwingungen entlang einer Wand von einem Raum zum anderen hängt nicht nur von der Art der Wand, sondern auch von der Steife und dem Flächengewicht der Trenndecke ab, welche an die Wand anstößt (siehe Abb. 25). Dasselbe gilt auch in horizontaler Richtung für Trennwände.

Man kann diesen Einfluß durch die sog. Verzweigungsdämmung D_v kennzeichnen. Darunter versteht man die Differenz D_v der Körperschallpegel vor und nach einem Querbauteil, siehe Bild 42. Sie kann zwischen etwa 3 dB und 30 dB liegen und damit von ganz entscheidender Bedeutung sein [33]). Unter der Voraussetzung,

---

[32]) siehe Gösele, K. „Über das schalltechnische Verhalten von Skelettbauten" in „Körperschall in Gebäuden" [Berichte aus der Bauforschung] Reihe B, Heft 13, 1960, S. 55. Verlag W. Ernst & Sohn Berlin.

[33]) Gösele, K. „Untersuchungen zur Schall-Längsleitung in Bauten" Berichte aus der Bauforschung Heft 56 1968, S. 25 Verlag W. Ernst u. Sohn, Berlin.

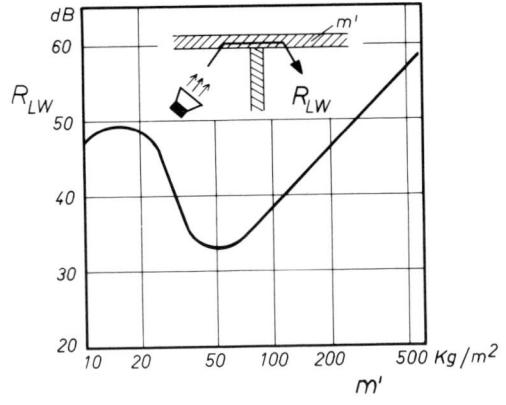

Abb. 41: Abhängigkeit des bewerteten Schall-Längs-dämmaßes R_{Lw} von Platten von ihrem Flächengewicht. Sehr schwere und sehr leichte Platten haben eine hohe Längsdämmung.

daß Längs- und Querbauteil fest miteinander verbunden sind, gelten die Werte von Abb. 42. Die Verzweigungsdämmung ist umso größer, je schwerer der Querbauteil und je leichter der Längsbauteil ist. Ist die Verbindung zwischen Längs- und Querbauteil sehr lose, dann wird D_v sehr klein (wenige dB) und damit die Längsdämmung gering.

Im folgenden werden einige typische Beispiele anhand von Abb. 43 besprochen.

Beispiel 1: Wenn eine leichte, doppelschalige Trennwand anstelle einer schweren Trennwand verwendet wird, wird die Längsdämmung erheblich geringer. Die günstigstenfalls erreichbare Luftschalldämmung ist dann niedriger als bei einer schweren Trennwand.

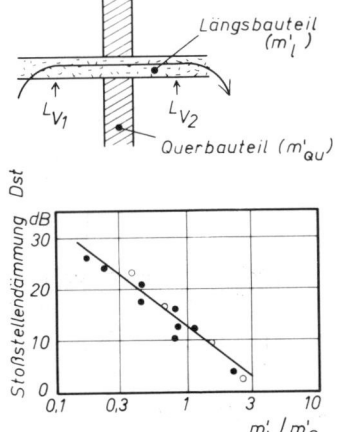

Abb. 42: Abhängigkeit der Verzweigungsdämmung $D_v = L_{v1} - L_{v2}$ für einen Längsbauteil von dem Verhältnis m'_l/m'_{Qu} der Flächengewichte von Längs- und Querbauteil.

87

Beispiel 2: Wenn eine leichte Trennwand auf einen von Raum zu Raum durchlaufenden schwimmenden Estrich gestellt wird, ist die Längsübertragung extrem stark, weil D_v gering ist und der Längsbauteil dazuhin noch selbst leicht ist.

Beispiel 3: Eine Holzbalkendecke besitzt eine geringe Masse und Steifigkeit; außerdem hat sie mit zwei von den vier Wänden eines Raumes nur streifenden Kontakt, weshalb sie nur eine geringe Stoßstellendämmung für die Wände ergibt. Entsprechend ist die Längsleitung der Wände wesentlich größer als bei sonst gleichen Verhältnissen bei einer Massivdecke, d.h. auch mit sehr guten Holzbalkendecken wird man nicht die gleiche Luftschalldämmung erreichen können wie mit guten Massivdecken unter sonst gleichen Verhältnissen. Diese Beurteilung braucht jedoch nicht für Holzbalkendecken zu gelten, die in einem Haus in Tafel- oder Skelettbauart eingebaut sind, z.B. in üblichen Holz-Fertighäusern. Dort kann die Längsleitung der Wände auch ohne eine große Verzweigungsdämmung gering sein (Auswirkung der „biegeweichen" Schalen und der Fugen).

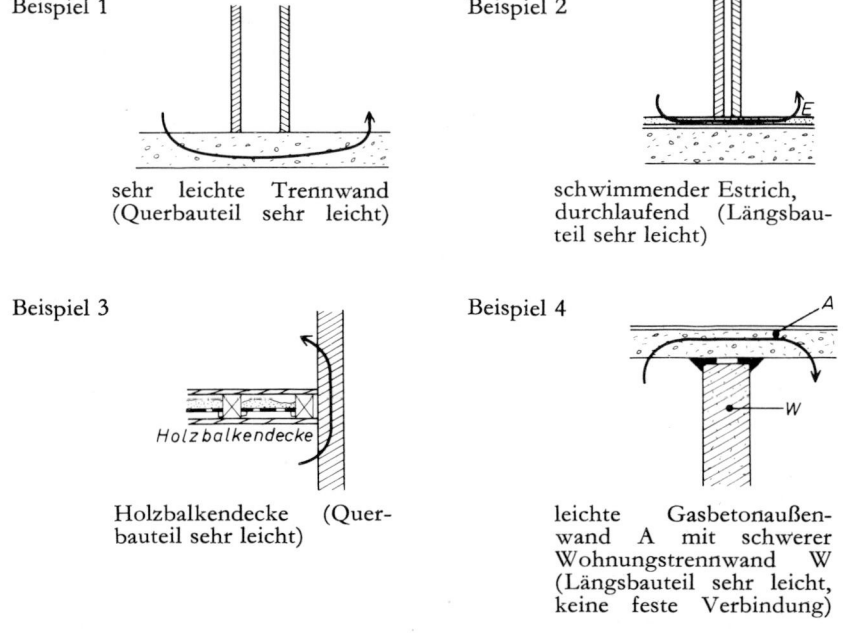

Beispiel 1

sehr leichte Trennwand (Querbauteil sehr leicht)

Beispiel 2

schwimmender Estrich, durchlaufend (Längsbauteil sehr leicht)

Beispiel 3

Holzbalkendecke (Querbauteil sehr leicht)

Beispiel 4

leichte Gasbetonaußenwand A mit schwerer Wohnungstrennwand W (Längsbauteil sehr leicht, keine feste Verbindung)

Abb. 43: Beispiele für erhöhte Längsleitung infolge geringen Flächengewichts der Bauteile oder geringer Stoßstellendämmung.

Beispiel 4: Eine schwere Trennwand aus Beton ist von einer leichten Außenwand aus Gasbeton durch eine mit plastischer Masse gedichtete Fuge zur Vermeidung von Rissen getrennt. Die Verzweigungsdämmung D_v ist in diesem Fall nahezu Null. Außerdem ist die Außenwand sehr leicht. Die Außenwand müßte in diesem Fall auf der Höhe der Trennwand eine Fuge besitzen.

4.63 Einfluß von Trennfugen

Verläuft eine Fuge zwischen zwei Bauteilen, dann ergibt sich dadurch eine starke Verringerung der Körperschall-Übertragung, die unter praktischen Verhältnissen etwa 10 bis 20 dB beträgt. Bei Einfamilien-Reihenhäusern sind derartige Fugen von entscheidender Bedeutung für eine gute Schalldämmung.

4.64 Beeinflussung der Längsleitung durch anbetonierte Dämmplatten

Zur Verbesserung der Wärmedämmung werden an Decken und vor allem an Außenwänden bestimmte Dämmplatten anbetoniert oder angeklebt und anschließend verputzt bzw. mit Platten verkleidet. Dadurch wird — wie in Abschnitt 4.325 ausgeführt — aus der einschaligen Decke oder Wand eine zweischalige Ausführung, wobei allerdings die Resonanzfrequenz wegen der großen Steife der meisten Platten mitten im interessierenden Frequenzgebiet liegt, und sich dort eine verminderte Schalldämmung ergibt. Dieser Effekt wirkt sich nicht nur auf die Schalldämmung von Trennwänden und Trenndecken aus, an denen diese Platten angebracht sind, sondern in verstärktem Maß auf die Längsleitung. Abb. 44 zeigt diese Wirkung schematisch am Beispiel einer Decke. Da die störende Resonanz bei der Längsleitung zweimal — einmal im „lauten" Raum und dann bei der Schallabstrahlung im „leisen" Raum — auftritt, ist die Verschlechterung besonders groß. Der Effekt tritt z.B. auf, bei anbetonierten oder über Mörtelbänder befestigten Holzwolle-Leichtbauplatten und Schilfrohrplatten, bei angeklebten Hartschaumplatten. Auch die Resonanzeffekte von bestimmten Hohlkörperdecken können die Längsleitung sehr nachteilig beeinflussen. Eindeutig nachgewiesen ist dies bei Decken mit geschlossenen und unmittelbar verputzten Holzwolle-Hohlkörpern.[34]

Die auftretenden Möglichkeiten der Verschlechterung der Schalldämmung sind in Abb. 45 schematisch dargestellt und im folgenden anhand von Beispielen besprochen.

Beispiel 1:

Bei Massivplattendecken über dem obersten Wohngeschoß wird die erforderliche Wärmedämmung der Decke öfters durch das besprochene Anbetonieren von Holzwolle-Leichtbauplatten, Schilfrohrplatten oder von Kombinationen aus

---

[34] vgl. Gösele, K. „Erhöhung der Schall-Längsleitung durch bestimmte Hohlkörperdecken". Berichte aus der Bauforschung, 5. Schallschutzheft, Verlag W. Ernst & Sohn, Berlin, 1964.

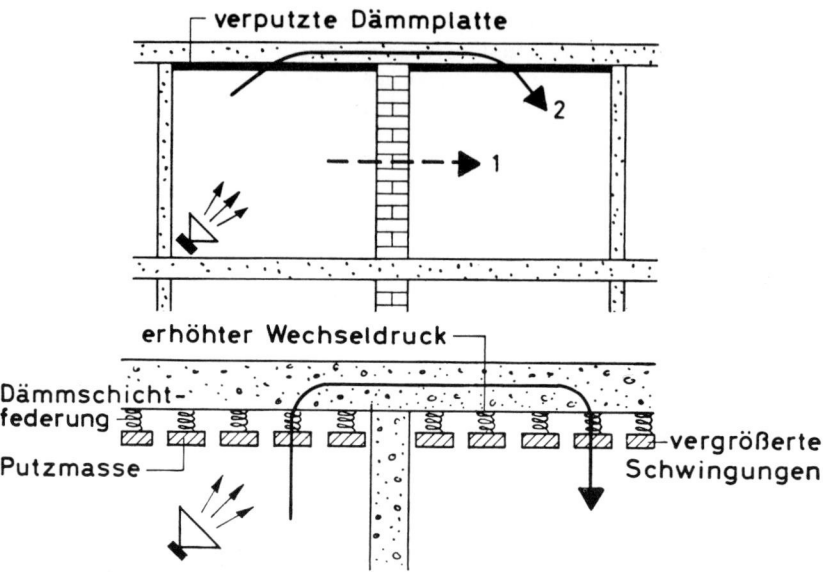

Abb. 44: Erhöhung der Längsleitung durch anbetonierte (angeklebte) und verputzte Dämmplatten.
Unten: schematische Darstellung der als Resonatoren wirkenden Dämmplatten mit Putz.

Hartschaum- und Holzwolleplatten angestrebt. Mit dieser Maßnahme wird die Längsleitung in horizontaler Richtung stark erhöht, wodurch indirekt die Schalldämmung der Wohnungstrennwände wesentlich verschlechtert wird, so daß eine an sich schalltechnisch ausreichende Wand keinen genügenden Schallschutz mehr hat, wie folgende Zahlenwerte verdeutlichen sollen:

Wohnungs-trennwand	verwendete Wärmedämm-schicht an Deckenunterseite	Schallschutzmaß nach DIN 4109	
		ohne Dämm-schicht dB	mit Dämm-schicht dB
24 cm Schlacken-beton-Vollsteine	1,5 cm Holzwolle-Leichtbauplatten	0	—4
24 cm Bimshohlblock-wand, einseitig mit vorgesetzter Putz-schale verkleidet	2 cm Schilfrohr-platten	2	—2
24 cm Vollziegelwand	1 cm Hartschaum-platten, angeklebt	3	—1

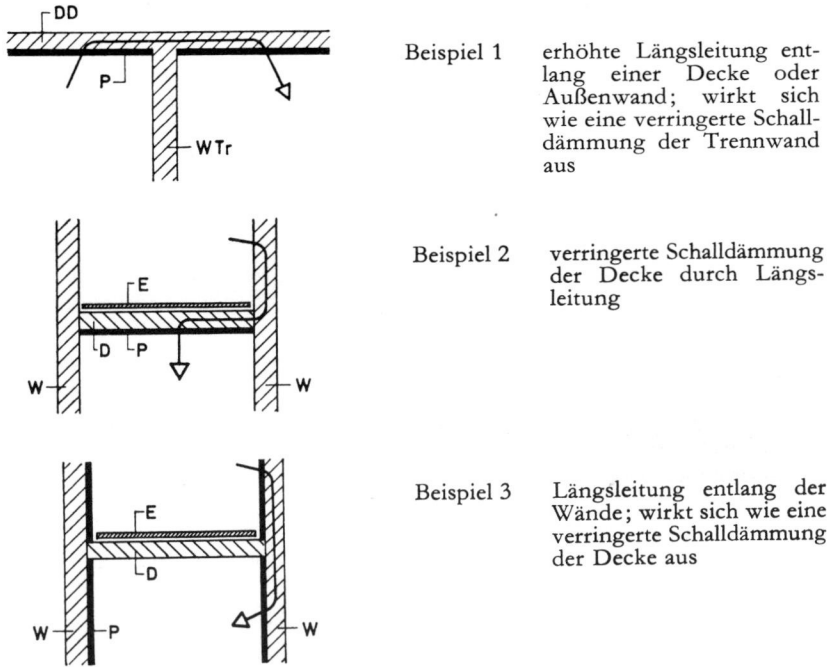

Beispiel 1   erhöhte Längsleitung entlang einer Decke oder
Außenwand; wirkt sich
wie eine verringerte Schalldämmung der Trennwand
aus

Beispiel 2   verringerte Schalldämmung
der Decke durch Längs-
leitung

Beispiel 3   Längsleitung entlang der
Wände; wirkt sich wie eine
verringerte Schalldämmung
der Decke aus

Abb. 45: Erhöhung der Schall-Längsleitung zwischen zwei Räumen durch anbe-
tonierte Dämmplatten (P).
D: Decke   DD: Dachgeschoßdecke oder Außenwand
E: schwimmender Estrich   W: Wände   WTr: Wohnungstrennwand

Beispiel 2:
Die unter Beispiel 1 genannte Ausführung wird auch bei Wohnungstrenndecken
verwendet. Dabei wird nicht nur die Schalldämmung der Wohnungstrennwände
verschlechtert, sondern auch die der Trenndecke selbst und zwar auch dann,
wenn ein sehr guter schwimmender Estrich auf der Decke aufgebracht ist. Dies
mögen z. B. folgende Werte für das Luftschallschutzmaß einer 14 cm dicken
Massivplattendecke mit einem schwimmend verlegten Riemenfußboden zeigen:
     Decke unterseitig unmittelbar verputzt: +3 dB
     unterseitig Hartschaumplatten angeklebt und verputzt: 0 dB

Die beobachtete Verschlechterung der Dämmung ist auf eine Längsleitung auf
dem Weg 3 nach Abb. 24 zurückzuführen. Es gibt in einem solchen Fall keine
andere wirksame Verbesserungsmaßnahme als die unterseitige Dämmschicht
einschließlich Putz zu entfernen.

Beispiel 3:

Bei einer Mantelbeton-Bauart wurden als verlorene Schalung für die Innen- und Außenwände Holzwolle-Leichtbauplatten verwendet. Die an den Wänden anbetonierten, verputzten Platten verschlechterten die Schalldämmung so stark, daß z. B. zwischen übereinanderliegenden Räumen, auch bei Verwenden einer guten Decke, infolge Längsleitung kein ausreichender Schallschutz mehr möglich war. Wie kraß solche Effekte sein können, sei noch an einem Zahlenbeispiel gezeigt. Bei zwei übereinanderliegenden Räumen waren an sämtliche Wände und an der Decke 2 cm dicke Hartschaumplatten normaler Steifigkeit angeklebt und verputzt worden. Das Luftschallschutzmaß der Decke verschlechterte sich durch diese Maßnahme von 0 dB auf —8 dB. Diese hohe Übertragung erfolgte nicht über die Decke selbst, sondern entlang der Wände.

Selbst dann, wenn alle Innenwände normal ausgeführt werden und nur die Außenwand mit den genannten Dämmplatten innenseitig verkleidet und verputzt wird, wird die Luftschalldämmung in vertikaler und in horizontaler Richtung unzulässig verschlechtert.

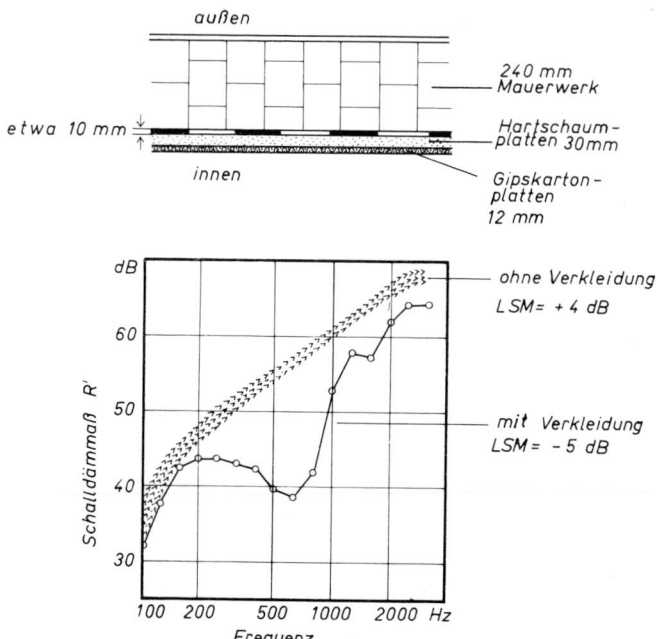

Abb. 46: Beispiel für die schalltechnisch schädliche Verkleidung einer Außenwand mit steifen Wärmedämmplatten.
Oben dargestellt, die Luftschalldämmung zwischen zwei übereinanderliegenden Wohnräumen für eine Stahlbetonplattendecke mit schwimmendem Estrich ohne und mit einer derartigen Verkleidung.

92

Dies ist heute wegen des Zwangs zur Heizenergie-Ersparnis besonders akut. Innenseitig an der Außenwand angeklebte, steife Wärmedämmplatten, die mit Putz, Gipskartonplatten o.ä. abgedeckt werden, verschlechtern die Schall-Längsdämmung. Dies ist an einem Beispiel aus der Baupraxis in Abb. 46 dargestellt. Durch das Anbringen einer wärmetechnisch günstigen Dämmschicht wird die Luftschalldämmung — scheinbar der Decke — so verschlechtert, daß sie nicht mehr den Mindestanforderungen nach DIN 4109 genügt (LSM statt etwa $+4$ dB nur noch -5 dB). Der einzige bisher bekannte Ausweg ist, weichfedernde Dämmplatten, in der Regel Mineralfaserplatten, zu verwenden[35]).

Zusammenfassend ist festzustellen, daß das Anbetonieren bzw. Ankleben und Verputzen der genannten Platten innerhalb[36]) eines Raumes leicht zu erheblichen akustischen Mängeln führen kann. Es muß bemerkt werden, daß die Größe dieses Resonanzeffektes sehr von Zufälligkeiten (Art der Betonkonsistenz, Art der Klebung) abhängt, so daß im einen Fall sehr große, im anderen Fall geringere Störungen auftreten können.

4.65 Maßnahmen zur Verringerung der Längsleitung

Ungeeignete Maßnahmen

Zur Verringerung der vertikalen Schallfortleitung im Mauerwerk ist öfters vorgeschlagen worden, die Decken und die darüber stehenden Wände eines Hauses durch Dämmstreifen voneinander zu trennen, wie dies Abb. 47 zeigt. Als Material für diese Dämmstreifen sind versuchsweise Bitumenpappe, Bitumen-

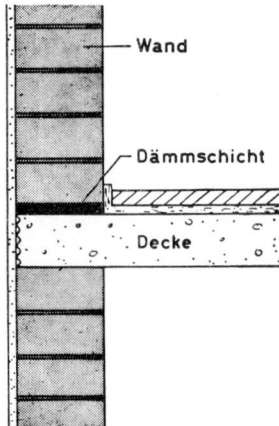

Abb. 47: Das Einlegen einer Dämmschicht zwischen der Decke und den darüberstehenden Mauern ist schalltechnisch wenig wirksam und daher nicht zu empfehlen.

---

[35]) Gösele, K. und B. Kühn „Wärmedämmung von Außenwänden und Schallschutz" Ges.-Ing. 96. Jhrg. (1975) S. 149/155.

[36]) Eine Verwendung derartiger Platten an der Außenseite der Außenwände ist dagegen unbedenklich, da die Schallübertragung von Außenlärm im wesentlichen über die Fenster erfolgt.

filz, Korkplatten, Holzwolle-Leichtbauplatten u. ä. verwendet worden. Im Prinzip ist eine solche Körperschall-Isolation sinnvoll. Die meßtechnische Überprüfung verschiedener so ausgeführter Bauten[37]) hat überraschenderweise ergeben, daß die zu beobachtenden Verbesserungen durch die Dämmstreifen so gering sind, daß sie praktisch ohne Interesse sind. Der Mißerfolg mag zum Teil daran liegen, daß die Dämmschichten zu steif sind, und daß die Dämmstreifen, einerseits durch den Außenputz, zum anderen durch Mörtelbrücken, häufig überbrückt sind. Jedenfalls können nach den vorliegenden Ergebnissen derartige Isolationsmaßnahmen nicht empfohlen werden.

Dagegen verringern *vertikal* verlaufende Trennfugen zwischen zwei Bauteilen bei einwandfreier Ausführung die Längsleitung stets sehr wirksam. Darauf beruhen die großen Vorteile der Fugen zwischen zweischaligen Haustrennwänden. Bewegungsfugen sollten deshalb möglichst auch als Schalldämmfugen ausgeführt werden.

Verkleidungen

Die unerwünschte Längsleitung von leichten Decken oder Wänden kann durch eine vorgesetzte Verkleidung unterbunden werden. Bei Decken kann dies an der Unterseite durch eine untergehängte Putzschale oder eine Verkleidung aus Gipskartonplatten (zweischalige Massivdecke), auf ihrer Oberseite durch einen schwimmenden Estrich erreicht werden. Bei den Wänden ist eine Verkleidung mit Platten z. B. Gipskartonplatten auf Mineralfaserplatten oder sog. Federdämmstreifen wirksam; auch das Aufbringen einer Putzschale auf weichfedernden Dämmplatten, wie z. B. Mineralfaserplatten, die an die Wände geklebt werden ist möglich. Abb. 48 zeigt ein Meßergebnis für eine solche Ausführung. Das Luftschallschutzmaß wurde dadurch von 4 dB auf 10 dB erhöht. Voraussetzung für die Wirksamkeit ist, daß die Dämmplatten nicht zu steif sind (dynamische Steife $\leq$ 2 kp/cm³), und daß Schallbrücken, vor allem an den Fugenstößen der Dämmplatten, vermieden werden.

In Abb. 49 ist die Wirkung einer Verkleidung sämtlicher Wände mit Gipskartonplatten (anstelle eines Putzes) bei zwei übereinanderliegenden Laboratoriumsräumen dargestellt. Die Platten waren dabei über einzelne Dämmstreifen an den Wänden befestigt. Das Luftschallschutzmaß wurde dabei von −1 dB auf 19 dB verbessert.

Mit Hilfe einer solchen Verkleidung wäre es möglich, den Schallschutz von Räumen so weit zu verbessern, daß sie auch extremen Ansprüchen genügen. Dabei wird nicht nur der Luftschallschutz so verbessert, daß man weder Sprache noch Musik mehr durchhört, sondern daß auch alle anderen Störungen, wie Treppengeräusche, Wasserleitungsgeräusche, um 10 bis 15 dB geschwächt werden und dadurch kaum noch hörbar sind.

---

[37]) vgl. Eisenberg, A. „Versuche zur Körperschalldämmung in Gebäuden". Forschungsberichte des Wirtschafts- und Verkehrsministeriums Nordrhein-Westfalen, 1958, Nr. 651.

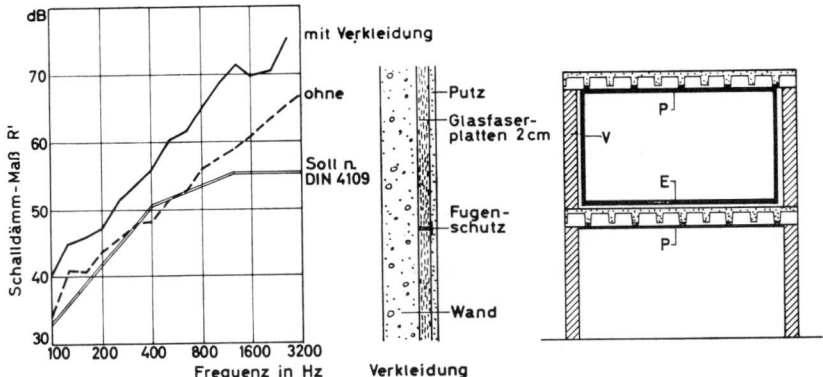

Abb. 48: Verringern der Längsleitung entlang der Wände durch eine Verkleidung V in einem ausgeführten Bau.

P: Putzschale an Rippendecke   V: Verkleidung der Wände
E: schwimmender Estrich

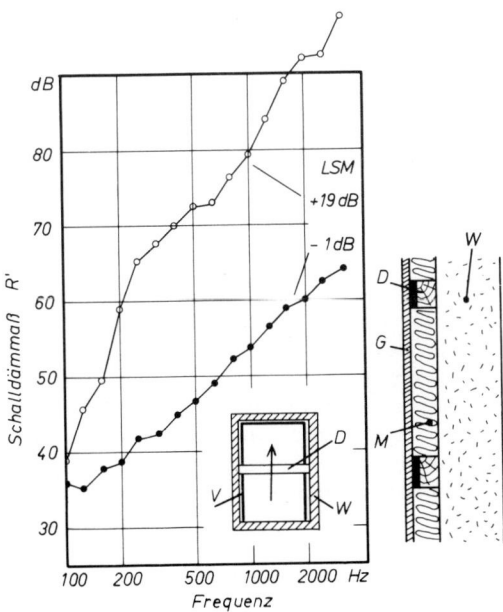

Abb. 49: Erhöhung des Schalldämmaßes R' zwischen zwei übereinanderliegenden Räumen durch eine Verkleidung sämtlicher Wände W und der Decke mit einer Vorsatzschale V (Versuch im Laboratorium).
Verkleidung V aus Gipskartonplatten G auf Dämmstreifen D und Mineralfaserfilz M, Verkleidung ca. 60 mm dick.

95

4.7 Lüftungskamine

Auch bei schalltechnisch guten Decken kann in Küchen, Bädern und Aborten die Luftschalldämmung ganz unzureichend sein, wenn eine unmittelbare Luftverbindung über gemeinsame Lüftungsschächte oder Abgasschornsteine für Gasdurchlauferhitzer vorliegt. Als Beispiel seien die folgenden Zahlenwerte genannt, die in einem Bau gemessen worden sind:

	Luftschallschutzmaß
Küchen mit gemeinsamen Abgaskamin für Gasdurchlauferhitzer:	—9 dB
Küchen mit getrennten Abgaskaminen:	0 dB

Die Verhältnisse sind dann noch ungünstiger als diese Zahlenwerte ausdrücken, wenn in unmittelbarer Nähe des Durchlauferhitzers bzw. seines Ablufttrichters gesprochen wird, bzw. wenn sich das Ohr im anderen Raum in dessen Nähe befindet.

Die Übertragung über Lüftungs- oder Abgaskamine hängt von dem Querschnitt der Kanäle und der Beschaffenheit der inneren Oberfläche der Kanäle ab. Je größer der Querschnitt ist, umso größer wird die Übertragung. Die Übertragung wird andererseits umso geringer, je poriger und rauher die Oberfläche der Kanalwandungen ist. Im einzelnen haben Untersuchungen, die von L. Cremer und M. Heckl[38]) durchgeführt worden sind, folgende Ausführungen als zulässig ergeben:

a) für jeden Raum ein gesonderter Schacht (Einzelschacht-Anlage).

b) Wenn die Schachtwände aus unverputztem Mauerwerk, Bimsbeton, Ziegelsplittbeton, bestehen, können am gleichen Schacht Anschlüsse in jedem zweiten Stockwerk erfolgen.

c) Die Verwendung einer Sammelschacht-Anlage nach DIN 18017 ist zulässig, wenn die Innenwände des Schachts porig sind. Dabei ist ein Anschluß in jedem Stockwerk möglich. Durch eine eingebaute Zunge ergibt sich innerhalb des Kanals eine Wegstrecke von etwa 6 m zwischen den Kanalöffnungen zweier Stockwerke.

Die Schallabsorption der Wandungen unverputzter Kanäle aus Mauerwerk, Bimsbeton o. ä. reicht somit aus, um auf eine Länge von etwa 5 bis 6 m eine ausreichende Schwächung des Schalls zu ergeben.

Bei Abgasschornsteinen sind die Verhältnisse etwas ungünstiger, weil die angesetzten Trichter durch eine Resonanz die Übertragung zusätzlich noch verstärken. Dort empfiehlt sich die Verwendung von Einzelschächten.

Bei Kachelofen-Mehrraumheizungen tritt eine Verminderung der Schalldämmung zwischen verschiedenen Räumen durch die Schallübertragung über die Heißluft-

---

[38]) Cremer, L. und M. Heckl „Luftschallübertragung über Lüftungs- und Abgaskanäle" in „Schallschutz von Bauteilen", Verlag W. Ernst & Sohn, Berlin, 1960.

rohre auf. Wenn es sich dabei auch stets um Räume handelt, die zu derselben Wohnung gehören, wird eine solche Übertragung doch als lästig empfunden. Sie läßt sich, wie Untersuchungen gezeigt haben, ausreichend vermindern, wenn ein Teil der Rohre mit schallschluckenden Material (z. B. Mineralfasermatten) ummantelt wird, wobei das Rohr perforiert ausgebildet und das Schallschluckmaterial selbst wieder mit einer luftdichten Ummantelung (z. B. Metallfolie) versehen ist.

5. Trittschallschutz

5.1 Kennzeichnung von Decken

Decken werden durch das Begehen, durch den Betrieb von Haushaltsgeräten, wie Nähmaschinen, Küchenmaschinen, Waschmaschinen, durch die Aufprallgeräusche heruntergeworfener Gegenstände, durch Stühlerücken, durch das Spielen von Kindern auf dem Fußboden, ja selbst durch das Öffnen einer Schranktür unmittelbar in Biegeschwingungen versetzt, die man in dem darunterliegenden Raum hört. Die Schwingungen beschränken sich im übrigen nicht nur auf die Decke. Sie wandern von dort zu weiteren Bauteilen eines Hauses, so daß sie oft auch in entfernt liegenden Räumen zu hören sind. Man bezeichnet die Körperschallanregung von Decken im allgemeinen als *Trittschall*-Anregung, obwohl — wie oben angedeutet — neben dem Gehen viele andere Anregungen von Bedeutung sind.

Zur zahlenmäßigen Kennzeichnung des Verhaltens von Decken gegenüber Trittschall wird auf der zu prüfenden Decke ein in seinen Abmessungen genormtes, mit einem Elektromotor angetriebenes Hammerwerk betrieben, wobei 500 g schwere, mit einer Auflagefläche aus Stahl versehene Hämmer aus 4 cm Höhe zehnmal in der Sekunde frei auf die Decke herabfallen.

Abb. 50 zeigt die Ansicht eines solchen Hammerwerks. Gemessen wird der Schallpegel, der im Raum unter der Decke vorhanden ist, und zwar getrennt für

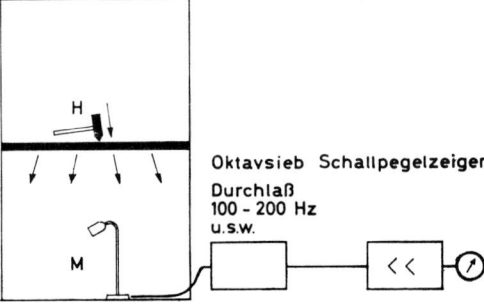

Abb. 50: Zur Bestimmung des Norm-Trittschallpegels von Decken.

Oben: Ansicht des Hammerwerks

Unten: Prinzip der Meßanordnung

einzelne Frequenzbereiche von der Bandbreite einer Oktave. Es wird somit derjenige Schallpegel L bestimmt, der sich z. B. in dem Frequenzbereich 100 bis 200 Hz, 200 bis 400 Hz, 400 bis 800 Hz usw. ergibt. Die Größe dieses Schallpegels hängt noch davon ab, wie groß die Schallabsorption des Meßraumes unter der Decke ist, d. h., ob der Raum beispielsweise leer oder möbliert ist. Um ein Ergebnis zu erhalten, das unabhängig von der Ausstattung des Meßraumes ist, wird dieses auf einen Raum mit einer einheitlichen Schallabsorptionsfläche $A_0 = 10$ m² umgerechnet, was der Schallabsorption eines mäßig möblierten Raumes entspricht.

$$L_n = L + 10 \, lg \, \frac{A}{A_0} \tag{8}$$

wobei bedeuten:

L: gemessener Schallpegel je Oktave (Trittschallpegel)

L_n: Norm-Trittschallpegel

A: (äquivalente) Absorptionsfläche des Raumes unter der Decke

A_0: Bezugswert der Absorptionsfläche (10 m²)

Dieser so normierte Trittschallpegel L_n wird als Norm-Trittschallpegel bezeichnet. Er wird in Abhängigkeit von der Frequenz in einem Diagramm, wie es Abb. 51 zeigt, aufgetragen, wobei die über der Mittelfrequenz der Oktaven aufgetragenen Schallpegelwerte durch einen Linienzug miteinander verbunden werden.

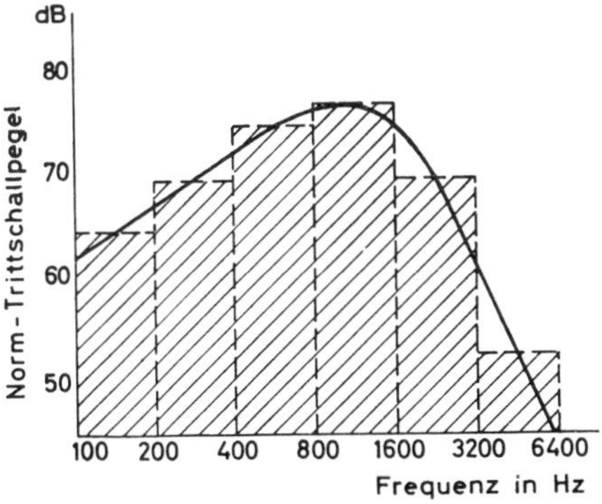

Abb. 51: Zur Darstellung des Norm-Trittschallpegels einer Decke in Abhängigkeit von der Frequenz.
Das Gesamtgeräusch des Trittschalls wird bei der Messung in einzelne Anteile von Oktavbandbreite zerlegt und deren Schallpegel gemessen und aufgetragen.

Aus diesen Einzelwerten des Trittschallpegels L_n in Abhängigkeit von der Frequenz wird wie beim Luftschallschutz eine Gesamtbeurteilung in Form des Trittschallschutzmaßes gebildet. Dazu werden die Meßwerte, siehe Abb. 52, Kurve M, mit den Werten einer verschobenen Bezugskurve (Sollkurve) verglichen, siehe Kurve S bzw. S' in Abb. 52. Dabei wird S' solange verschoben, bis die mittlere Überschreitung der Meßkurve — schraffierter Teil in Abb. 52 — nicht größer als 2 dB ist. Die erforderliche Verschiebung zwischen S und S' wird als Trittschallschutzmaß, abgekürzt TSM, bezeichnet. Erfolgt die Verschiebung nach unten zu kleineren Werten von L_n hin, dann wird TSM positiv, umgekehrt zu höheren Werten von L_n hin, negativ gerechnet. Die Lage der Sollkurve war ursprünglich so gewählt, daß sie den mindesterforderlichen Trittschallschutz für Wohnungstrenndecken darstellte (TSM = 0 dB). Die Anforderungen sind jedoch später für den Zustand des Trittschallschutzes unmittelbar nach der Fertigstellung eines Baues um 3 dB erhöht worden; sie werden bei einer zur Zeit stattfindenden Neufassung von DIN 4109 auf 10 dB erhöht werden. Die Lage der Sollkurve S im nicht-verschobenen Zustand stellt somit nicht mehr die Mindestanforderungen dar. Bei der Festlegung des Verlaufs der Sollkurve in Abhängigkeit von der Frequenz ist wiederum berücksichtigt, daß das menschliche Ohr für hohe Frequenzen besonders empfindlich ist.

Im Gegensatz zur Luftschalldämmung stellt der Norm-Trittschallpegel keine Dämmung, sondern ein Maß für das zu erwartende Störgeräusch dar. Hohe Werte des Pegels bedeuten deshalb einen ungünstigen Trittschallschutz.

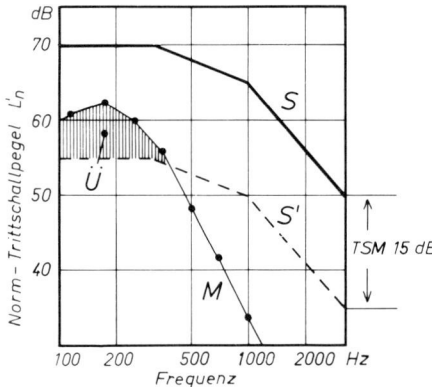

Abb. 52: Zur Bestimmung des Trittschallschutzmaßes TSM von Decken nach DIN 4109.
M: Meßkurve (Normtrittschallpegel der Decke)
S: Bezugskurve (Sollkurve)
S′: verschobene Bezugskurve
Ü: Überschreitung von S′ im Mittel um 2 dB

Die Werte des Trittschallschutzmaßes üblicher Decken ohne und mit Fußboden bewegen sich etwa zwischen −20 dB und 20 dB. Ein guter Trittschallschutz erfordert Schutzmaße nach DIN 4109 von mindestens 13 dB. Bei Schutzmaßen von 0 dB sind Gehgeräusche noch sehr laut durch eine Decke durchzuhören. Normale Gehgeräusche hört man nicht mehr unter einer Decke, wenn das Trittschallschutzmaß etwa 20 dB und mehr beträgt.[39] Das Herumspringen von Kindern ist jedoch auch bei TSM = 20 dB noch gut hörbar. Beispiele für den Verlauf des Trittschallpegels verschiedener Decken sind in Abb. 53 angegeben.

Das Trittschallverhalten von Rohdecken wird durch das unmittelbar gemessene Trittschallschutzmaß nicht immer praxisgerecht charakterisiert. Es interessiert den Baufachmann weniger, wie verschiedene Rohdecken sich als Rohdecken verhalten, sondern wie sie sich verhalten, wenn sie jeweils mit einem geeigneten,

[39] vgl. auch Gösele, K. „Zur Dämmung von Gehgeräuschen". Ges. Ing. 1959, S. 11 und Bericht 55 der Schriftenreihe der Forschungsgemeinschaft Bauen und Wohnen.

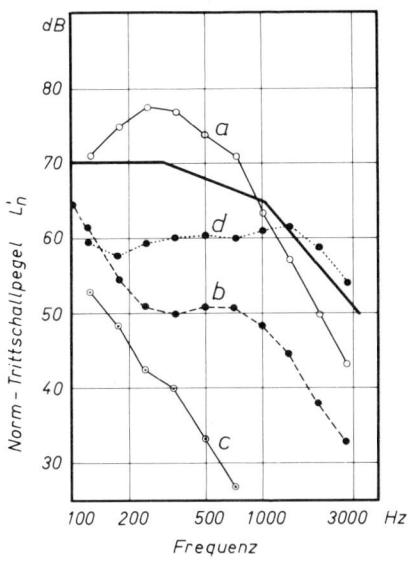

Abb. 53: Beispiele für das Trittschallverhalten von verschiedenen Massivdecken in Bauten.
a: schlechte Decke (Klagefall) mit
ungeeigneter Dämmschicht
Gußasphalt-Estrich auf Schüttung
180 mm Stahlbetonplatte
TSM = −2 dB
b: mittlere Decke
Gußasphalt-Estrich auf Fasermatten
180 mm Stahlbetonplatte
TSM = +16 dB
c: sehr gute Decke
Teppichbelag
Estrich auf 25/20 mm Mineralfaserplatten
160 mm Stahlbetonplatte
TSM = +28 dB
d: Decke mit Schallbrücken des
schwimmenden Estrichs auf Mineralfaserplatten
TSM = +4 dB

trittschalldämmenden Fußboden versehen sind. Das sind, wie an anderer Stelle
gezeigt wurde[40]), durchaus unterschiedliche Dinge. Eine Decke kann als Rohdecke einen — verglichen mit anderen — guten Trittschallschutz haben, sich
jedoch nur schwer verbessern lassen. Deshalb wurde das sogen. äquivalente Trittschallschutzmaß TSM_{eq} für Rohdecken vorgeschlagen[40]) und in DIN 52210,
Teil 4, eingeführt. Dieses Maß berücksichtigt das Verhalten einer Rohdecke
zusammen mit einem trittschalldämmenden Fußboden. Werte dieses äquivalenten
Trittschallschutzmaßes sind für verschiedene Rohdecken in Tafel 12 angegeben.

5.2 Kennzeichnung der Trittschalldämmung von Fußböden

Wird auf einer Massivdecke ein Fußboden — z. B. ein schwimmender Estrich
oder ein Gehbelag — aufgebracht, dann wird dadurch der Norm-Trittschallpegel
verringert, siehe Abb. 54. Die Abnahme ΔL des Norm-Trittschallpegels wird
als „Verbesserung des Trittschallschutzes" oder als „Trittschallminderung"
durch den aufgebrachten Fußboden bezeichnet:

$$\Delta L = L_0 - L_1 \tag{9}$$

L_0: Norm-Trittschallpegel der Decke ohne Fußboden
L_1: Norm-Trittschallpegel der Decke mit Fußboden

---

[40]) Gösele, K. „Die Beurteilung des Trittschallschutzes von Rohdecken". Ges. Ing. 85, 1964, S. 261.
„Vereinfachte Berechnung des Trittschallschutzes von Decken". FBW-Blätter, Heft 2, 1964.

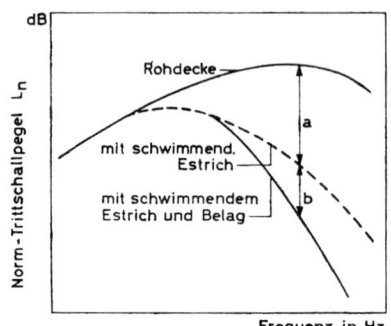
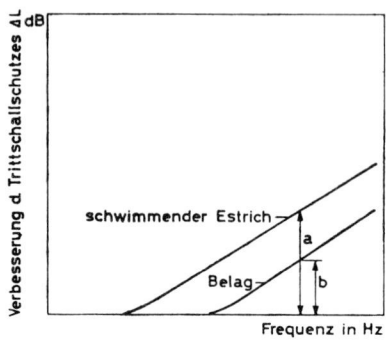

Abb. 54: Definition der Verbesserung ΔL des Trittschallschutzes durch Fußbodenausführungen.

Diese Verbesserung ΔL ist kennzeichnend für die trittschalldämmende Wirkung
eines Fußbodens. Sie wird in einem gesonderten Diagramm in Abhängigkeit von
der Frequenz aufgetragen, wie es Abb. 54, rechtes Diagramm, zeigt. Die Verbesserung ΔL ergibt sich für denselben Fußboden auf verschiedenen Massivdecken
als etwa gleich groß, von wenigen Ausnahmen abgesehen[41]).
In der Praxis besteht das Bedürfnis, auch die trittschalldämmende Wirkung eines
Belages durch eine Einzahlangabe eindeutig kennzeichnen zu können, um z. B.
in Zahlentafeln das Trittschallverhalten der verschiedenen Beläge einander gegen-
überstellen zu können. Dafür wurde das *Verbesserungsmaß des Trittschallschutzes*
(abgekürzt VM) eingeführt[42]), siehe DIN 52210, Teil 4.
Das Maß gibt an, um wieviel das Trittschallschutzmaß einer bestimmten, in ihren
Eigenschaften festgelegten Decke[43]) durch das Aufbringen des zu beurteilenden
Belags erhöht wird. Die Berechnung erfolgt anhand gemessener Werte der Verbesserung ΔL. Hat z. B. ein Belag ein Verbesserungsmaß von 18 dB, so heißt dies,
daß die zur Berechnung herangezogene Decke durch den Belag von einem Trittschallschutzmaß von −15 dB auf 3 dB verbessert wurde. Aus Abb. 55 ist der
Berechnungsvorgang zu entnehmen. Eine Übersicht über die Verbesserungsmaße
gebräuchlicher Beläge gibt Tafel 14.

---

[41]) vgl. Gösele, K. „Zur Abhängigkeit der Trittschallminderung von Fußböden von der verwendeten
Deckenart" in „Schallschutz von Bauteilen", Verlag W. Ernst & Sohn, Berlin, 1960.
[42]) vgl. Gösele, K. „Die zahlenmäßige Kennzeichnung der Trittschalldämmung von Fußböden durch
das Verbesserungsmaß" in „Die Schalltechnik", 1961, Nr. 42.
[43]) Als Decke wurde eine 12 cm dicke Massivplattendecke festgelegt, deren Norm-Trittschallpegel-Werte
in DIN 52210, Teil 4, Ausgabe 1975 angegeben sind. Ihr Trittschallschutzmaß (ohne Belag) beträgt
−15 dB, vgl. Kurve b in Abb. 48.

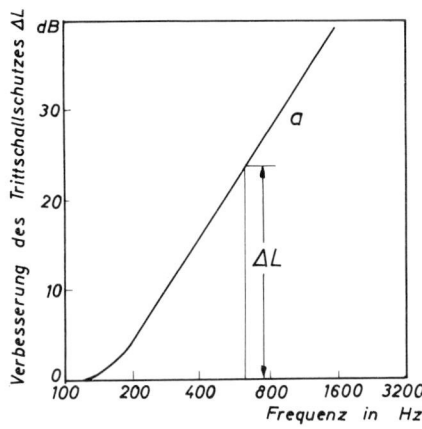

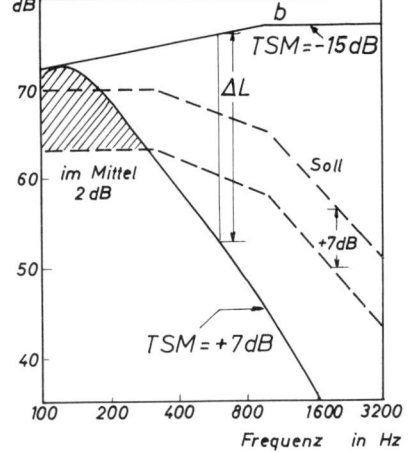

Abb. 55: Zur Bestimmung des Verbesserungsmaßes (VM) des Trittschallschutzes für einen Fußboden.

a: die gemessene „Verbesserung des Trittschallschutzes" ΔL des Fußbodens in Abhängigkeit von der Frequenz

b: Norm-Trittschallpegel der (gedachten) Bezugsdecke ohne Fußboden (einmalig in DIN 4109 festgelegte Werte)

c: Norm-Trittschallpegel der Bezugsdecke zusammen mit dem betrachteten Fußboden (aus a und b gerechnete Werte)

$$VM = 7 \text{ dB} - (-15 \text{ dB}) = 22 \text{ dB}$$

Tafel 14: Trittschall-Verbesserungsmaße gebräuchlicher Fußbodenausführungen
Werte gültig für den Zustand nach Fertigstellung

1. Gehbeläge

Linoleum 2,5 mm	7 dB
Linoleum auf Filzpappe (800 g/m²)	14 dB
Linoleum auf 2 mm Korkment	15 dB
Linoleum auf 5 mm Weichfaserdämmplatten (380 kg/m³)	16 dB
Korklinoleum 3,5 mm	15 dB
Korklinoleum 7 mm	18 dB
Korkparkett 6 mm	15 dB
PVC-Beläge 1,5 bis 2 mm dick	5 dB
PVC-Belag mit 2 mm Korkment	14 dB
PVC-Beläge mit 3 mm Filzunterschicht, je nach Ausführung	15—19 dB
Gummibelag 2,5 mm	10 dB
Gummibelag 5 mm, davon 4 mm Porengummi-Unterschicht	24 dB
Kokosfaser-Läufer	17—22 dB
Teppichböden, je nach Ausführung	24—30 dB
Nadelfilz-Beläge	17—22 dB

2. Holzfußböden

Riemenböden auf Lagerhölzern	
direkt auf der Decke verlegt	16 dB
auf Schlackenschüttung (6 cm)	21 dB
auf 1 cm dicken Dämmstreifen aus Mineralwolle oder Kokosfasern	24 dB
Parkettbeläge auf folgenden Unterschichten	
2 cm Kork	6 dB
0,7 cm Bitumenfilz	15 dB
1 cm Weichfaserdämmplatten	16 dB
2 cm Torfplatten	16 dB
2,5 cm Holzwolle-Leichtbauplatten	17 dB
2,5 cm Holzwolle-Leichtbauplatten darunter 1 cm Kokosfasermatten	27 dB
1 cm Weichfaserdämmplatten darunter 0,5 cm Mineralfaserplatten	28 dB

3. Schwimmende Estriche

Zement-Estriche auf folgenden Dämmschichten	
Wellpappe, gewalzt 0,3 cm	18 dB
Weichfaserdämmplatten 1,2 cm	15 dB
Holzwolle-Leichtbauplatten 2,5 cm	16 dB
Polystyrol-Hartschaumplatten, Normalausführung, 1 cm	18 dB
Polystyrol-Hartschaumplatten, Spezialausführung, 1 cm	26 dB
Korkschrotmatten 0,6—0,8 cm	16 dB
Korkschrotmatten 1,4 cm	22 dB
Gummischrotmatten	18 dB
Kokosfasermatten 0,8 cm	23 dB

noch: Schwimmende Estriche

Kokosfaser-Rollfilz 1,3 cm	28 dB
Mineralfaserplatten 1 cm	27 dB
Mineralfaserplatten 1,5 cm	31 dB
Mineralfaser-Rollfilz 1,5 cm	31 dB
Holzwolle-Leichtbauplatten 2,5 cm	
darunter 0,9 cm Mineralfaser-Rollfilz	34 dB

Asphalt-Estriche auf folgenden Dämmschichten

Weichfaserdämmplatten 2 cm	20 dB
Korkschrotmatten 0,7 cm	19 dB
Gummischrotmatten 0,8 cm	20 dB
Holzwolle-Leichtbauplatten 2,5 cm	
darunter 0,5 cm Mineralfaserplatten	31 dB

Die Dicken der angegebenen Dämmstoffe beziehen sich auf den eingebauten Zustand.

5.3 Grundsätzliches Verhalten

5.31 Decken

Der Norm-Trittschallpegel von homogenen Deckenplatten läßt sich näherungsweise theoretisch voraussagen[44]). Dabei ist ein Ansteigen des Pegels mit 5 dB bei einer Steigerung der Frequenz um das zehnfache zu erwarten, was auch etwa mit dem beobachteten Verhalten übereinstimmt, vgl. Abb. 56, Kurve a. Der Trittschallpegel nimmt mit zunehmender Dicke der Deckenplatte ab, bei einer Verdoppelung der Dicke der Deckenplatte theoretisch um rd. 10 dB. Durch eine wesentliche Erhöhung der Deckendicke kann der Norm-Trittschallpegel somit erheblich gesenkt werden. Die starke Zunahme des Trittschallschutzes mit dem Flächengewicht der Decke geht aus Abb. 57 hervor, wo der sog. äquivalente Trittschallpegel TSM_{eq}, der wie in Abschnitt 5.1 ausgeführt, ein praxisgerechtes Maß für das Trittschallverhalten von Rohdecken darstellt, in Abhängigkeit vom Flächengewicht für einschalige Rohdecken dargestellt ist.

Wie bei der Luftschallübertragung tragen Inhomogenitäten der Decke in der Regel zu einer verstärkten Trittschallübertragung gegenüber Decken gleichen Gewichts bei.

Die Trittschallübertragung einer Decke in den darunterliegenden Raum läßt sich durch eine unterseitig mit Abstand angebrachte Verkleidung der Decke stark verringern, wenn die in Abschnitt 4.412 genannten Richtlinien für die Ausbildung der Verkleidung beachtet werden. Die Verbesserung ist wiederum auf die anomal

---

[44]) Cremer, H. und L. „Theorie der Entstehung des Klopfschalls", Frequenz 1 (1948), S. 61.

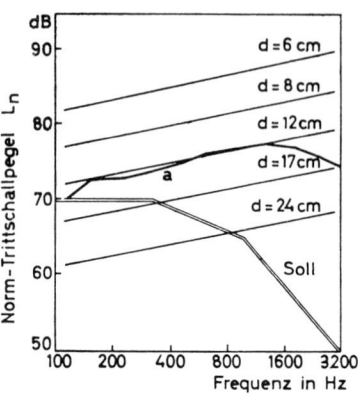

Abb. 56: Norm-Trittschallpegel von Massivplattendecken verschiedener Dicke d (ohne Fußboden);

rechnerisch zu erwartende Werte (ohne Berücksichtigung einer Schallabstrahlung über die seitlichen Wände und einer verminderten Schallabstrahlung unterhalb der Grenzfrequenz der Platten).
a: Meßwerte für 12 cm dicke Decke

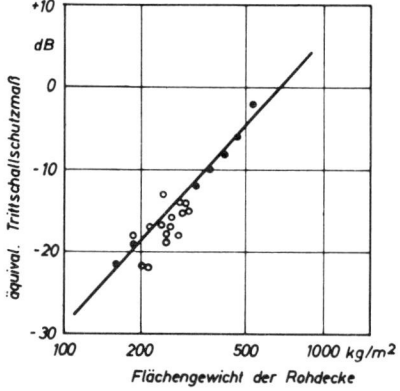

Abb. 57: Abhängigkeit des Trittschallschutzes von einschaligen, massiven Rohdecken der verschiedensten Art von ihrem Flächengewicht (aufgetragen das äquivalente Trittschallschutzmaß).

● homogene Platten
O Decken mit Hohlräumen

geringe Schallabstrahlung einer biegeweichen Verkleidung — siehe Abb. 22 — zurückzuführen. Die Dämmwirkung einer solchen Maßnahme ist bei leichten Decken relativ groß; sie findet in Bauten mit massiven Wänden ihre Grenze, weil neben der ausgeschalteten Übertragung über die Deckenfläche eine Übertragung von der Decke über die seitlichen Wände erfolgt, wie dies Abb. 58 verdeutlicht (Weg C).
Diese Begrenzung fällt weg, wenn Wände aus dünnen, biegeweichen Schalen verwendet werden, oder die Wände nicht bis zur Decke, sondern nur bis zur abge-

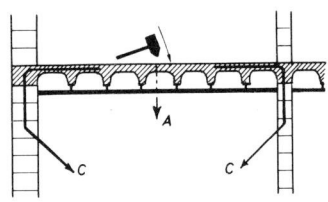

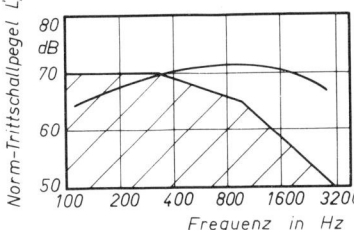

Abb. 58: Die Grenzen des Trittschallschutzes von zweischaligen Massivdecken.
Infolge der Trittschallübertragung über
die seitlichen Wände (Weg C) sind für
zweischalige Massivdecken in normalen
Wohnbauten meist keine günstigeren
Trittschallpegelwerte zu erwarten, als sie
die oben dargestellte Kurve angibt.

hängten Verkleidung hochgezogen werden, wie dies bei modernen Verwaltungs-
bauten u. ä. — siehe Abschnitt 8 — der Fall ist. Dort kann mit Verkleidungen
eine Verbesserung des Trittschallschutzmaßes um 10 — 15 dB erzielt werden.

5.32 Fußböden

Es gibt zwei Wege[45], um durch einen Fußboden eine Trittschallminderung zu
erzielen:

weichfedernde Ausbildung der Fußbodenoberfläche (des Gehbelags)
Anordnung eines Estrichs über einer weichfedernden Dämmschicht
(schwimmender Estrich).

Die in beiden Fällen geltenden Gesetzmäßigkeiten für die zu erzielende Verbesserung ΔL sind gut bekannt.

5.321 Verhalten von Gehbelägen

Eine weiche Federung der Fußbodenoberfläche erhält man durch einen entsprechenden Gehbelag oder durch eine entsprechende Dämmschicht unmittelbar
unter einem dünnen, wenig biegesteifen Gehbelag. Die Dämmwirkung setzt nach
H. und L. Cremer oberhalb einer bestimmten Resonanzfrequenz f_R ein, die bestimmt
wird durch die dynamische Steifigkeit des Belages und die Masse des auf den Belag

---

[45] Dabei ist von dem uninteressanten Fall abgesehen, daß der Fußboden so schwer ausgebildet wird, daß
er das Deckengewicht wesentlich erhöht.

auftreffenden Gegenstandes. [44]) Je weichfedernder der Belag ist, um so niedriger ist die Resonanzfrequenz f_R und um so größer die Dämmwirkung. Oberhalb f_R nimmt die Verbesserung ΔL mit der Frequenz stark zu. Die Verbesserung hängt von der Masse des „stoßenden" oder „klopfenden" Gegenstandes ab; je größer diese Masse, um so größer die Dämmwirkung.

5.322 Verhalten von schwimmenden Estrichen

Unter schwimmenden Estrichen versteht man Estriche, die auf einer weichfedernden Dämmschicht aufgebracht sind. Sie stellen das wichtigste Mittel zur Verringerung der Trittschall-Übertragung dar. Ihre Dämmwirkung hängt in erster Linie von der Art der verwendeten Dämmschicht und außerdem von der Art des Estrichs ab. Die Verbesserung ΔL beginnt nach einer Theorie von L. Cremer[46]) oberhalb einer Resonanzfrequenz f_R, wobei sie oberhalb f_R sehr stark mit der Frequenz zunimmt.

$$\Delta L = 40 \lg f/f_R \quad (dB) \tag{10}$$

$$f_R = 500 \sqrt{\frac{s'}{m'_e}} \quad (Hz) \tag{11}$$

dabei bedeuten:

f_R: Resonanzfrequenz des Estrichs

f: Frequenz

s': auf die Fläche bezogene dynamische Steifigkeit der Dämmschicht in kp/cm³

m'_e: Flächengewicht des Estrichs in kg/m²

Abb. 59 zeigt die relativ gute Übereinstimmung zwischen Theorie und Messung. Zu beobachtende Abweichungen bei hohen Frequenzen an besonders weichfedernden Dämmstoffen (siehe Diagramm links in Abb. 59) sind darauf zurückzuführen, daß neben der von der Theorie erfaßten Übertragung an der Klopfstelle noch eine zusätzliche Schwingungsübertragung von der gesamten Estrichfläche auf die Rohdecke auftritt.

Das Flächengewicht der Estriche kann aus praktischen Gründen nur relativ wenig variiert werden (etwa 45 bis 80 kg/m²), so daß auf diese Weise die Dämmwirkung nicht wesentlich verbessert werden kann.

Maßgeblich für die Dämmwirkung eines schwimmenden Estrichs ist deshalb in erster Linie die dynamische Steifigkeit s' der Dämmschicht. Darunter versteht man die Steifigkeit einer Dämmschicht unter der Einwirkung von Wechselkräften. Abb. 60 zeigt, wie groß die Verbesserung ΔL auf Grund der Theorie für einige Dämmschichten mit verschiedenen Steifigkeiten in Abhängigkeit von der Frequenz zu erwarten ist.

Ausdrücklich sei darauf hingewiesen, daß nach dieser Theorie ein schwimmender Estrich in der Nähe seiner Resonanzfrequenz den Trittschallschutz der Decke auch verschlechtern kann. Dies wird auch bei praktisch ausgeführten Estrichen öfters, allerdings nicht immer beobachtet.

[46]) Cremer, L. „Näherungsweise Berechnung der von einem schwimmenden Estrich zu erwartenden Verbesserung". Fortschritte und Forschungen im Bauwesen, 1952, Heft 2, S. 123.

Die erwähnten Zusammenhänge bieten die Möglichkeit, die Trittschallverbesserung ΔL für eine Dämmschicht vorher zu berechnen, wenn die dynamische Steifigkeit s' bekannt ist. Da die Messung der letztgenannten Größe weniger aufwendig ist als eine Trittschallmessung, benutzt man die Messung von s', um die Eignung von Dämmstoffen für schwimmende Estriche festzustellen.

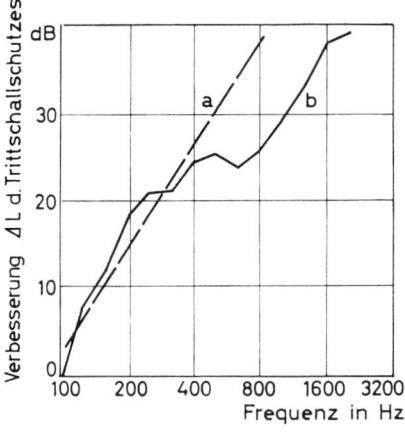
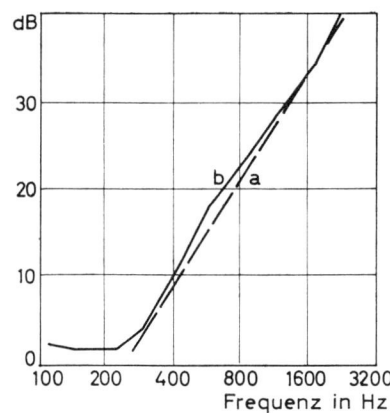

3,5 cm Zement-Estrich auf 1,5 cm Steinwolle-Platten
$s' = 2{,}1$ kp/cm³

3 cm Zement-Estrich auf 1 cm Hartschaumplatten
$s' = 14{,}5$ kp/cm³

Abb. 59: Verbesserung des Trittschallschutzes ΔL durch zwei schwimmende Estriche.

a: nach Theorie von L. Cremer   b: gemessen

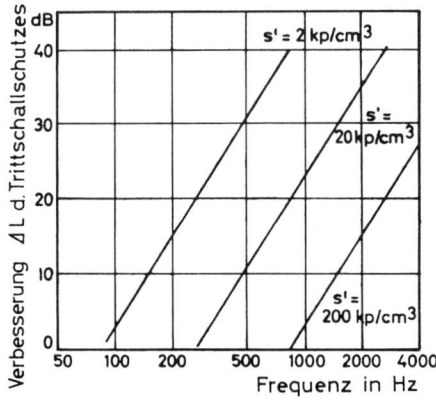

Abb. 60: Nach L. Cremer zu erwartender Verlauf der Verbesserung ΔL des Trittschallschutzes durch schwimmende Estriche auf verschieden steifen Dämmschichten.

s': dynamische Steifigkeit der Dämmschicht

$s' = 2$ kp/cm³: entspricht etwa 10 bis 15 mm dicken Mineralfaserplatten

$s' = 20$ kp/cm³: entspricht etwa 10 mm dicken Weichfaserdämmplatten (lose auf Decke aufgelegt)

$s' = 200$ kp/cm³: entspricht etwa einer 10 mm dicken Korkplatte (in Bitumen verlegt)

Das dabei zu verwendende Meßverfahren ist in DIN 52214 festgelegt[47]). Eine Übersicht über die dynamische Steifigkeit gebräuchlicher Dämmstoffe gibt Tafel 16.

Die dynamische Steifigkeit s' einer Dämmschicht setzt sich aus zwei Anteilen zusammen, der Steifigkeit s'_G des tragenden „Gerüsts" der Dämmschicht (d. h. der Fasern, Körner o. ä.) und der Steifigkeit s'_L der in der Dämmschicht eingeschlossenen Luft.

$$s' = s'_G + s'_L \qquad (12)$$

Macht man das Gerüst der Dämmschicht zunehmend weichfedernder, dann bleibt die Steifigkeit s'_L der Luft übrig, die sich zu

$$s'_L = \frac{1,13}{d} \ kp/cm^3 \qquad (13)$$

errechnet[48]), wobei d die Dicke der Luftschicht (in cm) bedeutet. Diese Überlegungen zeigen, daß die dynamische Steifigkeit einer Dämmschicht auch bei noch so weichfedernder Ausführung des Gefüges (sehr weiche Matten) nicht geringer sein kann als es die Luftsteifigkeit zuläßt. Eine wirksame Dämmschicht muß deshalb stets auch eine ausreichende Dicke besitzen. Schließlich ist noch auf einen praktisch wichtigen Einfluß hinzuweisen. Liegt eine relativ steife Dämmschicht nur lose auf der Rohdecke auf, dann ergibt sich eine zusätzliche Federung, bedingt durch den nicht vollflächigen Kontakt zwischen Dämmschicht und Rohdecke (sogen. Kontaktfederung), d. h. die Dämmschicht wirkt dadurch viel weichfedernder als auf Grund der Steifigkeit der Platten an sich zu erwarten wäre. Diese Kontaktfederung kann noch wesentlich erhöht werden, wenn die Dämmplatten unterseitig profiliert werden, so daß sie nur auf einem Bruchteil ihrer Fläche aufliegen[49]).

5.4 Ausgeführte Massivdecken

Im folgenden soll anhand von Zahlenwerten ein Überblick über das Trittschallverhalten üblicher Massivdecken und Fußböden gegeben werden.

5.41 Decken ohne Belag

Die vielen vorliegenden Deckenausführungen lassen sich bezüglich ihres Trittschallverhaltens weitgehend in drei Gruppen teilen:

   homogen ausgebildete, einschalige Plattendecken
   inhomogen ausgebildete, einschalige Massivdecken
   zweischalige Massivdecken

---

[47]) vgl. auch Gösele K. „Die Bestimmung der dynamischen Steifigkeit von Trittschalldämmstoffen" in „boden, wand und decke", 1960, Heft 4 und 5.
[48]) Diese Beziehung gilt allerdings nur, wenn die Dämmschicht einen genügend hohen Strömungswiderstand hat. Wenn dies nicht zutrifft, wird die Steifigkeit unter Umständen zwei- bis dreimal größer als nach der Rechnung.
[49]) vgl. Gösele, K. „Neue Wege zur Entwicklung von Trittschalldämmstoffen". Ges. Ing. 75 (1954), S. 20

Die Werte des Norm-Trittschallpegels einiger derartiger Decken sind in Abb. 61 dargestellt.

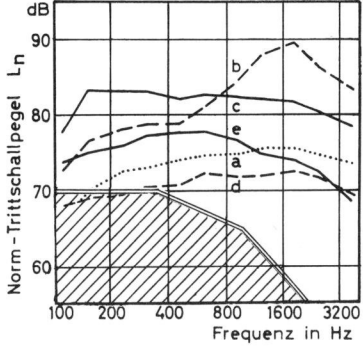

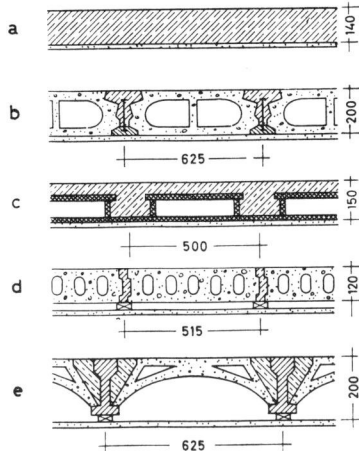

Abb. 61: Trittschallverhalten einiger typischer Massivdecken

Die homogenen Plattendecken verhalten sich verhältnismäßig günstig, sofern sie genügend schwer ausgebildet sind (vgl. Abb. 56). An sich würde es für bescheidene Ansprüche (Trittschallschutzmaß 0 bis 5 dB) genügen, auf derartigen Decken z. B. nur einen Linoleumbelag auf einer Filzpappeschicht zu verlegen. Das Anbringen von Holzwolle-Leichtbauplatten, Schilfrohrplatten, Polystyrol-Schaumstoffplatten und ähnlichen Platten an der Deckenunterseite verbessert die Wärmedämmung und verschlechtert andererseits die Luft- und Trittschalldämmung, wenn die Platten anbetoniert oder angeklebt werden. Man sollte deshalb derartige Wärmedämmschichten möglichst an der Deckenoberseite anordnen, wo sie sowohl wärmetechnisch als auch schalltechnisch vorteilhaft sind [50]). Dies soll Bild 62 verdeutlichen, in dem die Werte des Norm-Trittschallpegels für eine Decke dargestellt sind, bei der die Wärmedämmschicht einmal oberseitig, das andere Mal unterseitig angebracht ist. Im ersteren Fall ist der Luft- und Trittschallschutz ausreichend, im zweiten Fall dagegen nicht. Dieser zunächst unverständlich große Unterschied ist darauf zurückzuführen, daß die verwendeten Dämmplatten im einen Fall anbetoniert sind, im anderen Fall (oben) nur lose aufliegen. Zum

---

[50]) Es gibt allerdings öfters Fälle, wo man aus wärmetechnischen Gründen gern anders verfahren würde, vor allem, wenn man die Kältebrücken ins Freie ragender Balkonplatten oder der Decken bei Laubengängen beseitigen will.

111

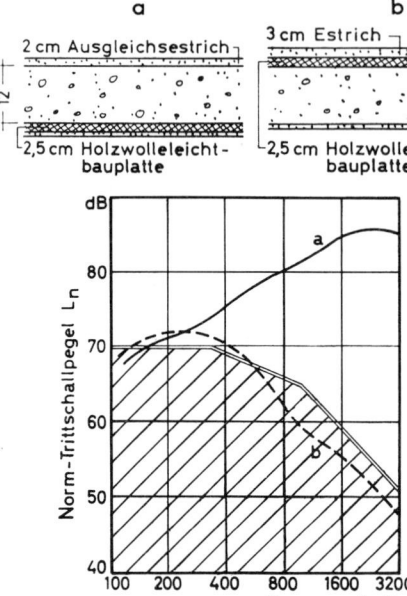

a

2 cm Ausgleichsestrich

12

2,5 cm Holzwolleleicht-
bauplatte

b

3 cm Estrich

12

2,5 cm Holzwolleleicht-
bauplatte

dB

Norm-Trittschallpegel L_n

80

70

60

50

40

100 200 400 800 1600 3200

Frequenz in Hz

Abb. 62: Falsche und richtige Anwendung von Dämmplatten bei
Massivplattendecken.

Durch das unterseitige Anbetonieren der Platten (Fall a) wird nur
die Wärmedämmung verbessert,
die Schalldämmung jedoch verringert. Beim Aufbringen der
Platten auf der Rohdecke unter
einem Estrich werden sowohl die
Wärme- als auch die Schalldämmung verbessert (Fall b).

anderen ist der Estrich dicker und damit biegesteifer als ein Putz. Nähere Betrachtungen zeigen, daß beides in der Richtung geht, daß sich der ungünstig
wirkende Resonanzeffekt nach Abb. 15 (untere Skizze) nicht auswirken kann.

Die inhomogen ausgebildeten Massivdecken verhalten sich durchweg ungünstiger
als gleich schwere, homogene Massivdecken. Die Ursachen sind dieselben wie sie
schon beim Luftschallschutz der Decken erwähnt worden sind, nämlich ungleichmäßige Gewichtsverteilung, Resonanzeffekte und dazu meist noch ein geringes
Flächengewicht. Dies gilt besonders für Decken mit geschlossenen, unmittelbar
verputzten Holzwolle-Hohlkörpern.

In der Gruppe der zweischaligen Massivdecken gibt es Deckenausführungen, die
so günstig sind wie Massivplattendecken, wobei die Decken zum Teil wesentlich leichter sind als die letztgenannten. Durch eine geeignete, wenig starre Befestigung der Verkleidung fällt die Übertragung über die Decke selbst weg, so
daß die schon früher besprochene Übertragung über die seitlichen Wände (Abb.
58) übrig bleibt. Mit dem günstigen Trittschallverhalten ist auch ein guter Luftschallschutz verbunden (vgl. Tafel 12).

Neben diesen günstigen Ergebnissen ist oft auch ein weniger vorteilhaftes Verhalten bei zweischaligen Decken zu beobachten, wobei die Ursachen nicht
immer klar sind.

112

Soweit es sich um eine ausgesprochen steife Befestigung der Putzschale handelt, sind ungünstige Werte verständlich. Oft ist aber eine solche Ursache nicht erkennbar. Vermutet wird, daß in solchen Fällen der Putzmörtel beim Anwerfen durch den Putzträger hie und da durchgedrungen ist und eine feste Verbindung zwischen Putzschale und Decke, vor allem in der Nähe der Befestigungsstellen der Holzleisten, geschaffen hat.

In DIN 4109 werden die Decken bezüglich ihrer schalltechnischen Eigenschaften in zwei Gruppen eingeteilt, wobei für die Gruppe I wirksamere Fußböden verlangt werden als für Gruppe II. Die Entscheidung, in welche Gruppe eine Massivdecke einzustufen ist, erfolgt anhand der Luftschalldämmung. Genügt die Luftschalldämmung der Decke ohne Fußbodenaufbau bereits den Mindestanforderungen, dann ist die Decke in Gruppe II einzustufen, in allen anderen Fällen in Gruppe I[51]). Von den besprochenen Deckenausführungen sind Stahlbetonplattendecken von mindestens 350 kg/m² und geeignet ausgeführte zweischalige Decken in Gruppe II eingeordnet.

5.42 Fußböden

Die trittschalldämmende Wirkung von Fußböden wird durch das Verbesserungsmaß des Trittschallschutzes (abgekürzt VM) charakterisiert. Eine Übersicht über die Werte üblicher Gehbeläge, schwimmender Estriche, Holzfußböden u. ä. wird in Tafel 14 gegeben. Zur Beurteilung der einzelnen Fußbodenaufbauten seien die Grenzwerte nach DIN 4109 benutzt:

Verbesserungsmaß des zu beurteilenden Fußbodenaufbaues		Anwendungsbereiche
gemessen im Laboratorium	gemessen nach 2jähriger Benützung des Belags im Bau	
kleiner als 19 dB	kleiner als 16 dB	Fußbodenaufbau ergibt allein meist keinen ausreichenden Trittschallschutz für Decken der Gruppe II
19 dB und größer	16 dB und größer	Fußbodenaufbau für Decken der Gruppe II ausreichend (Stahlbetonplattendecken und zweischalige Massivdecken)
24 dB und größer	21 dB und größer	für alle Massivdecken der Gruppe I (und II) geeignet*)

*) Sofern gleichzeitig auch die Luftschalldämmung ausreichend verbessert wird (zutreffend für schwimmende Estriche und schwimmend verlegte Holzfußböden).

---

[51]) Über weitere zu beachtende Bedingungen bei der Einstufung von Massivdecken siehe DIN 4109, Blatt 3, Abschnitt 4.122.

Die Zahlenwerte für Messungen im Laboratorium sind wiederum mit einem Zuschlag von 3 dB versehen, um die zu erwartende „Alterung" der Dämmschichten im Laufe der Zeit in gewissem Umfang zu berücksichtigen.

Die genannten Werte stellen allgemeine, mit einem gewissen Sicherheitsfaktor versehene Werte dar. In Einzelfällen können auch etwas niedrigere Werte, z. B. für dicke Stahlbetonplattendecken und besonders günstige zweischalige Decken, ausreichen.

Ein Fußboden kann als ausgesprochen gut trittschalldämmend bezeichnet werden, wenn er ein VM von 24 dB oder mehr hat. Verbesserungsmaße eines schwimmenden Estrichs und eines darauf verlegten Gehbelags lassen sich nicht addieren. Es gilt für die Kombination näherungsweise der größere der beiden Werte. Dies gilt allerdings nur für einwandfrei verlegte Estriche, vgl. dazu den abweichenden Fall von Abb. 68.

5.421 Unmittelbar verlegte Estriche

Immer wieder wird die Frage gestellt, welche Trittschalldämmung mit einem Estrich, der unmittelbar auf der Rohdecke verlegt ist, zu erreichen sei, sofern dem Estrich bestimmte Zusätze oder Zuschlagstoffe, wie Kork, Holzfasern, Blähglimmer o. ä., zugesetzt werden. Eine trittschalldämmende Wirkung ist zu erwarten, wenn der Estrich durch die Zuschlagstoffe genügend weichfedernd wird. Die praktische Erfahrung zeigt, daß dies auf die genannte Art nicht in einem solchen Maß erfolgt, daß dadurch der Trittschallschutz wesentlich verbessert würde. Ein Estrich, der so weichfedernd ausgeführt würde, hätte keine ausreichende Druck- und Verschleißfestigkeit.

5.422 Schwimmend verlegte Estriche

5.4221 Bautechnische Ausführung.

Schwimmende Estriche bestehen aus einer Dämmschicht, auf der ein Estrich genügender Dicke aus Beton, Anhydrit, Steinholz oder Asphalt verlegt wird. Für die zu wählende Ausführung ist DIN 4109, Blatt 4, maßgeblich. Die erforderlichen Estrichdicken sollen danach betragen:

Zement-Estrich	3,5 bis 4,5 cm
Gips-Estrich	3,0 bis 4,0 cm
Magnesia-Estrich	3,5 bis 4,5 cm
Gußasphalt-Estrich	2,0 bis 2,5 cm

Die Dicke der Estriche ist davon abhängig gemacht, wie stark die Dämmschichten bei der Verlegung zusammengedrückt werden. Wenn diese Zusammendrückung nicht größer als 7 mm ist — zutreffend z. B. für alle Mineralfaserplatten und Hartschaumplatten mit Dicken unter 25 mm — sind jeweils die genannten unteren Grenzwerte gültig. Näheres, vor allem auch die erforderlichen Biegezug- und Druckfestigkeiten sind aus der Tafel 15 zu ersehen, die aus DIN 4109, Blatt 4, entnommen ist.

114

Die Dämmschicht muß so verlegt werden, daß keine größeren Fugen zwischen den einzelnen Matten oder Platten verbleiben. Sie muß durchgehend wasserdicht abgedeckt werden, damit kein Zementwasser und kein Mörtel in die Dämmschicht eindringen kann. Für ausgesprochen weichfedernde Dämmstoffe (dynamische Steifigkeit höchstens 3 kp/cm³, Dämmstoffe der Gruppe I) muß die Abdeckung mit einer 333er unbesandeten Bitumenpappe oder einer gleichwertigen Folie

Tafel 15: **Festigkeiten und Dicken einschichtiger[1]) schwimmender für Estriche auf Dämmstoffen nach DIN 18164 und DIN 18165[2])[3])**
(Tabelle 1 von DIN 4109, Blatt 4)

Spalte	1	2	3	4	5[3])	6	7
Zeile	Estricharten (einschichtig)	Festigkeiten[4]) nach 28 Tagen in kp/cm² Mittelwerte mindestens			Estrichdicken[5]) in mm mindestens		
		Biegezug-festigkeit		Druck-festig-keit	bei einer Zusammendrückung der Dämmschichten (d_L-d_B)[6]) in mm		
		am Prisma	im Bau	am Prisma	bis 7	über 7 bis 12	über 12
1	Zementestrich	40	25	225	35	40	45
2	Anhydritestrich	50	30	250	30[7])	35	40
3	Gips- ungemagert	50	30	250	30[7])	35	40
4	estrich gemagert	40	25	180	35	40	45
5	Magnesiaestrich (siehe auch DIN 272)	40	25	100	35	40	45
6	Gußasphaltestrich	siehe DIN 4109, Blatt 4 Abschn. 5.3.5			d_L-d_B in mm		
					bis 5 20		über 5 bis 8 25

[1]) Die Dicke zusätzlich aufgebrachter Schichten, z. B. solcher mit anderen Mischungsverhältnissen, wie dünne Oberschichten nach Art von Glättschichten, die den Estrich als Unterlage für Beläge oder als Nutzboden besser geeignet machen sollen, ist bei einem Vergleich mit den in der Tabelle angegebenen Mindestdicken nicht zu berücksichtigen.
[2]) DIN 18164 — Schaumkunststoffe als Dämmstoffe für den Hochbau. — DIN 18165 — Faserdämmstoffe für den Hochbau.
[3]) Die Spalte 5 gilt auch für zweilagige Dämmschichten mit druckverteilender Oberschicht, z. B. nach DIN 4109, Blatt 3, Tabelle 1, Nr. 1.2 und für einlagige Korkschrot- und Gummischrotmatten nach DIN 4109, Blatt 3, Tabelle 2, Nr. 1.2.
[4]) Der kleinste Einzelwert darf 20% unter dem Mittelwert liegen.
[5]) Bei Estrichdicken ≥30 mm ist eine örtliche Unterschreitung der Mindestdicke von ≦5 mm zulässig; der Mittelwert aus mindestens 10 Proben darf die in den Spalten 5 bis 7 angegebenen Werte jedoch nicht unterschreiten. Bei geringeren Estrichdicken ist auch eine örtliche Unterschreitung unzulässig.
[6]) Die Zusammendrückung der Dämmschichten ergibt sich aus dem Unterschied zwischen der Lieferdicke (z. B. d_L = 20 mm) und der Dicke unter Belastung (z. B. d_B = 15 mm). Sie ist aus der Kennzeichnung der Dämmstoffe (z. B. 20/15) ersichtlich.
[7]) 5 mm dünner, wenn die Zusammendrückung der Dämmschichten ≦5 mm ist.

erfolgen. Für steifere Dämmschichten ist 250er Bitumenpapier zulässig. Für das Einbringen des Mörtels müssen zum Schutz der Dämmschicht Bretter oder lastverteilende Platten verlegt werden. Der Mörtel von Zement-Estrichen soll erdfeucht bis weich eingebracht werden. Er soll nach DIN 4109 nicht mehr als 400 kg Zement je m³ fertigen Mörtels enthalten. Die Zuschlagstoffe sollen die Körnung 0 bis 7 mm haben, wobei der Anteil 0 bis 3 mm 70 Gewichtsprozent nicht überschreiten soll. Wegen der Gefahr von Schwindrissen sollen Zement-Estriche keine größeren Abmessungen als 6 m × 6 m aufweisen. Bei größeren Flächen sind Fugen anzuordnen. Das zusammenhängende Verlegen in mehreren Räumen über eine Türöffnung hinweg ist aus demselben Grunde unzulässig. An der Türöffnung ist auch hier eine Fuge anzuordnen. Der Estrich ist gegenüber den umgebenden Wänden durch einen Dämmstreifen zu trennen. Abb. 63 zeigt die beiden in Frage kommenden Möglichkeiten für die Ausbildung des Wandanschlusses.

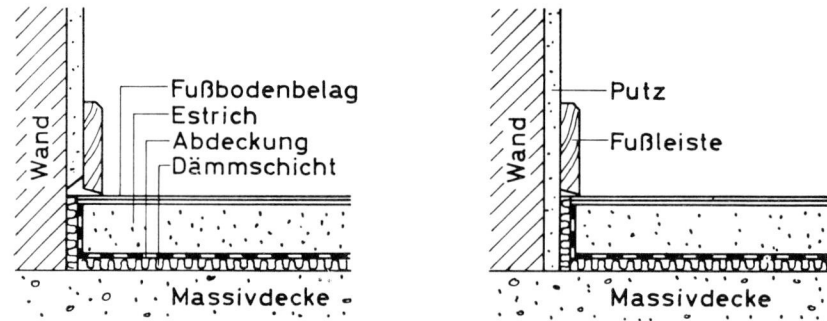

Abb. 63: Ausführung des Wandanschlusses bei schwimmenden Estrichen.

An die Federung der Dämmstreifen zwischen dem Estrich und den Wänden werden nicht dieselben hohen Anforderungen gestellt wie an die Dämmschichten unter den Estrichen. Sie können deshalb dünner als die letztgenannten ausgeführt werden.
Erhebliche Schwierigkeiten bereitet ein schalltechnisch einwandfreier und gleichzeitig wasserdichter Wandanschluß von schwimmenden Estrichen bzw. schwimmend verlegten Belägen mit Steinzeugfliesen in Naßräumen. In Abb. 64 ist eine Ausführung gezeigt, wobei eine verbleibende Fuge zwischen Sockelfliese und Bodenfliese mit einem plastischen Fugenfüller verschlossen ist.

5.4222 Verhalten verschiedener Dämmschichten

In Abschnitt 5.322 wurde ausgeführt, daß die dynamische Steifigkeit der Dämmschichten maßgeblich für die mit einem schwimmenden Estrich erzielbare Dämmwirkung ist. Tafel 16 enthält die Steifigkeitswerte gebräuchlicher Dämmschichten.

116

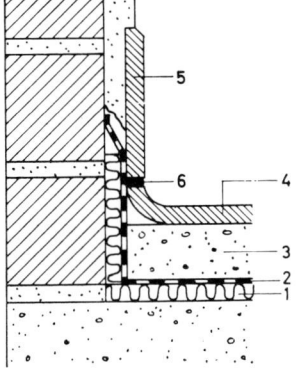

Abb. 64: Ausführung des Wandanschlusses bei schwimmenden Estrichen mit Fliesenbelägen (nach H. Benthien).

1: Dämmschicht
2: Pappe
3: Estrich (bzw. Mörtelaufzug)
4: Kehlsockel
5: Sockelfliese
6: plastisches Dichtungsmaterial

Zur Bewertung der angegebenen Zahlen sei bemerkt, daß nach DIN 4109 folgende Anforderungen an die dynamische Steifigkeit von Dämmschichten unter Estrichen zu stellen sind:

	dynamische Steifigkeit
für Decken der Gruppe II (Stahlbetonplattendecken[52] und zweischalige Massivdecken)	höchstens 9 kp/cm³
für Decken der Gruppe I (einschalige Hohlkörperdecken, Rippendecken, leichte Stahlbetonplattendecken)	höchstens 3 kp/cm³

Die letztgenannte Forderung ist auch zu stellen, wenn ein ausgesprochen guter Trittschallschutz zusammen mit Decken der Gruppe II angestrebt wird. Den Zusammenhang zwischen dem Verbesserungsmaß eines schwimmenden Estrichs und der dynamische Steifigkeit seiner Dämmschicht zeigt Abb. 65. Im folgenden seien die verschiedenen Dämmschichten besprochen.

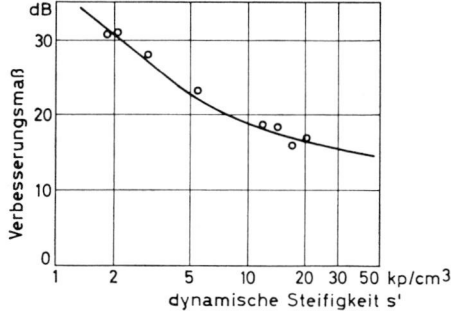

Abb. 65: Zusammenhang zwischen dem Verbesserungsmaß eines schwimmenden Estrichs und der dynamischen Steifigkeit der Dämmschicht.

[52]) Allerdings ist zu bemerken, daß auch Dämmschichten mit einer größeren Steifigkeit als 9 kp/cm³ auf Stahlbetonplattendecken noch einen gerade ausreichenden Trittschallschutz ergeben können.

Tafel 16: Dynamische Steifigkeit verschiedener Dämmschichten für schwimmende Estriche

Werte bestimmt nach DIN 52214

lfd. Nr.	Dämmstoff	Dicke im eingebauten Zustand mm	dynamische Steifigkeit kp/cm³
1	Steinwolle-Rollfilz	12	1,9
2	Steinwolleplatten	10	2,0
3	Glasfaser-Rollfilz	7,9	2,3
4	Glasfaserplatten	6	3,2
5	Glasfaserplatten	11	1,9
6	Schlackenwolleplatten	19,2	5,0
7	Kokosfasermatten	7	3,6
8	Kokosfaser-Rollfilz	11,9	2,9
9	Korkschrotmatten	13	8
10	Korkschrotmatten	7,4	15
11	Korkschrotmatten	4,4	15
12	Gummischrotmatten	6,5	9,6
13	Polystyrol-Hartschaumplatten, je nach Hersteller	9—10	6—17
14	Polystyrol-Hartschaumplatten, durch Walzen o. ä. vorbehandelt	10—15	2—5
15	Torfplatten	21	10
16	Torfplatten, unterseitig profiliert	15,9	6,7
17	Weichfaserdämmplatten	13	15
18	Holzwolle-Leichtbauplatten, lose verlegt	25	21
19	Korkplatten, lose verlegt	12	55
20	Wellpappe aus Wollfilz	2,5	18
21	Sandschüttung	26	30
22	Korkschrotschüttung	20	8,1
23	Blähglimmer-Schüttung	15	17,5
24	Hanfschäben-Schüttung	16	8,2

Fasermatten und -platten nach DIN 18165

Sie können aus

    Glaswolle, Steinwolle, Hüttenwolle (Schlackenwolle), Basaltwolle,
    Kokosfasern

bestehen. Sie sind in verschiedenen Formen lieferbar, und zwar als

    Bahnen (ohne irgendwelche Bindung der Fasern),
    Matten, ein- oder beidseitig versteppt mit Papier oder Pappe,
    Filze, locker gebunden, z. B. mit Kunstharz oder durch Verschlingen der
    Fasern (bei Kokos-Rollfilz), vorgepreßt, jedoch noch rollbar,
    Platten, locker gebunden, z. B. mit Kunstharz, vorgepreßt, nicht mehr rollbar.

Die Anforderungen, die an eine Dämmschicht aus Faserdämmstoffen zu stellen sind, sind in DIN 18165, Teil 2, enthalten. Erzeugnisse, die sich einer laufenden Güteüberwachung nach dieser Norm unterstellen, tragen eine entsprechende Aufschrift auf der Verpackung, aus der auch ersichtlich ist, wie dick die Dämmstoffe und in welche Dämmstoffgruppe sie auf Grund ihrer dynamischen Steifigkeit einzustufen sind.

Beispiel:

> Mineralfaser-Trittschalldämmplatte T nach DIN 18 165
>
> 20/15 mm   1000 mm $\times$ 500 mm   Dämmschichtgruppe I

Dabei bedeutet die erstgenannte Zahl die Dicke der Dämmschicht im praktisch unbelasteten Zustand (Belastung 25 kg/m²), die zweite Zahl die Dicke im eingebauten Zustand unter einem Estrich. Um die Dicke der Dämmschicht unter einem Estrich näherungsweise zu erfassen, wird eine Probe der Dämmschicht kurzzeitig (etwa zwei Minuten) mit 5000 kp/m² belastet und anschließend bei einer Last von 200 kg/m² (ungefähr der Wert für Estrichgewicht und Verkehrslast) die Dicke gemessen. Die kurzzeitige starke Belastung soll die Beanspruchung der Dämmschicht beim Verlegen des Estrichs etwa nachahmen. A. Eisenberg[53]) hat gezeigt, daß auf diese Weise die tatsächlichen Dicken von Dämmschichten unter verlegten Estrichen relativ gut erfaßt werden.

Die Bezeichnung I in dem obigen Beispiel bedeutet, daß die Dämmschicht für Decken der Gruppe I geeignet ist, somit eine dynamische Steifigkeit von höchstens 3 kp/cm³ hat. Von den verschiedenen Formen von Faserdämmstoffen sind für das Verlegen unter Estrichen in erster Linie Platten (bei Mineralfaserstoffen) und Matten oder Rollfilze (bei Kokosfasern) geeignet.

Die Steifigkeit von Mineralfaserplatten liegt, von wenigen Ausnahmen abgesehen, bei genügender Dicke der Platten — wie Tafel 16 zeigt — um 1 bis 2 kp/cm³. Kokosfasermatten liegen bei genügender Dicke um 2 bis 3 kp/cm³. Sie zählen somit meist in die Dämmstoffgruppe I, d.h. zu den besonders wirksamen Dämmschichten.

---

[53]) Eisenberg, A. „Eignungsprüfungen an Faserdämmstoffen für schwimmende Estriche". Ges. Ing. 1962 (83), S. 305.

Korkschrotmatten

Sie bestehen aus einer meist bituminierten Pappe, auf welcher — entweder nur unterseitig oder auch beidseitig — Korkschrotteilchen angeklebt sind. Die Korkschrotteilchen sollten expandiert sein, um ein Verrotten zu verhindern. Die Dämmwirkung ist bei den einzelnen Fabrikaten sehr unterschiedlich. Die Steifigkeit liegt bei einigen Fabrikaten zwischen 15 und 20 kp/cm³. Sie genügen meist nicht mehr den Anforderungen für Deckengruppe II. Ganz ungeeignete Ausführungen können auch bei etwa 50 kp/cm³ liegen. Es sind jedoch auch Ausführungen mit einer Steifigkeit von nur 8 kp/cm³ im Handel. Anstelle von Korkschrot wird auch Gummischrot verwendet, wodurch die Matten weicher werden.

Hartschaumplatten

Derartige Platten werden in größerem Umfang unter Estrichen verwendet. Ihre Steifigkeit schwankt, je nach dem verwendeten Herstellungsverfahren der einzelnen Lieferanten. Für 10 mm dicke Platten sind Werte zwischen 3 und 17 kp/cm³ festgestellt worden. Nach DIN 18164 müssen derartige Platten, soweit sie für schwimmende Estriche verwendet werden, stets eine Steifigkeit unter 9 kp/cm³ haben und können in die Dämmstoffgruppe II eingeordnet werden. Ihre Steifigkeit läßt sich durch einen Walzvorgang stark erniedrigen, so daß Steifigkeitswerte von etwa 2 kp/cm³ erreicht werden können[54]. Auch durch eine besondere Art der Herstellung lassen sich ähnlich niedrige Werte erreichen. Es muß bei der Ausschreibung und Bauüberwachung von Estrichen sehr darauf geachtet werden, daß nur zusätzlich behandelte Hartschaumplatten und nicht normal-steife verwendet werden.

Holzwolle-Leichtbauplatten

Sie besitzen eine Steifigkeit von rd. 20 kp/cm³. Dabei sind die Platten als solche wesentlich steifer (rd. 160 kp/cm³). Infolge des unvollkommenen Kontakts zwischen Holzwolleplatten und Rohdecke ergibt sich noch eine zusätzliche Federung (Kontaktfederung), die zu dem obengenannten Wert der Steifigkeit führt. Derartige Platten sollen deshalb nicht im Mörtelbett verlegt werden, damit diese Kontaktfederung erhalten bleibt. Zusammen mit Holzwolle-Leichtbauplatten läßt sich eine hochwirksame Dämmschicht ausbilden, indem man unter den Holzwolle-Leichtbauplatten noch besonders weichfedernde Fasermatten verlegt. Die Holzwolle-Leichtbauplatten tragen dabei zur Erniedrigung der Luftsteifigkeit bei; die Fasermatten können andererseits wegen der lastverteilenden Wirkung der Holzwolleplatten so gewählt werden, daß sie eine besonders geringe Fasersteifigkeit haben. Ein Estrich auf der beschriebenen Dämmschicht-Kombination zählt deshalb zu den hochwertigsten schalltechnischen Maßnahmen,

---

[54]) Gösele, K., siehe Fußnote[44])
Mahler, K., D. Stockberger und E. Heilig „Dynamische Steifigkeit von Schaumstoffen aus Styropor und ihre Abhängigkeit von den Ausschäumbedingungen sowie der Nachbehandlung" boden, wand, decke 1963, S. 606.
Eisenberg, A,, Schaumkunststoffe als Dämmschichten für schwimmende Estriche" Berichte aus der Bauforschung, Heft 35, 1964, S. 35.

die wir kennen. Er sollte überall dort verwendet werden, wo besonders große Ansprüche zu erfüllen sind. Er hat außerdem den Vorteil, daß das Verlegen des Estrichs auf den robusten Holzwolle-Leichtbauplatten mit geringeren Schwierigkeiten als bei anderen weichfedernden Dämmschichten verbunden ist.

Schüttungen

Sie haben den Vorteil, daß sie sich an Unebenheiten der Rohdecke leicht anschmiegen und meist auch billig sind. Andererseits verschiebt sich die Dämmschicht beim Einbringen des Estrichs relativ leicht. Sie benötigen daher eine stabile Abdeckung. Zur Zeit werden Schüttungen aus Korkschrot, Blähglimmer, Hanfschäben u. ä. verwendet. Ganz ungünstig verhalten sich Schüttungen mit bituminöser Ummantelung des Schüttgutes. Unter Asphaltestrichen backen sie wegen der hohen Temperatur beim Verlegen des Estrichs zu steifen Platten zusammen, wodurch die Trittschalldämmung weitgehend wegfällt.

Verschiedenes

Pappen besitzen — schon wegen ihrer geringen Dicke — relativ hohe Steifigkeiten. Wellpappen sind günstiger. Ihre Steifigkeiten können zwischen 10 und 20 kp/cm³ liegen. Bekannt gewordene, erfreulich günstige Verbesserungsmaße für Asphalt-Estriche auf zwei Lagen Wollfilzpappe konnten auf Luftschichten zurückgeführt werden, die zwischen den Pappen und der Rohdecke vorhanden waren. Im Lauf der Zeit verschwanden diese Luftschichten, womit sich auch die Trittschalldämmung wesentlich verschlechterte.

Korkplatten, die irrtümlicherweise oft als ausgesprochen trittschalldämmend gelten, sind völlig unwirksam, wenn sie in Bitumen o. ä. satt auf der Rohdecke verlegt werden (dynamische Steifigkeit über 100 kp/cm³). Auch beim losen Verlegen der Platten, wobei die Kontaktfederung — bedingt durch das nicht vollflächige Aufliegen — ausgenützt wird, ergeben sich noch Steifigkeiten von etwa 20 bis 50 kp/cm³.

5.4223 *Einfluß des Estrich-Materials*

Das Material des Estrichs spielt in akustischer Hinsicht bei schwimmenden Estrichen eine untergeordnete Rolle. Von gewissem Einfluß kann seine innere Dämpfung und das Flächengewicht des Estrichs sein. Das Flächengewicht des Estrichs beeinflußt nach Formel (10) in Abschnitt 5.322 die Resonanzfrequenz und damit die Dämmwirkung, wobei ein hohes Flächengewicht vorteilhaft ist. Eine quantitative Betrachtung zeigt jedoch, daß es sich nicht lohnt, die Estrich-Dicke aus akustischen Gründen besonders groß zu wählen. Vielmehr sollte der Estrich lediglich so dick gemacht werden, daß seine Festigkeit ausreichend ist. Eine hohe innere Dämpfung ist bei Estrichen vorteilhaft. Sie verringert die Schwingungsausbreitung entlang der Estrichplatte, was vor allem im Hinblick auf Schallbrücken von Bedeutung ist. Eine besonders hohe Dämpfung haben Gußasphalt-Estriche. Auch Steinholz-Estriche haben eine höhere Dämpfung als andere hydraulisch gebundene Estriche. Besonders gering ist die Dämpfung bei Anhydrit-Estrichen. Ausdrücklich sei jedoch vermerkt, daß bei einwandfrei verlegten Estrichen eine gute Trittschalldämmung auch dann erreicht wird, wenn die Materialdämpfung des Estrichs gering ist.

5.4224 *Verlege-Einflüsse*

Die gute Dämmwirkung eines schwimmenden Estrichs wird nur erreicht, wenn der Estrich keine festen Verbindungen gegen die Rohdecke oder gegenüber den umgebenden Wänden besitzt. Eine einzige feste Schallbrücke zwischen Estrich und Rohdecke genügt schon, um die Dämmwirkung erheblich zu vermindern[55]), wie dies Abb. 66 an einem Beispiel zeigt. Dort ist der Norm-Trittschallpegel einer Decke mit schwimmendem Estrich dargestellt, ohne, mit einer und mit zehn Schallbrücken (3 cm Durchmesser), die bewußt hergestellt worden waren. Bei zehn Schallbrücken ist der schwimmende Estrich weitgehend wirkungslos geworden. Dies geht auch aus den folgenden Werten des Trittschallschutzmaßes der Decke nach Abb. 66 hervor:

ohne Schallbrücken	11 dB
1 Schallbrücke	0 dB
10 Schallbrücken	—7 dB
Decke ohne Estrich	—15 dB

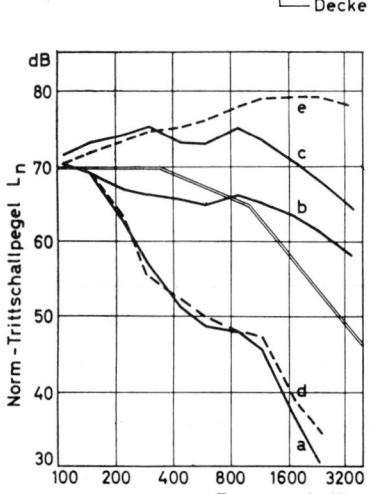

Abb. 66: Einfluß von Schallbrücken (S) zwischen schwimmendem Estrich und Rohdecke auf den Trittschallschutz einer Decke.

a: ohne Schallbrücke
b: mit 1 Schallbrücke
c: mit 10 Schallbrücken
d: mit 10 Schallbrücken und einer Pappe zwischen Dämmschicht und Rohdecke
e: Decke ohne schwimmenden Estrich

[55]) Cremer, L. „Berechnung der Wirkung von Schallbrücken", Acustica, 1954, S. 273.

Versuche im Laboratorium[56]) haben ergeben, daß die ungünstige Wirkung von Schallbrücken vollkommen wegfällt, wenn zwischen Rohdecke und Dämmschicht eine wasserundurchlässige Pappe verlegt wird. Dies ist aus dem Vergleich der Kurven a und d in Abb. 66 zu entnehmen. Die (geringe) Federung der Pappe reicht schon aus, um die Schallbrücken unschädlich zu machen.

Verbindungen zwischen dem Estrich und den Wänden machen sich vornehmlich bei hohen Frequenzen bemerkbar. Die Wirkung verschieden langer, fester Verbindungen zwischen Estrich und Wand ist aus Abb. 67 zu entnehmen. Ein Vergleich mit Abb. 66 zeigt, daß eine Schallbrücke zwischen Estrich und Decke viel schädlicher ist als eine solche zwischen Estrich und Wand. Typisch für die Wirkung von derartigen Schallbrücken ist die Überschreitung der Sollwerte bei hohen Frequenzen (siehe Abb. 67).

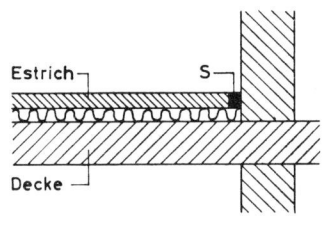

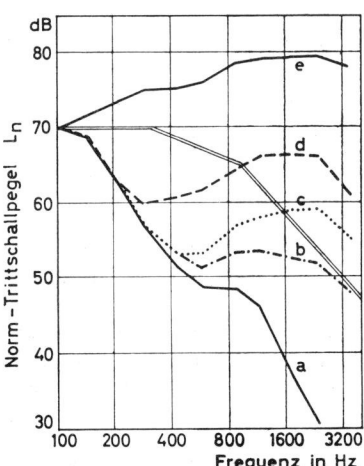

Abb. 67: Einfluß von Schallbrücken (S) zwischen schwimmendem Estrich und einer der umgebenden Wände.

a: ohne Schallbrücke
b: Schallbrücke 0,1 m lang
c: Schallbrücke 0,5 m lang
d: Schallbrücke 2,5 m lang
e: Decke ohne schwimmenden Estrich

[56]) Gösele, K. „Über Schallbrücken bei schwimmenden Estrichen". Die Schalltechnik, 1960, Heft 39/40. „Schallbrücken bei schwimmenden Estrichen und anderen schwimmend verlegten Belägen". Berichte aus der Bauforschung 1964, Heft 35, S. 23—34.

Neuere Untersuchungen haben gezeigt, daß die Isolierung gegenüber den Wänden ohne Schaden verhältnismäßig dünn ausgeführt werden kann. Es ist keineswegs nötig, dazu die gleiche Dämmschicht wie unter dem Estrich zu verwenden. Vielmehr reichen 2 bis 3 mm dicke Streifen aus Wellpappe, Styropor o. ä. völlig aus. Die kleineren Mängel von schwimmenden Estrichen, vor allem bedingt durch Schallbrücken zwischen Estrich und Wänden, lassen sich leicht durch die Verwendung (mäßig) weichfedernder Gehbeläge beseitigen. Dies ist aus zwei Beispielen in Abb. 68 zu entnehmen. Derartige Beläge (im Beispiel: Linoleum auf Filzpappe) haben nur bei hohen Frequenzen eine wesentliche Dämmwirkung. Im vorliegenden Fall reicht dies vollkommen aus, da die schwimmenden Estriche die erforderliche Verbesserung bei tiefen und mittleren Frequenzen bringen.

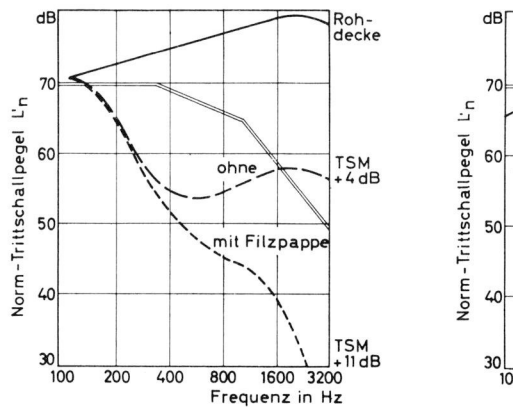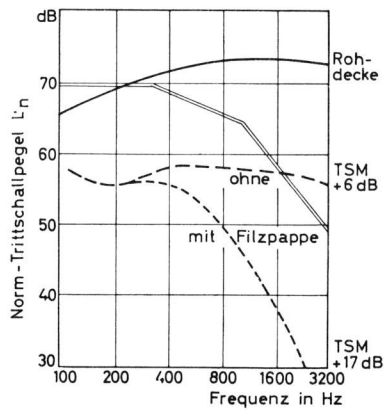

Abb. 68: Kleinere Ausführungsmängel von schwimmenden Estrichen können mit weichfedernden Gehbelägen unschädlich gemacht werden.
Zwei Beispiele von Massivdecken mit schwimmenden Estrichen, jeweils ohne und mit Linoleum auf Filzpappe (800 g/m²).

Da die Dämmwirkung eines schwimmenden Estrichs sehr von der Sorgfalt der Ausführung abhängt und andererseits ein späteres Beheben von Mängeln kaum mehr möglich ist, wenn die Räume bezogen sind, sollten Estriche nach ihrer Verlegung stichprobenweise auf ihren Trittschallschutz hin überprüft werden. Dies kann mit vereinfachten Trittschall-Meßverfahren[57]) erfolgen, die einen geringeren Zeit- und Geräteaufwand erfordern als Normverfahren nach DIN 52210.[58])

[57]) Gösele, K. und O. Bürk „Verfahren zur unmittelbaren Bestimmung des Trittschallschutzmaßes von Decken", Verlag W. Ernst & Sohn, Berlin, 1964.
[58]) Es sei ausdrücklich betont, daß das im begangenen Raum entstehende Gehgeräusch durch schwimmende Estriche nicht vermindert, eher sogar verstärkt wird. Schwimmende Estriche sind nur gegenüber der Übertragung in Nachbarräume wirksam. In zunehmendem Maße wird das Dröhnen von schwimmenden Estrichen beanstandet, vor allem dann, wenn ein Teppichbelag verlegt ist. Es handelt sich hier um die Anregung der Resonanzfrequenz des schwimmenden Estrichs beim Begehen, die bei etwa 40—70 Hz liegt.

Um spätere Streitigkeiten auszuschließen, sollten auch stets zwischen Bauherrn und Estrichverleger Garantievereinbarungen festgelegt werden, wonach die Decken mit den verlegten Estrichen gewisse Mindestanforderungen bezüglich des Trittschallschutzes erfüllen sollen. Die geringste Anforderung ist dabei das Einhalten des mindesterforderlichen Trittschallschutzmaßes nach DIN 4109. Für gehobene Ansprüche reicht diese Forderung nicht aus. Dafür kommen z. B. 13 dB in Frage. Selbstverständlich muß in einem solchen Fall eine Dämmschicht gewählt werden, die bei einwandfreier Verlegung ein Trittschallschutzmaß von mindestens 15 bis 20 dB ergibt.

5.423 Holzfußböden

In akustischer Hinsicht kann man unterscheiden zwischen Riemenböden, die auf Lagerhölzern und Parkettbelägen, die unmittelbar auf der Decke (bzw. einem Estrich) oder auf einer Dämmschicht verlegt werden.

Riemenböden ergeben, wie aus Zahlentafel 14 zu entnehmen ist, auch dann eine gewisse Trittschalldämmung, wenn die Lagerhölzer unmittelbar auf der Rohdecke aufgelegt sind. Diese Dämmung wird um ungefähr 10 dB gesteigert, wenn unter den Lagerhölzern Streifen aus geeigneten, genügend weichfedernden Dämmstoffen verlegt werden. Bewährt haben sich Streifen aus Kokosfasermatten und Mineralfaserplatten; unwirksam sind Streifen aus Wollfilzpappe, Weichfaserdämmplatten u. ä. Das Einlegen von Faserdämmstoffen in den Zwischenraum zwischen die Lagerhölzer ist vorteilhaft. Ebenso hat sich das Füllen mit Schlacke o. ä. bewährt. Auch ein Verlegen der Lagerhölzer unmittelbar in einer Schüttung — ohne Dämmstreifen — führte zu günstigen Dämmwerten.

Parkettbeläge, die unmittelbar auf eine Decke aufgeklebt werden, tragen kaum etwas zur Trittschalldämmung bei. Deshalb sollte ihre Verlegung auf schwimmenden Estrichen erfolgen. Sie können jedoch auch unmittelbar auf geeigneten Dämmschichten aufgebracht werden. Über die Dämmwirkung derartiger Ausführungen liegen zahlreiche Meßergebnisse vor[59]).

Für gehobene Ansprüche sind zweischichtige Unterschichten erforderlich, wobei die untere Schicht die eigentliche Dämmung ergibt, und die darüberliegende Schicht zur Lastverteilung dient und gleichzeitig das Aufkleben des Parkettbelages ermöglicht. Als untere Dämmschicht kommen Kokosfasermatten und Mineralfaserplatten in Frage. Als lastverteilende Schicht können Weichfaserdämmplatten und Holzwolle-Leichtbauplatten verwendet werden. Die aus Tafel 14 zu entnehmenden Ergebnisse zeigen, daß mit derartigen Fußböden dieselben Dämmwerte wie mit guten schwimmenden Estrichen erreicht werden können (Verbesserungsmaß 27 bzw. 28 dB). Ein besonderer Vorzug derartiger Fußböden ist, daß ihre Dämmwirkung nicht von Zufälligkeiten der Ausführung abhängt und daß sie trocken verlegt werden können .

[59]) vgl. Gösele, K. „Die Verbesserung des Schallschutzes durch schwimmend verlegte Parkettbeläge" in Schriftenreihe der FBW, Bericht 27/1953.
Gösele, K. „Die schalltechnischen Eigenschaften von Dämmschichten unter Parkettbelägen" in „Parkett", 1954, Heft 7.

5.424 Gehbeläge

Eine gewisse Übersicht über die Trittschalldämmung von Gehbelägen gewinnt man, wenn man sie in drei Gruppen einteilt.

5.4241 *Gehbeläge mit geringfügiger Trittschalldämmung*

Zu dieser Gruppe sollen alle Beläge gezählt werden, deren Verbesserungsmaß unter etwa 12 dB liegt. Hierzu zählen Steinzeugfliesen, Parkettbeläge, PVC- und andere Kunststoffbeläge, Linoleum und die meisten Gummibeläge.

5.4242 *Gehbeläge mit mittlerer Trittschalldämmung*

Darunter sollen Beläge mit einem Verbesserungsmaß zwischen 12 und 19 dB verstanden werden. Zu dieser Gruppe zählen Korklinoleum, Korkparkett sowie eine Reihe von Bahnenbelägen oder Kunststoff-Fliesen mit einer weichfedernden Unterschicht. Diese Unterschicht kann mit dem Belag bei der Anlieferung bereits verklebt sein oder gesondert verlegt werden. Als Material für die Unterschicht kommen in Frage: Filzpappe, Korkment, Textilfilz, weicher Gummi sowie Schichten aus verschiedenen Kunststoffschäumen. Die zu erwartenden Verbesserungsmaße sind in Tafel 14 enthalten.

5.4243 *Gehbeläge mit hoher Trittschalldämmung*

Gehbeläge, die ein höheres Verbesserungsmaß als 19 dB aufweisen, liegen in erster Linie in Form von textilen Bodenbelägen wie Teppichböden und Kokosläufern u. ä. vor. Genügend dicke Teppichböden ergeben dieselbe Trittschalldämmung wie ein hochwertiger, gut verlegter schwimmender Estrich (Verbesserungsmaß: 24 bis 30 dB). Auch Gummibeläge mit einer genügend weichfedernden Porengummi-Unterschicht gehören in diese Gruppe.

An Gehbeläge werden so viele Anforderungen hinsichtlich Verschleißfestigkeit, Eindruckfestigkeit, Gleitsicherheit, leichter Reinigung u. ä. gestellt, daß man ohne Not nicht noch weitgehende Anforderungen bezüglich der Trittschalldämmung stellen sollte. Sie sollten in erster Linie durch einen schwimmenden Estrich erfüllt werden.

Eine gewisse trittschalldämmende Wirkung von Gehbelägen ist allerdings aus zwei Gründen erwünscht:

1. Das im begangenen Raum selbst entstehende Gehgeräusch kann nur durch einen entsprechenden Gehbelag vermindert werden[60]. Das ist vor allem dort von Bedeutung, wo einerseits Ruhe herrschen soll und andererseits viel hin- und hergegangen wird, wie z. B. in Lesesälen von Bibliotheken, in den Fluren von Krankenhäusern und Hotels.

---

[60]) Es sei ausdrücklich betont, daß das im begangenen Raum entstehende Gehgeräusch durch schwimmende Estriche nicht vermindert, eher sogar verstärkt wird. Schwimmende Estriche sind nur gegenüber der Übertragung in Nachbarräume wirksam. In zunehmendem Maße wird das Dröhnen von schwimmenden Estrichen beanstandet, vor allem dann, wenn ein Teppichbelag verlegt ist. Es handelt sich hier um die Anregung der Resonanzfrequenz des schwimmenden Estrichs beim Begehen, die bei etwa 40—70 Hz liegt.

2. Die durch Verlegefehler entstandenen Mängel von schwimmenden Estrichen können schon durch eine mäßige Trittschalldämmung des Gehbelags unschädlich gemacht werden (vgl. Abschnitt 5.4224 und Abb. 68).

Neuerdings sind auch in Deutschland Bestrebungen im Gange, die Trittschalldämmung bei Decken allein durch die Gehbeläge zu erreichen. In den nordischen Ländern und in der Schweiz ist dieser Weg seit langem üblich. Allerdings muß bemerkt werden, daß ein solcher Weg nur bei schweren Stahlbetonplattendecken oder besonders guten zweischaligen Massivdecken möglich ist.

Aus Abb. 69 ist das Trittschallschutzmaß TSM_f einer wohnfertigen Decke, abhängig von der Dicke der Stahlbetondecke (einschließlich Ausgleichsestrich) für verschiedene Werte VM des unmittelbar aufgebrachten Gehbelags zu entnehmen.

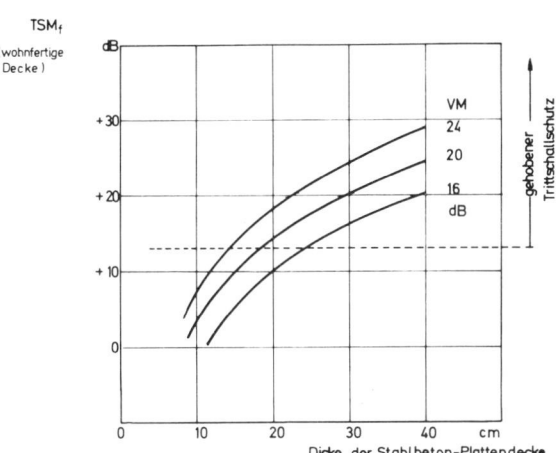

Abb. 69: Trittschallschutzmaß TSM von wohnfertigen Stahlbeton-Plattendecken, abhängig von ihrer Dicke und vom Trittschall-Verbesserungsmaß VM der Gehbeläge (als Parameter an Kurven). Die Dicke umfaßt die eigentliche Dicke der Rohdecke und die Dicke des Ausgleichs-Estrichs.

5.43 Alterungsverhalten von Trittschall-Dämmschichten

Des öfteren wird die Frage gestellt, ob die Maßnahmen zur Verbesserung der Trittschalldämmung auf die Dauer wirksam bleiben. Dabei wird behauptet, daß die verwendeten Dämmschichten im Laufe der Zeit ihre Wirkung ganz oder teilweise verlieren. Diese Bedenken betreffen vor allem schwimmende Estriche, bei denen die Beständigkeit der Mineralfaser- aber auch der Kokosfasermatten angezweifelt werden. Zur Klärung dieser Fragen sind zahlreiche Messungen in bewohnten Bauten durchgeführt worden, wobei Decken, deren Trittschallverhalten vor dem Bezug der Wohnungen bestimmt worden war, nach 3 bis 5jährigem Bewohnen der Räume nochmals geprüft worden sind[61]). Das Ergebnis der an mehre-

---

[61]) vgl. auch Gösele, K. und C. A. Voigtsberger „Zum Alterungsverhalten von Trittschalldämmstoffen" in Die Bauzeitung, 10, 1958, S. 455.

ren hundert Decken vorgenommenen Messungen zeigt, daß sich in der Regel das Trittschall-Verbesserungsmaß nicht mehr als um etwa 3 bis 4 dB verringert hat. Ganz vereinzelt wurden starke Verschlechterungen des Trittschallschutzes gegenüber dem ursprünglichen Zustand beobachtet.

Im Gegensatz zu häufig geäußerten Befürchtungen haben sich Mineralfaserplatten recht gut gehalten. Abbildung 70 gibt einen Überblick über die Änderung des Trittschallschutzes einer größeren Zahl von Decken mit schwimmenden Estrichen auf den verschiedensten, gebräuchlichen Dämmstoffen in einem Hochhaus. Daraus ist zu entnehmen, daß der Schwerpunkt der Änderungen bei etwa —3 dB liegt[62]).

Entsprechend wurde deshalb in DIN 4109, Ausgabe 1962, ein „Alterungszuschlag" für den Trittschallschutz eingeführt, wonach eine Decke unmittelbar nach der Fertigstellung ein Trittschallschutzmaß von 3 dB aufweisen muß, damit mit ausreichender Wahrscheinlichkeit nach mehreren Jahren noch ein Schutzmaß von 0 dB vorhanden ist.

Abb. 70: Zur Änderung des Trittschallschutzes von Decken mit schwimmenden Estrichen im Laufe der Zeit; aufgetragen der prozentuale Anteil der Decken, bei denen nach 3 Jahren eine bestimmte Änderung des Trittschallschutzmaßes beobachtet worden ist. 70 Decken mit schwimmenden Estrichen auf verschiedenen gebräuchlichen Dämmschichten untersucht.

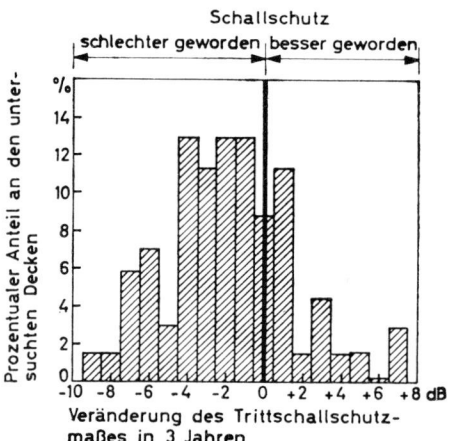

Insgesamt betrachtet, ist die Sorge, daß ursprünglich hochwirksame Dämmschichten nach einigen Jahren ihre Dämmwirkung weitgehend verlieren, bei den üblichen Dämmstoffen unbegründet.

5.5 Vorherberechnung des Trittschallschutzes

Der voraussichtlich zu erwartende Trittschallschutz einer Decke mit Belag läßt sich auf zwei Wegen vorherberechnen. Der erste, genaue Weg setzt voraus, daß für die Rohdecke der Normtrittschallpegel L_{no} in Kurvenform (in Abhängigkeit

---

[62]) Die teilweise aufgetretenen Verbesserungen des Trittschallschutzes (in Abb. 70) sind wahrscheinlich auf die Änderung von Schallbrücken (z. B. durch Schwinden des Estrichs) zurückzuführen.

von der Frequenz) bekannt ist und ebenso die Trittschallminderung ΔL für den Fußbodenaufbau, z.B. für den schwimmenden Estrich ΔL_E und den Gehbelag ΔL_G. Der Normtrittschallpegel L'_n der fertigen Decke errechnet sich dann zu

$$L'_n = L'_{no} - \Delta L_E - \Delta L_G \qquad (14)$$

Daraus kann dann wiederum das Trittschallschutzmaß der fertigen Decke nach Abschnitt 5.1 berechnet werden.

Der zweite, weniger genaue, dafür besonders einfache Weg[63]) besteht darin, daß man von dem in Abschnitt 5.1 erwähnten äquivalenten Trittschallschutzmaß TSM_{eq} der Rohdecke ausgeht, wobei für das Trittschallschutzmaß TSM_{fertig} der fertigen Decke gilt:

$$TSM_{fertig} \approx TSM_{eq} + VM$$

VM ist dabei das größere der beiden Verbesserungsmaße des schwimmenden Estrichs und des Gehbelages. Die nötigen Werte für diese Rechnung sind in den Tafeln 12 und 14 enthalten. Auch die Abb. 57 kann zur Ermittlung von TSM_{eq} herangezogen werden.

5.6 Trittschallübertragung von Treppen

Auch beim Begehen von Treppen entsteht Trittschall, der in Wohnräume weitergeleitet wird. Dieser Trittschall ist schon deshalb besonders groß, weil die bei der Anregung wirksamen Impulse größer sind als beim normalen Gehen in der Ebene. Der beim Treppenbegehen auftretende Trittschall stellt deshalb eine der am meisten beanstandeten Störungen in Mehrfamilienhäusern dar. Vor allem gilt dies für Wohnungen im Erdgeschoß, bei denen alle Bewohner zwangsläufig — oft auch zu den Aufzügen — vorbeigehen.

Trotz dieser großen Bedeutung des Trittschalls bei Treppen, gibt es keine Anforderungen in DIN 4109, die die Größe dieser Trittschallübertragung begrenzen. Erst bei der zur Zeit in Bearbeitung befindlichen Neufassung sind solche Anforderungen vorgesehen.

Diese Scheu vor der Festlegung von Anforderungen war dadurch bedingt, daß man keine verläßlichen und in jedem Fall anwendbaren Abhilfemaßnahmen hat. Es kommen dafür in Frage:

a) weichfedernde Gehbeläge, z. B. Teppichbeläge, auf den Treppenstufen (wegen der stärkeren Abnützung und wegen der Reinigung, aber auch im Hinblick auf den Brandschutz, sind solche Lösungen meist nur als nachträgliche Lösung bei Beschwerdefällen gebräuchlich)

b) durchgehende Trennfuge in der Trennwand zwischen Treppenraum und gestörter Wohnung; (Verbesserung von 10 bis 15 dB damit erreichbar, jedoch nur in Sonderfällen, wie etwa bei Einfamilien-Reihenhäusern, anwendbar; dort jedoch besonders wichtig)

[63]) Näheres siehe Fußnote 40.

c) schwimmender Estrich auf Podeststufen (wirksam, jedoch Problem der Treppenstufen damit nicht gelöst; vor allem bei Eingangsräumen vor Treppen benützen)

d) geeignete Grundrißanordnung (keine Schlafräume an Treppen angrenzen lassen)

Besonders ungünstig ist es, wenn Treppenstufen unmittelbar an einer Wohnungs- bzw. Haustrennwand befestigt sind, an die Schlafräume grenzen, wie dies oft bei Einfamilien-Reihenhäusern der Fall ist.

Die Kennzeichnung des Trittschallschutzes gegenüber Treppen erfolgt in gleicher Weise wie bei Decken mit Hilfe des Normhammerwerks nach DIN 52210, wobei der entstehende Normtrittschallpegel in dem benachbarten, fremden Wohnraum gemessen wird. Übliche Werte des Trittschallschutzmaßes TSM bei der Trittschallanregung von Treppen sind[64]:

	TSM in dB
in Mehrfamilienhäusern	—5 bis +5
in Einfamilien-Reihenhäusern (mit Schalldämmfuge)	+10 bis +15

Eine voll befriedigende Lösung des Trittschallproblems bei Treppen ist in Zukunft wohl nur durch eine körperschallgedämmte Auflagerung der Treppen zu erwarten, wobei allerdings eine ausreichende Sicherheit auch im Brandfall gewährleistet sein muß.

---

[64]) K. Gösele und J. Karàdi ,,Schalldämmung zwischen Wohnung und Treppenraum'' FBW-Blätter 1971, Folge 6.

6. Schallschutz bei Holzbalkendecken

Holzbalkendecken werden in Mehrfamilienhäusern in Massivbauart nur noch selten eingebaut. Ihr Schallschutz bzw. dessen Verbesserung ist jedoch bei Sanierungsmaßnahmen in alten Bauten von Interesse. Außerdem werden sie in Holzfertighäusern in größerem Umfang verwendet.

Die Schalldämmung von Holzbalkendecken hängt in starkem Maß davon ab, ob eine feste Verbindung zwischen Fußboden und unterer Verkleidung über die Balken vorliegt. In diesem Fall findet die Schallübertragung auf dem in Abb. 71 dargestellten Weg S statt. Maßnahmen im Hohlraum zwischen den Balken, z. B. eine schwere Füllung in Abb. 71, sind dann unwirksam. Die Wirkung einer Trennung zwischen Balken und unterseitiger Verkleidung ist aus Abb. 72 zu entnehmen[65]. Der Unterschied kann zwischen 10 und 20 dB betragen. Statt einer vollständigen Trennung ist es auch möglich, die unterseitige Verkleidung über Leisten zu befestigen, die ihrerseits über Federbügel aus Stahlblech an den Holzbalken angebracht sind, siehe Abb. 73.

Abb. 71: Bei einer normalen Holz-
balkendecke findet die Schallüber-
tragung auf dem Weg S statt.
Eine Verbesserung ist nur durch
Unterbrechung des Weges an den
Stellen a oder b möglich.

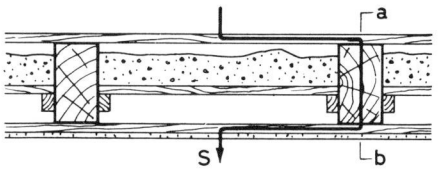

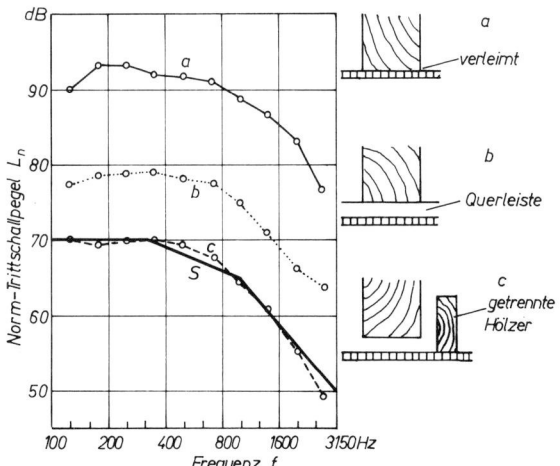

Abb. 72: Verbesserung der Trittschalldämmung bei Holzbalkendecken durch Lösung der Verbindung zwischen unterseitiger Verkleidung und Balken.

[65]) Im folgenden wird nur der Trittschallschutz besprochen, da eine Holzbalkendecke mit ausreichendem Trittschallschutz stets auch einen ausreichenden Luftschallschutz hat.

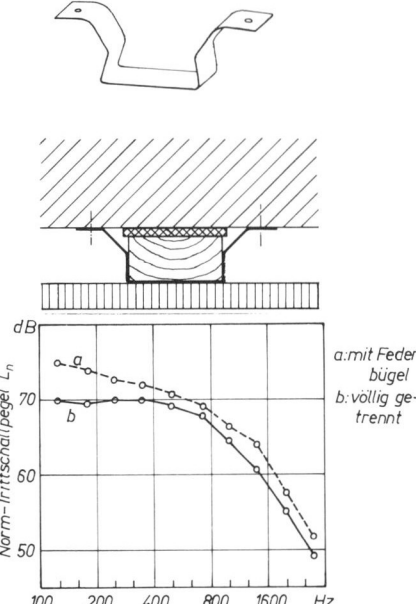

a: mit Feder-
bügel
b: völlig ge-
trennt

Abb. 73: Bei Holzbalkendecken kann durch eine Befestigung der unterseitigen Verkleidung über Stahlfederbügel nahezu derselbe Schallschutz erreicht werden wie bei völlig getrennter Verkleidung.

Will man eine weitergehende Verbesserung, dann muß eine der beiden Schalen beschwert werden, oder es muß eine Beschwerung in Form eines Einschubs eingebracht werden. So brachte eine auf der unterseitigen Deckenverkleidung aufgebrachte, 20 mm dicke Sandschicht eine Verbesserung des Trittschallschutzes um 8 dB.

Eine wesentliche Verbesserung des Luft- und Trittschallschutzes kann durch das Aufbringen eines schwimmenden Estrichs auf der Holzbalkendecke erreicht werden. Voraussetzung dafür ist, daß eine ausgesprochen weichfedernde Dämmschicht — z. B. 20 bis 25 mm dicke Mineralfaserplatten — verwendet wird. Dadurch kann das Trittschallschutzmaß einer Holzbalkendecke um etwa 12 bis 15 dB verbessert werden.

Neuerdings hat sich eine Lösung als besonders wirksam erwiesen, bei der auf die oberseitige Schale der Holzbalkendecke über eine dünne Filzschicht einzelne kleinformatige Betonplatten aufgelegt und darauf dann Holzspanplatten auf Mineralfaserplatten aufgebracht wurden, siehe Abb. 74. Die Verbesserung des Trittschallschutzmaßes der Holzbalkendecke beträgt bei 40 mm dicken Betonplatten etwa 25 dB. Es ist auf diese Weise mit vertretbarem Aufwand eine Holzbalkendecke möglich, durch die man normales Gehen und Sprache nicht mehr durchhört.

Tafel 17: Schallschutz verschiedener Holzbalkendecken

lfd. Nr.	Deckenausführung	Flächengewicht kg/m²	Schallschutzmaß nach DIN 4109 August 1962 für Luftschall*) dB	für Trittschall dB
1	Normalausführung, mit Schlackenfüllung	160	—2	—2
2	Normalausführung (5 cm Sandschüttung); jedoch Putzschale über Leisten befestigt, die ihrerseits über Blechbügel an den Balken angebracht sind	160	+4	+10
3	unterseitige Verkleidung aus 2 Lagen 12,5 mm Gipskartonplatten G über Federbügel F befestigt; Mineralwolle M im Deckenhohlraum	90	+7	+8
	mit Teppichboden (VM = 21 dB)			+15
4	unterseitige Verkleidung aus Gipskartonplatten G über Federbügel F befestigt; schwimmender Zementestrich Z auf 30/25 mm Mineralfaserplatten D			
	ohne Gehbelag	185	17	13
	mit Teppichboden			17

*) Gemessen im Laboratorium mit unterdrückten Schallnebenwegen; im Massivbau wird wegen der Längsleitung der Wände kaum ein höherer Wert als LSM = 3 dB erreicht, in Holzfertighäusern etwa 8 bis 10 dB.

lfd. Nr.	Deckenausführung		Flächengewicht kg/m²	Schallschutz-maß nach DIN 4109 August 1962	
				für Luft-schall*) dB	für Tritt-schall dB
5	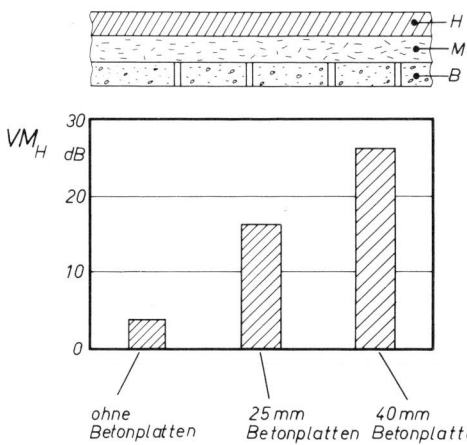	unterseitige Ver-kleidung mit Feder-bügeln nach Abb. 73. 25 mm Holzspan-platten H auf 30/25 Mineral-faserplatten D 40 mm Betonplat-ten B, lose auf 3 mm Filz	185	14	26

*) Gemessen im Laboratorium mit unterdrückten Schallnebenwegen; im Massivbau wird wegen der Längsleitung der Wände kaum ein höherer Wert als LSM = 3 dB erreicht, in Holzfertig-häusern etwa 8 bis 10 dB.

Abb. 74: Starke Verbesserung des Trittschallschutzmaßes von Holzbalkendecken durch auf-gelegte Betonplatten B.
H: Holzspanplatten
M: Mineralfaserplatten

Eine Übersicht über das Verhalten verschiedener Holzbalkendecken ist in Tafel 17 gegeben.

Zusammenfassend ist zu sagen, daß Holzbalkendecken in den meisten Fällen eine Schalldämmung haben, die für Wohnungstrenndecken unbefriedigend ist. Es ist jedoch möglich, mit mäßigem Mehraufwand auch eine ausgezeichnete Schalldämmung zu erreichen.

7. Stand des Schallschutzes in Wohnbauten

Für die Beurteilung des Schallschutzes eines Hauses, z. B. im Rahmen von Bean-
standungen, ist es wichtig, zu wissen, wie der tatsächliche Schallschutz ist, der
sozusagen den „technischen Stand" charakterisiert, der in vielen Fällen wesentlich
über den Mindestanforderungen liegt. Im folgenden soll anhand von Untersuchungen von zahlreichen Mehrfamilienhäusern der Stand für Decken zum
Zeitpunkt 1973/74 dargestellt werden. Für Wohnungstrennwände und Haustrennwände sind entsprechende Werte für 1966/67 an anderer Stelle[66]) angegeben.
Diese Ergebnisse entsprechen etwa auch dem jetzigen Stand. Sie sind in den Abb.
75 u. 76 wiedergegeben. Dort ist jeweils die Häufigkeitsverteilung der Schall-
schutzwerte angegeben. Über den Werten des Luftschall- bzw. Trittschallschutzmaßes ist jeweils in Prozent derjenige Anteil der untersuchten Decken angegeben,
der diese Werte des Schallschutzmaßes aufwies. Zum Vergleich sind die Grenz-

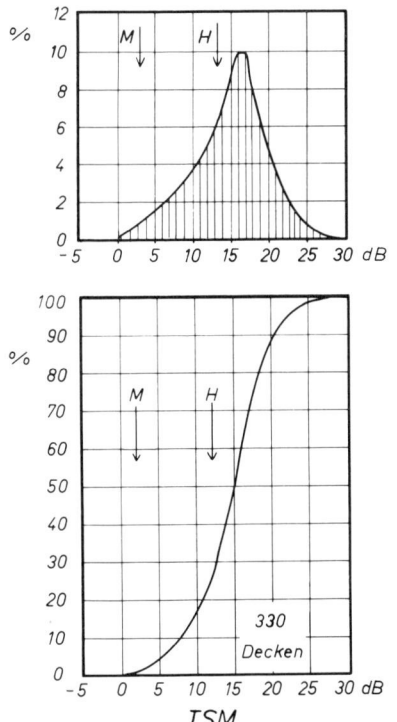

Abb. 75: Häufigkeitsverteilung des Trittschallschutzes von Massivdecken in
Wohnbauten 1973/74.
unteres Diagramm: Summenhäufigkeitskurve
oberes Diagramm: spektrale Verteilung
M: Mindestanforderungen
nach DIN 4109, Ausgabe 1962
H: erhöhte Anforderungen

[66]) Gösele, K. „Der derzeitige Schallschutz in Wohnbauten". FBW-Blätter 1968, Folge 1.

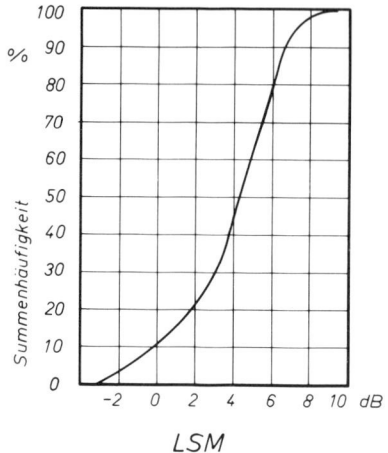

%

Summenhäufigkeit

LSM

Abb. 76: Summenhäufigkeitskurve des Luftschallschutzmaßes von Massivdecken in Wohnbauten 1973/74.
Etwa die Hälfte aller Decken haben ein Luftschallschutzmaß von 4 dB und darüber.

werte nach DIN 4109, Ausgabe 1962, für den mindesterforderlichen und den gehobenen Schallschutz eingetragen.

Zunächst sei der Trittschallschutz in Abb. 75 betrachtet. Es ist daraus zu ersehen, daß die allermeisten Decken (98%) den mindesterforderlichen Trittschallschutz einhalten und daß mehr als die Hälfte der Decken einen gehobenen Trittschallschutz besitzen. Im Durchschnitt liegt das Trittschallschutzmaß etwa bei 15 dB. Wenn somit bei einer Decke das Trittschallschutzmaß nur wenig über der Mindestanforderung von +3 dB liegt, dann ist eine solche Decke unterdurchschnittlich und entspricht nicht dem derzeitigen Stand der Technik.

Ähnliches gilt für den Luftschallschutz von Decken. Hier genügen etwa 10% der überprüften Decken nicht den Mindestanforderungen, etwa 75% genügen den gehobenen Anforderungen an den Luftschallschutz.

Bei den Wohnungstrennwänden sind dagegen die Verhältnisse ungünstiger. Dieses den Decken gegenüber unterschiedliche Verhalten ist darauf zurückzuführen, daß Wohnungstrennwände in der Regel einschalig ausgeführt sind, im Gegensatz zu den Decken, die durch die Verwendung eines schwimmenden Estrichs in den meisten Fällen zweischalig ausgebildet sind. Dadurch sind besonders gute Dämmwerte bei Trennwänden seltener.

8. Schallschutz in Bauten mit demontablen Trennwänden

In den letzten Jahren hat die Verwendung von demontablen Trennwänden stürmisch zugenommen, zunächst bei Verwaltungs- und Universitätsbauten, neuerdings auch bei Schul- und Krankenhausbauten. Die Notwendigkeit der möglichen Versetzbarkeit der Zwischenwände führt dazu, daß der Fußboden und die unterseitige Deckenverkleidung über mehrere Räume ohne Unterbrechung durchgezogen werden müssen. Dies führt zu erheblichen schalltechnischen Problemen.

8.1 Durchgezogene Fußböden

Der auch im Verwaltungsbau häufig verwendete schwimmende Estrich ergibt, wenn er von einem Raum zum andern durchläuft, eine erhebliche Luft- und Trittschallübertragung zwischen den Räumen. In Abb. 77 ist die Luftschalldämmung zwischen zwei Räumen in einem solchen Fall dargestellt.[67]) Die dort dargestellte Luftschalldämmung kann auch bei Verwendung einer noch so guten Trennwand nicht überschritten werden. Infolge dieser ungünstigen Eigenschaften sollten schwimmende Estriche in Bauten mit versetzbaren Trennwänden nicht angewendet werden. Man wird fragen, auf welche Weise dann ein ausreichender Luft- und Trittschallschutz gegenüber den darunter liegenden Räumen erreicht werden soll.

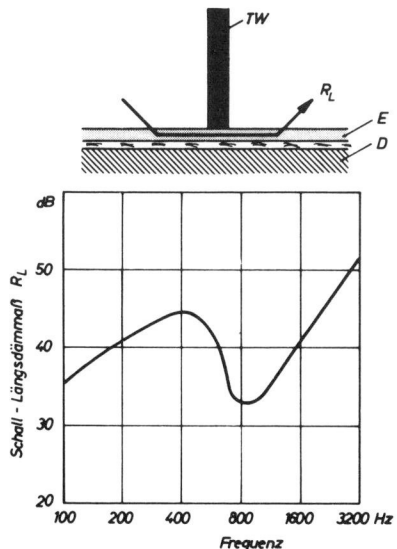

Abb. 77: Infolge der Längsübertragung maximal erreichbares Schalldämm-Maß eines über zwei Räume durchgezogenen Estrichs E (Beispiel) mit einer hochschalldämmenden Trennwand.

[67]) siehe auch A. Eisenberg „Untersuchungen über die Schalldämmung zwischen benachbarten Räumen mit durchlaufendem schwimmendem Estrich"
Wärme — Kälte — Schall 2/1961 S. 19.

Wenn untergehängte Deckenverkleidungen und leichte Trennwände aus biegeweichen Schalen verwendet werden, läßt sich in derartigen Bauten ein ausreichender Schallschutz auch ohne schwimmenden Estrich erreichen. Dies sei an
einem Beispiel in Abb. 78 gezeigt.

Dort ist das Luftschallschutzmaß und der Norm-Trittschallpegel einer Kassettendecke mit Verbundestrich und einer untergehängten Deckenverkleidung dargestellt. Das Luftschallschutzmaß ergab sich zu 13 dB, das Trittschallschutzmaß
zu 24 dB. Dies sind Werte, die mit einem schwimmenden Estrich nicht besser
erreicht werden können. Die gemessenen Werte sind so günstig, weil die untergehängten Deckenverkleidungen praktisch einen Ersatz der schwimmenden
Estriche darstellen. Die Verkleidungen sind in diesem Fall so wirksam, weil die
in Abschnitt 5.31 und Abb. 58 dargestellte Trittschallübertragung von der
Decke auf die seitlichen massiven Wände hier wegfällt, da die leichten, mit

D: Kassettendecke (Druckplatte einschließlich Estrich 155 mm dick)
G: Bahnenbelag auf 3 mm Preßkork
V: Schallabsorbierende Deckenverkleidung aus Holzspanplatten, rückseitig
gedichtet (Aufhängung über Metall-
bänder, nicht gezeichnet)
A: Mineralfaser-Rollfilz, 50 mm
Tr: Leichte Trennwand

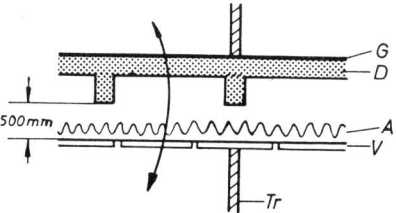

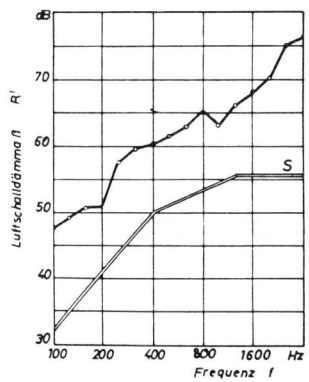
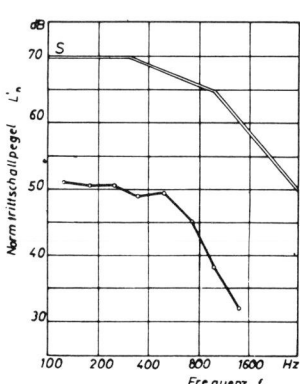

Abb. 78: Guter Luft- und Trittschallschutz einer Decke ohne schwimmenden
Estrich in einem Hochschulneubau.

rechts: Normtrittschallpegel, links: Luftschalldämmung, S: Sollwerte nach DIN
4109 für Wohnungstrenndecken.

biegeweichen Schalen versehenen Zwischenwände nicht bis zur Rohdecke hochgezogen sind. Verwendet man dazu noch einen weichfedernden Gehbelag, z. B. einen dünnen Bahnenbelag mit einer Kork- oder Schaumstoffzwischenschicht oder gar einen Teppichbelag, dann ist die Trittschallübertragung geringer und vor allem weniger von Ausführungsmängeln abhängig als bei der Anwendung von schwimmenden Estrichen.

Eine weitere Schwierigkeit bei einem von Raum zu Raum durchzogenen Fußboden ergibt sich, wenn Teppichbeläge verwendet werden. Zwischen der Trennwand und dem Verbundestrich befindet sich die Teppichschicht, die im akustischen Sinn eine offene Fuge darstellt, die zwar durch die vorhandenen Teppichfasern etwas gedämpft ist. In Abb. 79 ist als Kurve a die maximal erreichbare Schalldämmung einer Trennwand infolge der Übertragung über eine 5 mm dicke Teppichfuge dargestellt. Dies führt häufig zu unbefriedigenden Schalldämmwerten bei Zwischenwänden. Man kann diesen Mangel beheben, wenn man den Hohlraum der Wand zur Fuge hin durch einen Schlitz öffnet und dadurch den Wandhohlraum akustisch an die Fuge anschließt, siehe Abb. 79 Kurve b. Da-

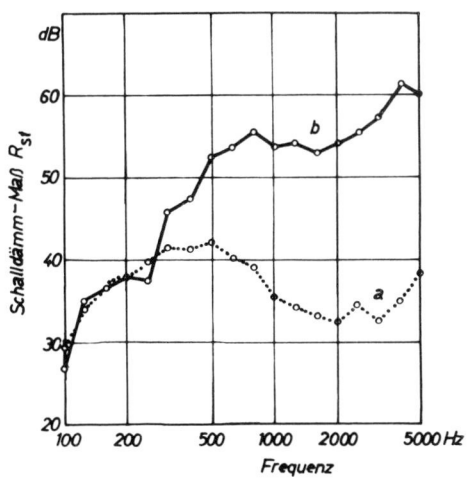

Abb. 79: Schall-Längsüber-
tragung über einen Teppichbelag an der Unterkante einer
Trennwand (siehe Pfeil)
a: Normalfall,
b: mit unterseitigen Öffnungen Ö der Unterkante der
   Wand.

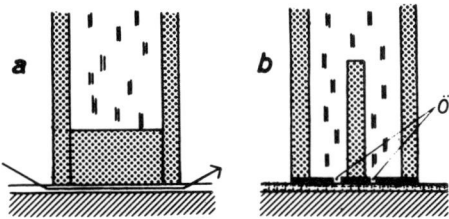

139

durch wird ein „Schalldämpfer" gebildet, der die Schallübertragung über die Fuge stark vermindert[68]). Dies kann auch durch ein einfaches Lochen verwendeter U-Schienen am Wandanschluß erreicht werden. Wie groß die Schallübertragung über derartige Teppichbeläge ist, hängt sehr von der Art des Belages ab. Auch Unebenheiten des Fußbodens sind von großer Bedeutung.

8.2 Durchgezogene Deckenverkleidungen

Unterseitige Deckenverkleidungen haben bei den oben genannten Bauten die Aufgabe, die Installation optisch zu verdecken, eine ebene Deckenunterseite zu schaffen und für eine gewisse Schallabsorption im Raum zu sorgen. Solange man die Deckenverkleidungen nur innerhalb eines Raumes verlegt und die Zwischenwände bis zur Rohdecke hochgezogen hatte, genügte es, wenn die Deckenverkleidungen eine ausreichende Schallabsorption hatten, z. B. in Form von gelochten Metallkassetten mit einer Mineralfaserauflage.

Sobald man jedoch demontable Trennwände verwendet, die nur bis zur Deckenverkleidung reichen, tritt das Problem der Schall-Längsleitung von einem Raum zum andern entlang des Deckenhohlraums auf, siehe Pfeil in Abb. 80. Man hat diese Schwierigkeit durch das Anbringen einer sog. „vertikalen Abschottung", siehe Abb. 80, zu lösen versucht. Sie hat sich im allgemeinen nicht bewährt, weil sie nicht ausreichend dicht ausgeführt werden konnte, vor allem dann, wenn Rohrleitungen durch die Abschottung durchgeführt werden mußten. Man ist deshalb zunehmend zu Deckenverkleidungen übergegangen, die in sich schon schalldämmend sind. Man spricht dann von einer sog. „horizontalen Abschottung". Dies hat man dadurch erreicht, daß man Verkleidungsplatten verwendet, die in sich schon ausreichend dicht und trotzdem noch schallabsorbierend sind, z. B. bestimmte, besonders dichte Mineralfaserplatten. In den meisten Fällen muß die Dichtheit durch eine zusätzliche Dichtschicht D, siehe Abb. 81, vergrößert werden. Eine andere Lösung besteht darin, die an sich schalldurchlässigen Platten, z. B. gelochte Metallkassetten, mit einer zusätzlichen schalldämmenden Schicht C, z. B. einem zusätzlichen Blech, einer Gipsplatte o. ä. zu versehen, siehe Abb. 81. Als besonders wichtig hat sich erwiesen, daß im

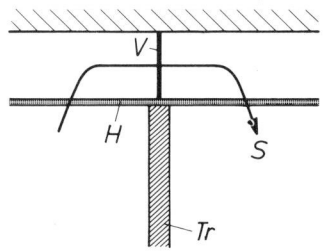

Abb. 80: Verringerung der Schallübertragung S entlang des Hohlraumes einer Deckenverkleidung, entweder durch „vertikale" Abschottung V oder durch eine „horizontale" Abschottung H.

[68]) siehe Fußnote 8

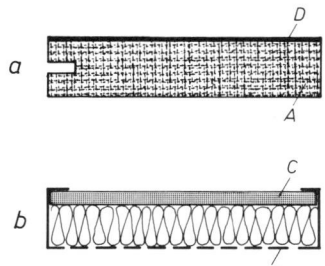

Abb. 81: Ausführung von horizontalen Abschottungen bei Deckenverkleidungen.
A: offenporöse Platte
B: Lochblech-Kassette
C: dichte, genügend schwere Platte
D: Dichtschicht

Deckenhohlraum, oberhalb der Deckenverkleidung noch eine schallabsorbierende Schicht, meist Mineralfasermatten, angebracht wird, um den Schallpegel im Hohlraum und die Schallfortleitung zum Nachbarraum zu verringern.

In Abb. 82 ist die große Wirkung von schallabsorbierenden Einlagen auf das bewertete Schall-Längsdämm-Maß R_{Lw} an drei Beispielen gezeigt. Die Verbesserung beträgt zwischen 10 und 20 dB, je nach Dicke der Mineralfaserschicht. Als Faustformel kann man angeben, daß das bewertete Schall-Längsdämm-Maß R_{Lw} von derartigen Deckenverkleidungen um 2 bis 2,5 dB zunimmt, wenn die Mineralfaserschicht um 1 cm erhöht wird.

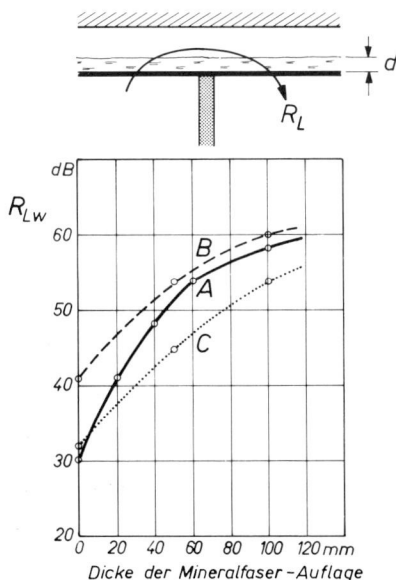

Abb. 82: Zunahme des bewerteten Schall-Längsdämm-Maßes R_{Lw} von Deckenverkleidungen mit der Dicke der auf die Verkleidung aufgelegten Mineralfaserschicht.

A, B, C: Deckenverkleidungen aus verschiedenen Materialien.

141

In Abb. 83 ist der Zusammenhang zwischen dem Flächengewicht der dichten Schicht einer Deckenverkleidung und dem im günstigsten Fall erreichbaren Wert des bewerteten Längsdämm-Maßes R_{Lw} als Kurve a eingetragen, wobei eine Mineralfaserschicht auf der Verkleidung von 50 mm Dicke vorausgesetzt ist. Zum Vergleich sind Meßwerte verschiedener Verkleidungen eingetragen, die zum Teil den Werten der Kurve a entsprechen, zum Teil davon stark abweichen. Die Abweichungen sind auf Undichtheiten in den Fugen oder in der Deckenplattenfläche zurückzuführen [69].

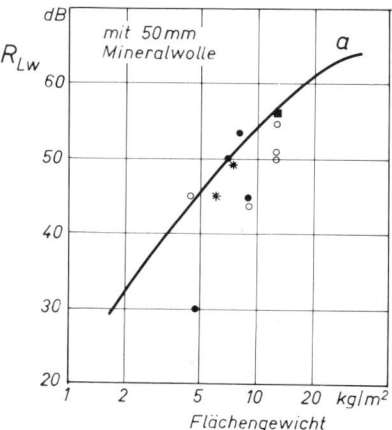

Abb. 83: Rechnerisch zu erwartender Zusammenhang zwischen dem bewerteten Schall-Längsdämm-Maß R_{Lw} von dichten Deckenverkleidungen und dem Flächengewicht der Deckenplatten; gültig für 50 mm Mineralwolle-Auflage.
Die Meßwerte beziehen sich auf verschiedene praktisch ausgeführte Deckenverkleidungen; Abweichungen sind auf Undichtheiten zurückzuführen.

Das Erstaunliche ist, daß auch mit relativ leichten Deckenverkleidungen (8 bis 10 kg/m²) zusammen mit dicken Mineralfaserauflagen Werte von R_{Lw} zwischen 50 und 60 dB erreichbar sind, sofern die Verkleidung dicht ist.

8.3 Ausbildung der Zwischenwände

Demontable Zwischenwände bestehen in der Regel aus einzelnen Tafeln, die nicht allzu schwer sein dürfen (20—40 kg/m²). Sie sind fast durchweg zweischalig ausgebildet. Die Schallübertragung findet über die Wandfläche selbst sowie über die einzelnen Anschlußfugen statt. Man kann den Aufbau der Tafeln in schalltechnischer Hinsicht in drei Gruppen gliedern, die in Abb. 84 schematisch dargestellt sind. Die am häufigsten vertretene Gruppe A besteht aus Tafeln mit einem umlaufenden Rahmen. Soweit Holzwerkstoffe verwendet wurden, können damit Werte des bewerteten Schalldämm-Maßes von etwa 40 dB erreicht werden.

---

[69] Gösele, K., B. Kühn und F. Stumm „Schalldämmung von untergehängten Deckenverkleidungen", Bundesbaublatt 1976, S. 132.

142

Will man die Schalldämmung dieser Wandtafeln verbessern, dann müssen, wie dies in Abschnitt 4.223 und in Abb. 23 erwähnt ist, die Innenseiten dieser Wandtafeln mit einem Material, das genügend schwer, körperschalldämpfend und biegeweich ist, beklebt werden, wie z. B. Bleiblech, bituminöse Pappen, sandgefüllte Matten. Die dann erreichten Werte des bewerteten Schalldämm-Maßes liegen zwischen 42 und 46 dB. Neuerdings hat sich gezeigt, daß auch das punktweise Befestigen von Gipskartonplatten, Holzspanplatten o. ä. in ähnlicher Weise wirkt.

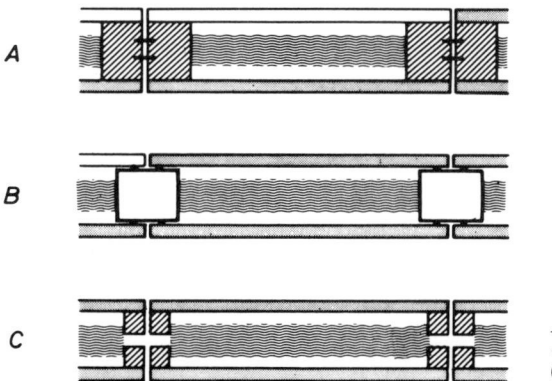

Abb. 84: Zum Aufbau von demontablen Trennwänden (schematisch).

Bei der Wandgruppe B wird ein Ständerwerk aus Stahlhohlprofilen verwendet, an dem die Wandschalen, meist Holzspanplatten, über Dichtungsstreifen an einzelnen Punkten befestigt werden. Die Dichtungsstreifen wirken auch körperschalldämmend, so daß die Schalen nur punktweise mit den Ständern und damit auch untereinander nur punktweise verbunden sind. Dadurch sind solche Wände schalltechnisch günstiger als die der Gruppe A. Auch bei diesen Schalen wird häufig die obengenannte Beschwerung angewandt, wodurch Schalldämm-Werte von etwa 45 bis 50 dB erreicht werden.

Schließlich können für Trennwände in Schulen, Krankenhäusern die Schalen auch völlig voneinander getrennt sein (Ausführung C in Abb. 84) Werte des bewerteten Schalldämm-Maßes von etwa 50 dB sind dadurch erreichbar. Werden die Schalen in der beschriebenen Weise beschwert, dann sind Werte des Schalldämm-Maßes von 50 bis 55 dB möglich.

Allerdings ist bei den oben genannten Werten vorausgesetzt, daß die Fugen ausreichend gedichtet sind. Die Fugendichtung ist besonders schwierig, wenn eine durchgehende Fuge verwendet wird. Viel günstiger sind die Verhältnisse, wenn die Fugen in den Hohlraum einer Wand münden, vergl. auch Abschnitt 4.211 und Abb. 9.

8.4 Bedeutung der Längsdämmung

In Schul- und Hochschulbauten, Verwaltungs- und Bürobauten ist aufgrund einer statistischen Übersicht[70]) in der Hälfte aller Bauten das im Bau erreichte bewertete Schalldämmaß R'_w zur Zeit um mehr als 8 dB schlechter als auf Grund des im Laboratorium gemessenen Schalldämmwertes der Trennwand erwartet werden konnte. Dies führt immer wieder zu Schwierigkeiten zwischen Bauherrn, Architekt und Hersteller der Wände.

Diese Abweichungen haben im wesentlichen zwei Ursachen:

a. Undichtheiten an den vielen Anschlußfugen der Wand an Fassade, Unterdecke und Fußboden.

b. Zu große Schall-Längsleitung von flankierenden Bauteilen.

Zur Behebung der Ursache b muß den flankierenden Bauteilen bezüglich des Schallschutzes die gleiche Aufmerksamkeit gewidmet werden wie der Trennwand. Für große Bauvorhaben sollte das bewertete Schalldämmaß zwischen den Räumen aus dem bewerteten Schalldämmaß R'_w der Trennwand und den bewerteten Längsdämmaßen R_{Lw} des Fußbodens, der Deckenverkleidung, der Fassade und anderen Elementen, wie z. B. Kabelkanälen, bei der Planung schon vorherberechnet werden. Als Faustregel gilt folgendes: Sowohl das bewertete Schalldämmaß der Trennwand als auch die bewerteten Schall-Längsdämmaße der obengenannten flankiernden Elemente müssen um mindestens 5 dB größer sein als das angestrebte Schalldämmaß zwischen den Räumen.

Beispiel: Für Klassentrennwände in Schulen wird neuerdings ein Luftschallschutzmaß von − 5 dB, bzw. ein bewertetes Schalldämmaß R'_w von 47 dB vorgeschrieben. Sofern Leichtwände verwendet werden, sollte die Trennwand im Laboratorium ein R'_w von mindestens 52 dB aufweisen. Dasselbe gilt für das bewertete Längsdämmaß der Fassade, der Deckenverkleidung usw.

[70]) K. Gösele „Schall-Längsleitung in Bauten mit leichten Trennwänden".

9. Installationsgeräusche

Auch wenn die Trennwände und -decken eines Hauses gut schalldämmend ausgeführt sind, kann eine sehr störende Geräuschbelästigung zwischen verschiedenen Wohnungen durch Wasserleitungsgeräusche auftreten. Die Geräusche sind oft so stark, daß ein Benützen des Bades oder der Spüleinrichtung des WC's in Mehrfamilienhäusern in den späten Abendstunden und in der Nacht ohne erhebliche Störungen des Nachbarn nicht möglich ist.

Die Störungen treten bei der Wasserentnahme, z. T. auch beim Abfluß des Schmutzwassers auf. Die Geräusche bei der Frischwasserentnahme entstehen in erster Linie in den Armaturen (Hähnen, Druckspülern u. ä.) und nicht, wie oft angenommen wird, in den Leitungen, obwohl man dem Abhören nach diesen Eindruck haben könnte. In den Armaturen treten starke Querschnittsverengungen mit entsprechend großen Wassergeschwindigkeiten auf, die ihrerseits teils durch Wirbelbildung, teils durch Kavitation („Sieden" des Wassers bzw. Ausscheiden von gelöster Luft infolge starker Druckerniedrigung) das Geräusch verursachen. Die hervorgerufenen Schwingungen wandern entlang der Rohrleitung und der Wassersäule weiter, wobei oft nur eine geringe Schwächung je Stockwerk auftritt. Die am nächsten liegende Abhilfemaßnahme ist, das Geräusch an der Entstehungsstelle zu verringern.

In den letzten Jahren hat man wichtige Erkenntnisse zur Lärmminderung bei Armaturen gewonnen[71]. Man hat auch ein Meßverfahren zur Bestimmung des sogen. Armaturengeräuschpegels in DIN 52218 genormt[72], wonach die Geräusche von Armaturen im Laboratorium unter einheitlichen Bedingungen gemessen werden können. Die Geräusche von Armaturen, die in verschiedenen Laboratorien gemessen worden sind, können dadurch unmittelbar miteinander verglichen werden. Auch die Messung der Armaturengeräusche im ausgeführten Bau ist durch eine Normvorschrift vereinheitlicht worden[73].

Die Untersuchungen haben zusammengefaßt folgendes ergeben: Das Geräusch bei der Wasserentnahme entsteht stets in der Armatur und praktisch nie in der Rohrleitung. Es ist deshalb vom akustischen Standpunkt aus unnötig, besonders weite Rohrleitungen zu verwenden.

Das Geräusch einer Armatur ist um so größer, je größer der maximale Durchfluß ist. Die Zunahme des Schallpegels beträgt 12 dB(A) bei einer Verdoppelung des Durchflusses. In Abb. 85 ist der Zusammenhang zwischen Geräuschpegel und Durchfluß (bei voll geöffnetem Ventil) für übliche Armaturen in einem Diagramm dargestellt. Bei vielen Armaturen ist die Geräuschminderung in den letzten Jahren durch Verringerung des Ausflusses, vor allem durch das Anbringen von sogen. Luftsprudlern (im wesentlichen zwei hintereinander angeordnete Lochbleche am Ausfluß) erreicht worden.

[71]) Gösele, K. und C. A. Voigtsberger „Armaturengeräusche und Wege zu ihrer Verminderung". Ges. Ing. 1968, 89, S. 129—135 und 168—177.
„Grundlagen zur Geräuschminderung bei Wasserauslaufarmaturen". Ges. Ing. 91, 1970, S. 108—117.
[72]) DIN 52218 „Prüfung des Geräuschverhaltens von Armaturen und Geräten der Wasserinstallation im Laboratorium", 1976.
[73]) DIN 52219 „Messung von Geräuschen der Wasserinstallation am Bau", 1971.

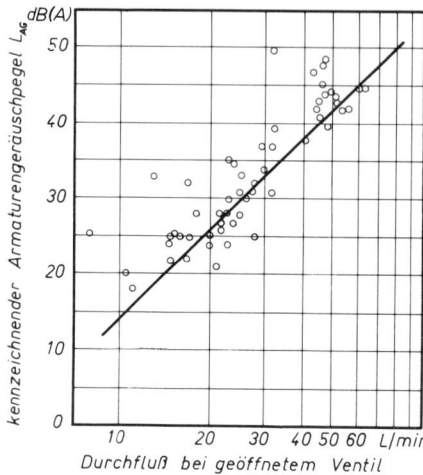

Abb. 85: Zusammenhang zwischen dem Armaturengeräuschpegel (bei der lautesten Ventilstellung) und dem Durchfluß bei voll geöffneter Armatur für verschiedene handelsübliche Wasserauslauf-Armaturen.

Die besonders auffälligen Kavitationsgeräusche[71]) (helles, „prasselndes" Geräusch) lassen sich durch einen geeignet dimensionierten Strömungswiderstand am Ausfluß der Armatur in der Regel weitgehend beseitigen.

Die durch Wirbelablösung an den Ventilsitzen entstehenden Geräusche werden stark vermindert[71]), wenn der Durchmesser des Ventilsitzes größer als bisher gemacht wird, z.B. statt 8 bis 10 mm, 15 bis 20 mm Durchmesser. In Abb. 86 ist an einem Beispiel gezeigt, welch große Verbesserungen mit verhältnismäßig kleinen Änderungen erreichbar sind.

Durch baurechtliche Vorschriften[74]) ist festgelegt, wie laut Armaturen sein dürfen, die in Wohnbauten, Krankenhäusern, Hotels u.ä. eingebaut werden. Die Armaturen müssen ein Prüfzeichen (I oder II) aufweisen, das an der Armatur sichtbar angebracht sein muß. Andere als mit Prüfzeichen versehene Armaturen dürfen nicht mehr verwendet werden, wenn dadurch Nachbarn gestört werden können. Je nach der aus Abb. 87 ersichtlichen bautechnischen Situation (Lage der Rohrleitungen zu den Wohn- und Schlafräumen) werden zwei verschiedene Anforderungen an die Armaturen gestellt:

Gruppe I:
zulässiger Armaturengeräuschpegel: 20 dB(A) für Fälle, in denen Wasserleitungen unmittelbar an der Trennwand von Wohn- oder Schlafräumen angebracht sind

---

[74]) Ergänzung zu DIN 4109 „Schallschutz im Hochbau — Armaturen und Geräte der Wasserinstallation" siehe Niedersächsisches Ministerialblatt, Ausgabe A H 5324 A, 1968, Nummer 35, S. 847.

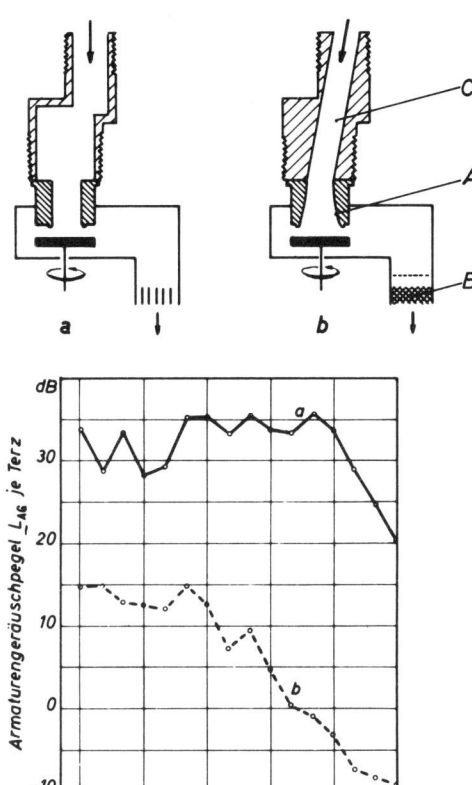

Abb. 86: Beispiel für die Möglichkeiten der Geräuschminderung bei einer Armatur, dargestellt die Frequenzverteilung des Armaturengeräusches

a: ursprünglicher Zustand (49 l/min)
b: abgeänderter Zustand (35 l/min)
A: Vergrößerung des Ventildurchmessers
B: Verwendung eines geräuscharmen Widerstandes (Lochblechscheibe)
C: strömungsgünstige Führung des sogen. S-Anschlusses.

Gruppe II:

zulässiger Armaturengeräuschpegel: 30 dB(A) für Fälle, in denen Leitungen an einer Wand befestigt sind, die durch einen zwischenliegenden Raum von Wohn- und Schlafräumen getrennt ist.

Der Architekt und der Installateur müssen somit bei einem Bauvorhaben jeweils entscheiden, wo sie Armaturen mit dem Prüfzeichen I oder II anbringen müssen. Da dies umständlich ist, und Armaturen der Gruppe I nicht nennenswert teurer sein müssen als solche der Gruppe II, wird die Entwicklung voraussichtlich dahin gehen, daß praktisch nur noch die leiseren Armaturen der Gruppe I geliefert und angewandt werden.

Die Geräusche bei der Wasserentnahme werden im Nachbarraum erst hörbar, wenn die Schwingungen von der Rohrleitung auf die Wände übertragen werden. Deshalb hat man schon seit langem die Rohrschellen zur Befestigung der Leitung gegenüber den Rohren mit Hilfe von eingelegten Streifen aus Kork, Gummi o. ä.

147

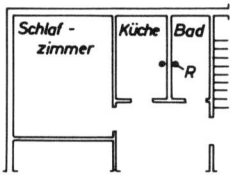

Grundriß-Situation I (günstige Verhältnisse)

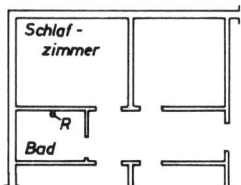

Grundriß-Situation II (ungünstige Verhältnisse, Rohrleitung R an Wohnraumwand).

Abb. 87: Zur Einstufung von Grundrißanordnungen bezüglich der Installations-geräuschstörungen   R: Installations-Leitungen.

körperschallmäßig zu trennen versucht. Derartige Maßnahmen sind in der Regel nur begrenzt wirksam, weil noch andere feste Verbindungen zwischen Mauer-werk und Rohrleitung bestehen. So sind die Hähne und Druckspüler fest mit den Wänden verbunden. Bei dem Verlegen von Leitungen in Wänden sind derartige Schellen-Isolierungen von vornherein illusorisch, sofern die Leitung nicht durch eine Ummantelung gegen die Berührung mit der Wand geschützt wird. Sorgt man jedoch dafür, daß diese Mängel nicht auftreten, und daß auch die Armaturen von den Wänden durch eine Gummischicht o.ä. körperschallisoliert sind, dann kann man·das in Wohnräume übertragene Armaturengeräusch um 10 bis 15 dB(A) verringern[75]).

Will man die Ausbreitung entlang der Leitung unterdrücken, dann muß die Aus-breitung entlang der metallischen Leitung und außerdem diejenige entlang der Wassersäule vermieden werden[76]). Gegen die erstgenannte Form der Übertragung hilft eine Ummantelung der Steigrohrleitung mit losem Sand oder eine Unter-brechung der Leitung mit Hilfe von zwischengeschalteten, körperschalldäm-menden Elementen, meist aus Gummi.

Gegen die viel wichtigere Fortleitung entlang der Wassersäule verwendet man sogen. Wasserschalldämpfer[76]). Für Armaturen ist eine leicht anwendbare Aus-

[75]) Gösele, K. und C. A. Voigtsberger „Verminderung von Installationsgeräuschen durch körperschall-isolierte Rohrleitungen" Heizung, Lüftung, Haustechnik 26 (1975) S. 216.
[76]) vgl. Gösele, K. und M. R. Bach „Die Schallausbreitung in Installationsleitungen und ihre Verminde-rung", Ges. Ing. 80, 1959, S. 106 und Schriftenreihe der Forschungsgemeinschaft Bauen und Wohnen Bericht 59.

führung im Handel, die eine Geräuschminderung von 10 bis 15 dB(A) ergibt. Wasserschalldämpfer sind auch brauchbar, um die Pumpengeräusche bei Druckerhöhungsanlagen oder Heizanlagen an der Ausbreitung zu hindern.

Eine wesentliche Verringerung der Störungen durch Installationsgeräusche läßt sich durch eine geeignete Wahl des Grundrisses erreichen. Grenzen z. B. ein Bad und ein Schlafzimmer aneinander, so sollten keinesfalls die Rohrleitungen an der gemeinsamen Trennwand befestigt werden. Wird dazu die gegenüberliegende Wand des Bades benützt, dann erhält man durch diese Maßnahme eine Geräuschverringerung um etwa 10 dB(A). Rohrleitungen sollten deshalb möglichst nicht an Wohnungstrennwänden und an Schlafzimmerwänden befestigt werden. Dabei ist nicht allein an die Störungen im unmittelbar angrenzenden Schlafzimmer, sondern auch an die nahezu gleich großen Störungen der Schlafräume in den darüber oder darunter liegenden Wohnungen zu denken.

Läßt sich eine solche Anordnung nicht vermeiden, dann sollte die Trennwand auf der Wohnraumseite mit einer vorgesetzten Verkleidung versehen werden. Damit kann in der Regel eine Verringerung des übertragenen Geräusches um 5 bis maximal 10 dB(A) erreicht werden.

Schließlich sei noch darauf hingewiesen, daß die bisherigen Versuche[77]) ergeben haben, daß bei der Verwendung von vorgefertigten Installationswänden die Geräuschausbreitung durchweg geringer war als bei der Installation an normalen Zwischenwänden.

Zusammenfassend kann gesagt werden, daß die lästigen Geräusche bei der Wasserentnahme in der Zukunft bei mäßigem Aufwand ausreichend vermindert werden können. Es bleiben jedoch weitere Geräusche, wie die Geräusche beim Plätschern des Wassers im Bad, beim Benützen des WC's, die Wasserablaufgeräusche.

[77]) Gösele, K. und C. A. Voigtsberger „Installationsgeräusche, Fortschritte und künftige Vorschriften". FBW-Blätter 1969, Folge 6, dortige Abb. 8.

10. Schutz gegen Verkehrsgeräusche

Der Schutz gegen Straßenverkehrsgeräusche ist vorwiegend eine Angelegenheit der Planung. Dazu muß das Verkehrsgeräusch vorherberechnet werden können. Dies ist mit ausreichender Genauigkeit möglich. So ist in DIN 18005 ein einfaches Verfahren dazu angegeben. Weitergehende Hinweise sind in der Literatur gegeben, so z. B. von L. Schreiber[78]). Als kennzeichnendes Maß für den Straßenverkehr wird ein zeitlich gemittelter Schallpegel, der sog. Mittelungspegel, früher auch als Dauerschallpegel bezeichnet, verwendet. Er stellt denjenigen Schallpegel dar, der für einen betrachteten Zeitraum dieselbe Schallenergie enthält wie das zeitlich schwankende, zu beurteilende Verkehrsgeräusch. Für Bauten an geraden, frei einsehbaren Straßen läßt sich dieser Mittelungspegel L_m näherungsweise folgendermaßen berechnen:

$$L_m = L_0 + 10 \lg n + 10 \lg \frac{a_o}{a} - K_A - K_A' \qquad (15)$$

Dabei bedeuten:

n_0: Zahl der Fahrzeuge je Stunde

a_0: 25 m

a: Abstand des Hauses von der Straße

K_A: Abschirmmaß (Maß für die Abschirmwirkung von „Hindernissen", die zwischen Straße und Haus liegen)

K_A': Abschirmmaß des betrachteten Hauses selbst, bedingt durch Orientierung

L_0: kennzeichnender Mittelungsschallpegel in dB(A) für ein einzelnes Fahrzeug je Stunde in 25 m Abstand von der Straße

L_0 hängt von der Art und der Geschwindigkeit des Fahrzeuges sowie auch vom Straßenbelag ab. Für Pkws auf der Autobahn kann ein Wert von 40 dB(A), für den Stadtverkehr ein solcher von 32 dB(A) angenommen werden.
Im folgenden sollen die weiteren Einflußgrößen auf L_{eq} besprochen werden.

Einfluß der Entfernung

Der Mittelungspegel nimmt natürlich mit der Zahl der Fahrzeuge je Stunde zu. Bei einer Verzehnfachung der Fahrzeuge nimmt L_{eq} um 10 dB(A) zu.
Der Einfluß der Entfernung a auf den Mittelungspegel wird meist überschätzt. Bei einer Verzehnfachung der Entfernung, z. B von 25 m auf 250 m, nimmt der Mittelungspegel nur um 10 dB(A) ab. Wenn man bedenkt, daß in der Nähe einer Hauptverkehrsstraße, etwa einer Bundesstraße, in 25 m Abstand ein Schallpegel L_{eq} von ungefähr 70 dB(A) vorhanden ist, dann ist eine Abnahme um 10 dB(A) durch die Vergrößerung der Entfernung auf das zehnfache verhältnismäßig wenig. Durch größere Abstände allein ist der nötige Schutz gegen Straßenverkehrslärm für Wohnhäuser meist nicht zu erreichen.

[78]) Schreiber, L., Wittmann, H., Volberg, G. „Schallausbreitung in der Umgebung von Verkehrswegen und Industriegebieten in Bodennähe in ebenem Gelände" Schriftenreihe „Städtebauliche Forschung" des Bundesm. f. Raumordnung, Bauwesen und Städtebau Nr. 03.008, 1973.

Einfluß der Abschirmung

Es muß die Abschirmwirkung durch Abschirmwälle oder -wände, durch Geländeerhebungen oder durch den Verlauf einer Straße im Einschnitt hinzukommen, die durch das Abschirmmaß K_A gekennzeichnet ist. Dieses läßt sich vorherberechnen. Für Abschirmwände läßt es sich nach Redfearn, siehe Abb. 88, angeben. Weitere Rechenunterlagen sind im Schrifttum angegeben[79]). Zusammenfassend ergab sich, daß die „Dicke" eines akustischen Hindernisses — z. B. Wall oder Abschirmwand — nicht von großer Bedeutung für die Abschirmwirkung ist, sondern in erster Linie die Höhe h über der Sichtlinie, siehe Abb. 88. Das Material einer Abschirmwand ist ebenfalls nicht von großer Bedeutung, sofern die Wand dicht und mindestens etwa 10 kg/m² schwer ist.

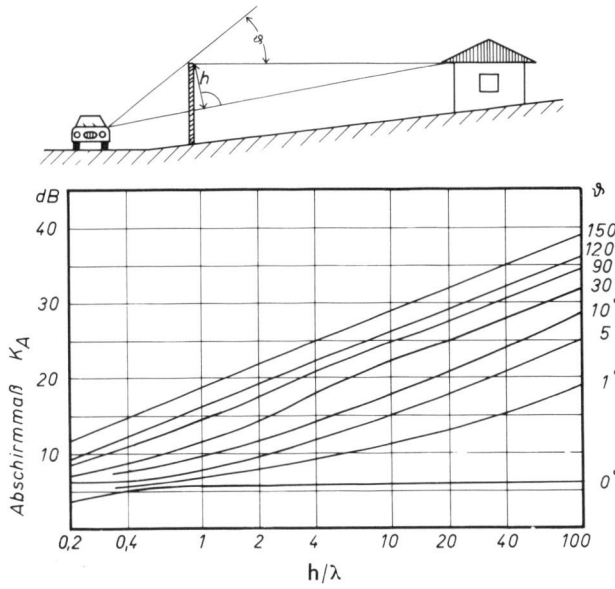

Abb. 88: Abschirmmaß K_A durch eine Abschirmwand oder einen Wall, abhängig von der Höhe h, der Wellenlänge λ und dem Winkel ϑ (nach Redfearn).

Eine absorbierende Verkleidung derartiger Wände ist in zweierlei Hinsicht vorteilhaft. Einmal wird der Lärm nicht zu anderen Häusern jenseits der betrachteten Straße reflektiert, zum anderen wird bei hohen Fahrzeugen eine Reflexion an diesen Fahrzeugen vermieden. Eine Schallabsorption der straßenabgewandten Seite einer Abschirmwand ist unnötig.

[79]) Maekawa, Z. „Noise reduction by screens" Appl. Ac. 1 (1968) S. 157—173.
Fleischer, F. „Zur Anwendung von Schallschirmen" Lärmbekämpfung 6 (1960) S. 131.
Kurze, U. „Noise reduction by barriers" Journ. Ac. Soc. Am. 55 (1974) S. 504—518.
Reinhold, G. „Die schalltechnischen Anforderungen an Lärmschutzwände" Kampf dem Lärm 22 (1975) S. 36—43.
Gösele, K. und Schupp G. „Zur Minderung von Verkehrslärm durch Abschirmwände" FBW-Blätter 1974, Folge 6.

Die Abschirmwirkung derartiger Wände liegt in der Größenordnung von 5 bis 15 dB(A), je nach Wandhöhe und den Abständen. Bei sehr großen Abständen von Abschirmwänden, z. B. 0,5 km und mehr, kann die Abschirmwirkung durch Witterungseinflüsse stark vermindert werden.

Orientierung des betrachteten Baues

Von großer Bedeutung für die Verkehrslärmeinwirkung ist die Orientierung der Fenster der Räume zur Straße. Bei abgewandter Lage der Fenster sind Abschirmwirkungen durch das eigene Haus in der Größe von 15 bis 20 dB(A) erreichbar[80]. Dieser Einfluß ist in der obigen Gleichung durch das Abschirmmaß K'_A erfaßt. Er ist größer als der durch die Vergrößerung der Entfernung erreichbare.

So sind Wohnbauten in unmittelbarer Nähe einer Autobahn errichtet worden, wobei durch die abgewandte Lage der Fenster die Geräuschstörungen der Autobahn in ausreichender Weise unterdrückt werden konnten.

Einfluß der Fenster

In vielen Fällen ist ein Schutz vor den Geräuschen des Verkehrs weder mit Abschirmwänden möglich, noch ist eine abgewandte Orientierung der Fenster ausnutzbar. Dann verbleibt nur der Schutz über schalldämmende Fenster.

In Abschnitt 4.51 ist darauf hingewiesen, daß die Schalldämmung von Fenstern, vor allem bei Verbundfenstern, so verbessert werden kann, daß Verkehrsgeräusche bei geschlossenen Fenstern im Wohnraum nicht mehr stören. Die erforderlichen Werte des bewerteten Schalldämmaßes R_w der Fenster sind in Abschnitt 3.251 und Zahlentafel 4 nach DIN 4109, Teil 4, Entwurf 1976, angegeben. Im schlimmsten Fall, bei einem Mittelungspegel L_{eq} von mehr als 70 dB(A) bei Tage sind für Wohnungen Fenster mit einem bewerteten Schalldämm-Maß von mindestens 45 dB erforderlich. Dies läßt sich sowohl mit Kastenfenstern als auch mit guten Verbundfenstern erreichen.

Das Problem liegt somit weniger bei der Ausbildung der Fenster, sondern bei der, auch bei geschlossenen Fenstern, nötigen Lüftung der Räume. Die Lüftung muß so erfolgen, daß zwar die Luft vom Freien ein- bzw. ins Freie austreten kann, das Verkehrsgeräusch jedoch nicht.

Diese Forderung läßt sich nach einem Vorschlag von L. Cremer dadurch erfüllen, daß man die ins Freie führenden Lüftungsöffnungen in Form eines Schalldämpfers ausführt, d.h. im wesentlichen die Begrenzung der Kanäle schallabsorbierend verkleidet. Dies ist auch einigermaßen gelöst. Die Lüftung muß durch ein Gebläse erfolgen, wobei zwei Lösungen gebräuchlich sind:

a. Für jedes Fenster ist an der Unter- oder Oberkante ein Gebläse angeordnet, wobei die Luft unterseitig über einen Schlitz angesaugt und über dem Fenster ausgeblasen wird (sog. schalldämmende Lüftungsfenster, Abb. 90).

[80]) Näheres siehe P. Lutz „Lärmminderung durch Abschirmwirkung von Gebäuden" baupraxis Nr. 9, 1973.

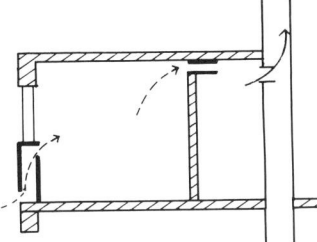

Abb. 89: Raumlüftung bei starken Verkehrsgeräuschen über eine schallgedämmte Lüftungsöffnung A an der Außenwand und einen Abluftschacht B mit Ventilator.

b. Die Luft wird über Lüftungsschlitze an der Unter- oder Oberkante der Fenster in den Raum gesaugt und über einen Schacht im Wohnungsinnern, meist im Bad, durch einen Ventilator am oberen Ende des Schachts wieder ins Freie transportiert[81]), siehe Abb. 89.

Beide Lösungen sind in schalltechnischer Hinsicht voll befriedigend. So ist in Abb. 90 ein Beispiel für die Lösung a gezeigt, wobei der Schallpegel in Abhängigkeit von der Frequenz im Freien und in einem Raum gezeigt ist. Oft ist es so, daß man das Geräusch des Ventilators bei derartigen Lüftungsfenstern lauter hört als den Straßenlärm.

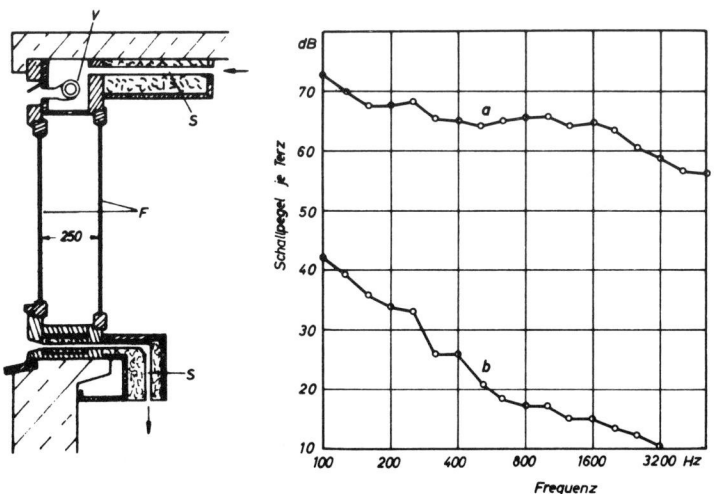

Abb. 90: Frequenzverteilung des Schallpegels des Verkehrsgeräusches in einer Großstadtstraße vor einem Gebäude (Kurve a) und in einem Raum mit dem oben dargestellten Lüftungsfenstern (Kurve b).

F: Verglasung (8 u. 10 mm)   V: Walzenventilator   S: Schalldämpfer-Kanäle.

---

[81]) Carroux, A. „Schalldämmende Fenster mit zusätzlicher Belüftung für Wohnräume in Wohnungen mit gehobenem Schallschutz" Kampf dem Lärm (1970), S. 46.

153

11. Schallschutz durch schallschluckende Verkleidungen

Wird in einem Raum Schall erzeugt, dann wandern von der Schallquelle nach allen Seiten die Schallwellen weg, die nach kurzer Zeit auf die Begrenzungsflächen des Raumes stoßen. Dort wird ihre Energie ganz oder nur zum Teil in den Raum reflektiert. Der im Raum auftretende Schallpegel rührt deshalb nicht nur von dem direkt von der Schallquelle ausgehenden Anteil („Direktschall") her, sondern auch von dem an den Wänden reflektierten Anteil („Diffuses Schallfeld"). In den meisten Fällen ist der letztgenannte Anteil wesentlich stärker als das Direktschallfeld. Gelingt es, die Reflexionen zu verringern, so ist damit eine Senkung der Lautstärke im Raum verbunden. Die Stärke der Reflexionen hängt von der Oberflächenausbildung der Wände und Decken ab. Wird beim Auftreffen einer Schallwelle auf eine Wand ein großer Teil ihrer Schwingungsenergie in Wärme umgewandelt, dann ist die für die Reflexion übrigbleibende Energie gering. Man spricht von einer hohen Schallabsorption der Wand. Zahlenmäßig gekennzeichnet wird sie durch den Schallabsorptionsgrad a.

$$a = \frac{\text{nicht wieder reflektierte Schallenergie}}{\text{auftreffende Schallenergie}}$$

$a = 0$ bedeutet somit völlige Reflexion; $a = 1$ vollkommene Absorption, keine Reflexion.

Zahlenmäßige Überlegungen ergeben, daß der Schallpegel des diffusen, von den Reflexionen herrührenden Schallfeldes L_d davon abhängt wie groß die (äquivalente) Schallabsorptionsfläche A ist, die sich für einen Raum mit vollkommen gleichartigen Wänden und Decken mit dem Schallabsorptionsgrad a und der Gesamtfläche S zu $a \cdot S$ berechnen würde. Wenn die einzelnen Wände und Decken verschieden ($a_1, a_2, \ldots, S_1, S_2, \ldots$) ausgeführt sind, dann errechnet sich A zu

$$A = a_1 \cdot S_1 + a_2 \cdot S_2 + a_3 \cdot S_3 + \ldots \tag{16}$$

Der Schallpegel L_d ist um so geringer, je größer A ist:

$$L_d = L_p + 6 - 10\, lg\, A/A_0 \tag{17}$$

L_p stellt dabei den Schall-Leistungspegel des Geräuscherzeugers, z. B. einer Maschine, dar, A_0 eine Bezugsfläche ($A_0 = 1$ m²). Wird z. B. die Schallabsorptionsfläche A n-mal größer, dann wird der Schallpegel L_d um 10 lg n (dB) erniedrigt.

Vergrößerung der Schallabsorption	Erniedrigung des Schallpegels
um das zweifache..............	3 dB
um das vierfache	6 dB
um das zehnfache	10 dB

Damit ist ein Weg gewiesen, um den störenden Lärm in einem Raum zu senken. Man muß dafür die Wände oder die Decke eines Raumes mit stark absorbierendem

154

Material verkleiden. Diese Maßnahme wird heutzutage in großem Maße, vor allem in Werkshallen, Büroräumen, Kassenräumen, Restaurants u. ä. angewandt. Ihre Wirkung ist in zweierlei Richtung begrenzt:

a) Die für eine absorbierende Verkleidung in Frage kommenden Flächen eines Raumes sind oft nicht groß.

b) Eine Unterdrückung des diffusen, von den Reflexionen herrührenden Schallfeldes ist nur insoweit lohnend, als dieses größer oder etwa gleich groß wie das Direktschallfeld ist (vgl. Abb. 91).

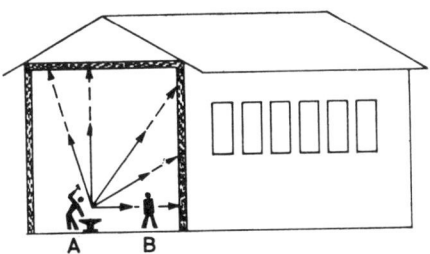

Abb. 91: Grenzen der Wirksamkeit von schallschluckenden Verkleidungen in Räumen.
Auch bei stark absorbierenden Wänden und Decken bleibt die Direktausbreitung des Schalls von der Entstehungsstelle A zur gestörten Person B übrig.

Lohnend ist das Anbringen von schallabsorbierenden Verkleidungen nur in Räumen, die nicht an sich schon eine reichliche, schallabsorbierende Ausstattung (z. B. zahlreiche Möbel, Teppiche) haben. Mit gutem Erfolg können derartige Verkleidungen z. B. in halligen Treppenhäusern und in Gängen angewandt werden, weniger dagegen in Wohnräumen.

Die Größe der Absorption eines Raumes beeinflußt nicht nur den auftretenden Schallpegel eines Störgeräusches im Raum, sondern auch dessen Nachhallzeit. Darunter versteht man jene Zeit, die nach dem Abschalten einer Schallquelle vergeht, bis zu welcher der ursprüngliche Schallpegel im Raum um 60 dB abgenommen hat. Je größer die Absorption, um so geringer die Nachhallzeit. Da die Nachhallzeit mit geeigneten Registriergeräten relativ einfach gemessen werden kann, kann über die Nachhallzeit die Größe der Schallabsorptionsfläche eines Raumes leicht ermittelt werden.

Es gilt:

$$A = 0{,}163 \, \frac{V}{T} \; (\text{m}^2) \tag{18}$$

A: Schallabsorptionsfläche eines Raumes (in m²)

V: Volumen (in m³)

T: Nachhallzeit (in Sekunden)

Wirkt ein Raum ausgesprochen hallig (= lange Nachhallzeit), dann ist durch eine zusätzliche schallschluckende Verkleidung sowohl eine Verkürzung der Nachhallzeit als auch eine spürbare Verringerung des Lärmpegels zu erreichen. Wirkt ein Raum dagegen wenig hallig, dann ist von dem zusätzlichen Einbringen von schallschluckenden Verkleidungen keine wesentliche Verringerung des Lärms im Raum mehr zu erwarten.

Schallschluckende Materialien

Hinsichtlich der akustischen Wirkung wird unterschieden zwischen
  porösen Schallabsorbern und
  Resonanz-Absorbern.

In die erste Gruppe fallen alle Materialien, die nach außen offene Poren oder
Kanäle besitzen, wie z. B. Textilien, Filze, Holzfaserstoffe, Bimsbeton (unverputzt). Eine auftreffende Schallwelle dringt in die feinen Kanäle ein, wobei die
hin und her schwingenden Luftteilchen eine Reibung an den Kanalwandungen
erfahren. Dabei wird ein Teil der Schwingungsenergie in Wärmeenergie[82] um-
gesetzt. Die Größe der Absorption hängt von der Dicke und dem Strömungswiderstand des Materials ab, der nicht zu groß und nicht zu klein sein soll. Allgemein kann man sagen, daß praktisch brauchbare, schallabsorbierende Verkleidungen, wenn sie unmittelbar an der Wand oder Decke angebracht werden,
mindestens eine Dicke von etwa 1 cm besitzen müssen. Sogen. „schallschluckende

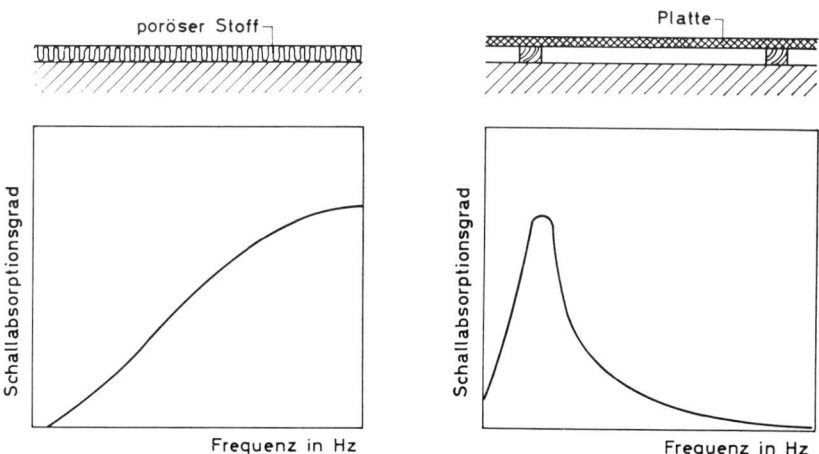

Abb. 92: Der Verlauf des Schallabsorptionsgrades in Abhängigkeit von der Frequenz bei porösen Schallschluckstoffen und bei mitschwingenden Platten.

Anstriche" oder „schallschluckende Tapeten" sind daher ziemlich unwirksam.
Die Eigenart der porösen Schallabsorber ist, daß ihre Absorption mit der Frequenz
stark zunimmt, wie dies in Abb. 92 schematisch dargestellt ist.
Oft sind die Oberflächen derartiger poröser Stoffe wenig ansprechend oder auch
zu empfindlich. Man kann sie dann mit einer nur optisch wirksamen Verkleidung,

[82]) Allerdings handelt es sich dabei um außerordentlich kleine Wärmemengen, da selbst zur Erzeugung
eines lauten Schalls nur eine sehr geringe Leistung nötig ist. (Beispiel: Schall-Leistung eines lauten
Radioapparates größenordnungsweise 0,001 Watt — zum Vergleich Glühlampe 40 bis 100 Watt).

156

z. B. mit gelochten Platten, Blechen oder Geweben versehen, ohne daß die akustische Wirkung wesentlich[83]) beeinflußt wird.

In großem Umfang werden gelochte Platten verwendet, hinter denen das absorbierende Material — meist Mineralwollematten — angebracht wird, das für die Absorption sorgt. Die Platten selbst dienen lediglich für die Halterung der Matten und ein gutes Aussehen der Verkleidung.

Weit verbreitet sind auch dichte Mineralfaserplatten, die mit Bohrungen versehen sind, welche ein Eindringen des Schalls in das Platteninnere auch dann ermöglichen, wenn die Plattenoberseite stark verdichtet oder mit einem Anstrich versehen ist.

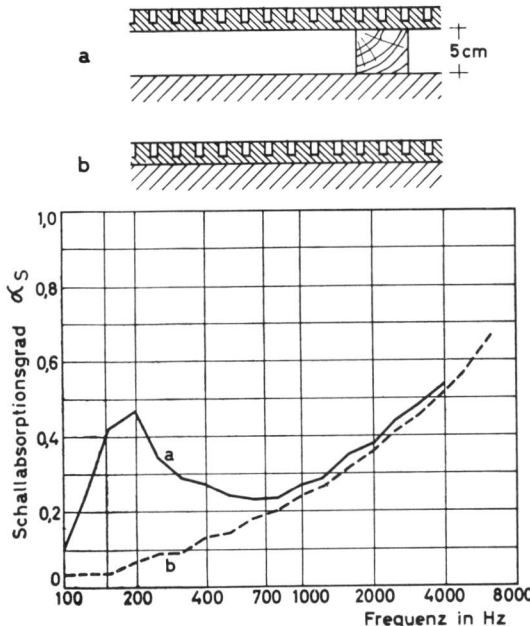

Abb. 93: Schallabsorptionsgrad von gelochten Holzfaserdämmplatten mit und ohne Wandabstand.

Neben den porösen Absorbern gibt es sogen. Resonanz-Absorber, die aus einem „Masse-Feder"-Schwingungsgebilde bestehen, das in der Nähe der Resonanzfrequenz eine ausgeprägte Schallabsorption besitzt. Die praktisch bedeutsamste Form sind irgendwelche Platten mit Luftabstand vor einer Wand oder Decke, z. B. Sperrholzplatten, Gipskartonplatten, Riemenfußböden, wobei zur Erhöhung der Absorption Fasermatten in dem Hohlraum untergebracht werden. Eine große Schallschluckung tritt nur bei tiefen Frequenzen auf, sofern es sich nicht um sehr

---

[83]) Bei manchen Verkleidungen, insbesondere bei Lochplatten, wird allerdings die Schallabsorption bei höheren Frequenzen beeinträchtigt.

Tafel 18: **Schallabsorptionsgrad verschiedener Wand- und Deckenverkleidungen**

lfd. Nr.	Verkleidung	Schallabsorptionsgrad α_s bei den Frequenzen					
		125 Hz	250 Hz	500 Hz	1000 Hz	2000 Hz	4000 Hz
1	25 mm Asbestspritzputz	0,2	0,3	0,5	0,6	0,75	0,7
2	25 mm Zementspritzputz mit Vermiculitezusatz	0,05	0,1	0,2	0,55	0,6	0,55
3	8 mm Schaumstoff-Tapete	0,03	0,1	0,25	0,5	0,7	0,9
4	Bimsbeton, unverputzt	0,15	0,4	0,6	0,6	0,6	0,6
5	115 mm Hochlochziegel, unverputzt, Löcher dem Raum zu offen, Mineralwolle im 60 mm Hohlraum hinter Ziegeln	0,15	0,65	0,45	0,45	0,4	0,7
6	25 mm Holzwolle-Leichtbauplatten, unverputzt						
	unmittelbar an Wand	0,05	0,1	0,5	0,75	0,6	0,7
	24 mm vor Wand, im Hohlraum Mineralwolle	0,15	0,7	0,65	0,5	0,75	0,7
7	50 mm Mineralfaserplatten (100 kg/m³)	0,3	0,6	1,0	1,0	1,0	1,0
8	20 mm Mineralfaserplatten mit Farbe in Flockenstruktur an Oberfläche	0,02	0,15	0,5	0,85	1,0	0,95
9	16 mm Mineralfaserplatten, 375 kg/m³, raumseitig mit Fußschicht, Oberfläche mit feinen Öffnungen versehen, 200 mm Deckenabstand	0,4	0,45	0,6	0,65	0,85	0,85
10	Blechkassetten, gelocht, mit 20 mm Mineralfaserfilz, aufgelegt, 300 mm Deckenabstand	0,3	0,7	0,7	0,9	0,95	0,95
11	Gipskartonplatten, gelocht, Mineralfaser-Auflage 100 mm Deckenabstand	0,3	0,7	1,0	0,8	0,65	0,6
12	Holzriemen mit 15 mm breiten, offenen Fugen, 20 mm Mineralfaser-Auflage						
	bei 30 mm Deckenabstand	0,1	0,25	0,8	0,7	0,3	0,4
	bei 200 mm Deckenabstand	0,4	0,7	0,5	0,4	0,35	0,3
13	Plüsch-Bespannung, gefaltet, 0,42 kg/m² 50 mm Abstand von Wand	0,15	0,45	0,95	0,9	1,0	1,0
14	7 mm Teppichboden	0	0,05	0,1	0,3	0,5	0,6

leichte Platten oder Schichten handelt. Oft kann man beide Absorptionseffekte miteinander verbinden, indem poröse Schallschlucker mit Wandabstand angebracht werden, wodurch ihre Schallabsorption bei tiefen Frequenzen erhöht wird, wie dies Abb. 93 an einem Beispiel zeigt.

Eine zweite wichtige Form von Resonatoren für die Zwecke der Schallabsorption sind sogen. Volumresonatoren. Dabei bestehen die Schwingungssysteme aus Volumina, die über einzelne Öffnungen mit dem Raum in Verbindung stehen. Die Volumina stellen die Federungen, die in den Öffnungen hin und her schwingenden Luft-„Pfropfen" die Massen der Schwingungssysteme dar. Außerdem wird noch ein Dämpfungswiderstand benötigt, der aus einer Füllung des Hohlraums mit porösem Material bestehen kann. Auch hier tritt eine hohe Schallabsorption in der Nähe der Resonanzfrequenz der Schwingungssysteme auf. Eine Übersicht über die Schallabsorption verschiedener Materialien gibt Tafel 18.

Hier wurde die Frage der Verringerung der Lautstärke von Störgeräuschen in Räumen durch schallabsorbierende Verkleidungen besprochen, wobei die Dimensionierungsregel insofern einfach ist, als man so viel wie möglich an absorbierender Fläche in den in Frage kommenden Raum hereinbringen soll. Das Material soll bei jenen Frequenzen bevorzugt schlucken, die im Störgeräusch hauptsächlich auftreten. In den meisten Fällen sind dies die höheren Frequenzen. Es gibt noch ein zweites wichtiges Anwendungsgebiet für schallabsorbierende Verkleidungen, nämlich die Beeinflussung der Hörsamkeit von Vortragsräumen, Theatersälen u. ä. Dieses Gebiet soll hier nicht behandelt werden [84].

Öfters wird versucht, die ungenügende Luft- oder Trittschalldämmung zwischen zwei Räumen dadurch zu verbessern, daß man an der zu verbessernden Wand oder Decke Schallschluckplatten anbringt. In vielen Fällen ist eine solche Maßnahme wirkungslos. Es gibt jedoch auch Fälle, wo dadurch eine Verbesserung zu erzielen ist. Es ist anzunehmen, daß abgehängte Schallschluckdecken, z. B. Lochplatten mit Mineralwolle-Hinterfüllung, nicht nur zur Schallschluckung im Raum, sondern auch noch zur Verbesserung des Luft- und Trittschallschutzes der Decke beitragen.

[84] Näheres siehe Cremer, L. „Die wissenschaftlichen Grundlagen der Raumakustik", Band I—III, Hirzel Verlag, Stuttgart.
Furrer, W. „Raum- und Bauakustik für Architekten", Birkhäuser-Verlag, Basel und Stuttgart.

B

Walter Schüle

Wärmeschutz

Der Wärmeschutz im Wohnungsbau ist in gleichem Maße eine Frage der Hygiene wie der Wirtschaftlichkeit. Eine ungenügende Wärmedämmung von Bauteilen führt zu Feuchtigkeitsschäden, kalten Fußböden und dgl. und hat unbehagliche und ungesunde Wohnverhältnisse zur Folge. Die Beheizung solcher Räume erfordert einen verhältnismäßig hohen Brennstoffaufwand und verteuert somit den Betrieb der Wohnungen.

Der Wärmeschutz ist eng verbunden mit dem Feuchtigkeitsschutz, da Feuchtigkeitsschäden an Bauteilen eine Folge mangelnden Wärmeschutzes sein können und die Wärmedämmfähigkeit der Baustoffe in hohem Maße durch den Feuchtigkeitsgehalt beeinflußt wird. Trotz dieser engen Verknüpfung von Wärme- und Feuchtigkeitsschutz bei Bauten erscheint eine getrennte Behandlung der beiden Gebiete zweckmäßig. Hierbei werden jeweils zuerst die physikalischen Zusammenhänge erläutert, Rechenverfahren, soweit sie in Frage kommen, behandelt und daran anschließend die Fragen des praktischen Wärme- und Feuchtigkeitsschutzes erörtert.

1. Grundlagen und physikalische Zusammenhänge

Im Jahre 1969 ist das „Gesetz über Einheiten im Meßwesen", 1970 die „Ausführungsverordnung zum Gesetz über Einheiten im Meßwesen", 1973 das „Gesetz zur Änderung des Gesetzes über Einheiten im Meßwesen" sowie die „Verordnung zur Änderung der Ausführungsverordnung zum Gesetz über Einheiten im Meßwesen" erlassen worden. Die Gesetze und Verordnungen sind inzwischen in Kraft getreten.

Hiernach treten im Laufe der nächsten Jahre anstelle der bisher üblichen Einheiten die des Internationalen Systems (SI-Einheiten). Im folgenden werden, soweit noch zulässig, die bisher üblichen Einheiten verwendet. Die Zusammenstellung der wärmeschutztechnischen Größen in Tafel 19 enthält die bisher üblichen Einheiten-Zeichen sowie die des Internationalen Systems und den Umrechnungsfaktor zwischen den Einheiten.

1.1 Die physikalischen Gesetzmäßigkeiten bei Wärmeaustauschvorgängen im Beharrungszustand

Die Wärmeübertragung aus einem beheizten Raum ins Freie durch die Bauteile erfolgt von der Raumluft an die Innenoberfläche der Bauteile durch Konvektion und von deren Außenoberfläche ans Freie durch Konvektion und Strahlung. Eine Zustrahlung von den erwärmten Flächen der Heizeinrichtungen an die raumseitigen Oberflächen der Bauteile kann noch hinzukommen. Im Innern der Bauteile erfolgt sie durch Leitung, sofern in diesen Teilen keine Lufträume enthalten sind.

163

Tafel 19: Wärmeschutztechnische Größen

Benennung	Formel-Zeichen	Einheiten-Zeichen*) bisher üblich	Einheiten-Zeichen*) Internationales System (SI)	Faktor zur Umrechnung der bisher üblichen Einheiten in SI-Einheiten
Temperatur	ϑ, T	°C, °K	°C, K	1
Temperatur-differenz	$\Delta\vartheta$, ΔT	grd, °C	K	1
Wärmemenge	Q	kcal	J	$4{,}1868 \cdot 10^3$
Wärmestrom	Φ	kcal/h	W	1,163
Wärmestrom-dichte	q	kcal/(m² h)	W/m²	1,163
Wärmeleit-fähigkeit	λ	kcal/(m h °C)	W/(K m)	1,163
Wärmedurchlaß-koeffizient	Λ	kcal/(m² h °C)	W/(K m²)	1,163
Wärmedurchlaß-widerstand	$1/\Lambda$	m² h °C/kcal	K m²/W	0,860
Wärmeüber-gangskoeffizient	α	kcal/(m² h °C)	W/(K m²)	1,163
Wärmeüber-gangswiderstand	$1/\alpha$	m² h °C/kcal	K m²/W	0,860
Wärmedurch-gangskoeffizient	k	kcal/(m² h °C)	W/(K m²)	1,163
Wärmedurch-gangswiderstand	$1/k$	m² h °C/kcal	K m²/W	0,860
spez. Wärme-kapazität	c	kcal/(kg °C)	J/(kg K)	$4{,}1868 \cdot 10^3$
Temperaturleit-fähigkeit	a	m²/h	m²/s	$0{,}278 \cdot 10^{-3}$
Wärmeeindring-koeffizient	b	kcal/(m² h $^{1/2}$ °C)	J/(s $^{1/2}$ m² K)	69,78
Temperatur-amplituden-Verhältnis	ν	1	1	1

*) 1 steht für das Verhältnis zweier gleicher Einheiten.

Ist dies der Fall, so spielt in diesen Lufträumen die Konvektion und — zwischen den festen Oberflächen — die Strahlung ebenfalls eine Rolle.
Bei den Bauteilen handelt es sich fast ausschließlich um ebene, plattenförmige Gebilde (Wände, Decken, Türen, Fenster usw.). Aus diesem Grunde genügt es

im allgemeinen für wärmeschutztechnische Rechnungen im Zusammenhange mit Bauten die einfachen Formeln für den Fall des Wärmedurchganges durch ebene Platten anzuwenden.

1.11 Wärmeleitung in festen Stoffen

Die Wärmeleitung durch eine ebene Platte eines Baustoffes im Beharrungszustand der Temperaturverteilung, d. h. nach genügend langer Zeit bei konstanten Temperaturen zu beiden Seiten der Platte, erfolgt nach der Gleichung

$$Q = \lambda/s \cdot F\,(\vartheta_1 - \vartheta_2) \cdot z \ldots \tag{19}$$

Q in kcal ist die in der Zeit z (in Stunden) durch die Fläche F (in m²) der Platte von der Dicke s (in m) strömende Wärmemenge, wenn die Oberflächentemperaturen der Platte ϑ_1 und ϑ_2 (in °C) sind. Die stofflichen Eigenschaften des Materials der Platte im Hinblick auf die Wärmeleitung werden durch die Wärmeleitfähigkeit gekennzeichnet. Die Wärmeleitfähigkeit ist eine Stoffeigenschaft. Sie ist bestimmt durch die Wärmemenge, die in einem gegebenen Temperaturfeld eine Fläche unter der Wirkung des in Richtung der Flächennormale vorhandenen Temperaturgefälles durchströmt.

Die Wärmeleitfähigkeit (Wärmeleitkoeffizient, Wärmeleitzahl) λ (in kcal/m h °C) ist zahlenmäßig gleich der Wärmemenge, die durch einen Würfel von 1 m Kantenlänge in 1 Stunde im Beharrungszustand von einer Fläche auf die gegenüberliegende fließt, wenn diese einen Temperaturunterschied von 1 °C haben und durch die übrigen vier Würfelflächen kein Wärmeaustausch erfolgt.

Die Begriffe Wärmeleitfähigkeit, Wärmeleitzahl und Wärmeleitkoeffizient werden in der Praxis für den Zahlenwert der Wärmeleitfähigkeit verwendet.

Aus der Gleichung (19) folgt, daß die durch die betrachtete Platte fließende Wärmemenge um so größer ist, je größer die Wärmeleitfähigkeit λ des Plattenmaterials, die Temperaturdifferenz zwischen den Oberflächen, die Plattenfläche und die Zeitdauer des Vorganges ist. Mit zunehmender Plattendicke sinkt der Wärmedurchgang.

1.12 Wärmeübergang

Der Wärmeaustausch zwischen Luft und einer festen Oberfläche (z. B. Wandfläche) bzw. einer solchen Fläche und Luft läßt sich durch folgende Gleichung erfassen:

$$Q = \alpha \cdot F\,(\vartheta_L - \vartheta_0) \cdot z \ldots \tag{20}$$

Q, F und z haben dieselbe Bedeutung wie in Gleichung (19) (s. Abschnitt 1.11). ϑ_L ist die mittlere Lufttemperatur in genügendem Abstand von der Wandoberfläche, ϑ_0 deren Oberflächentemperatur. Alle Einflüsse des Bewegungszustandes der Luft, sowie der Oberflächeneigenschaften der Wandfläche, soweit sie den Wärmeübergang beeinflussen, (Farbe, Material, Rauhigkeit usw.), werden in dem

Faktor α, dem Wärmeübergangskoeffizienten (in kcal/m² h °C) zusammengefaßt. Dieser ist zahlenmäßig gleich der Wärmemenge, die stündlich auf einer 1 m² großen Fläche mit der Luft ausgetauscht wird, wenn die Temparaturdifferenz zwischen Oberfläche und Luft 1 °C beträgt.

1.13 Wärmeaustausch durch Strahlung

Der Wärmeaustausch durch Strahlung zwischen parallelen, ebenen Flächen wird durch eine ähnlich aufgebaute Gleichung erfaßt, wie bei Leitung und Wärmeübergang

$$Q = \alpha_s \cdot F (\vartheta_1 - \vartheta_2) \cdot z \ldots \qquad (21)$$

Der „Wärmeübergangskoeffizient der Strahlung" α_s (in kcal/m² h °C) ist durch die Oberflächentemperaturen ϑ_1 und ϑ_2, die Strahlungszahlen C_1 und C_2 der beiden Oberflächen (s. Abschnitt 1.24) und die Strahlungszahl C_s des „absolut schwarzen Körpers"[85]) bestimmt:

$$\alpha_s = a \cdot \frac{1}{1/C_1 + 1/C_2 - 1/C_s} \qquad (22)$$

Die Größe a in Gleichung (22), der Temperaturfaktor, hängt nur von den Temperaturen der beiden in Strahlungsaustausch stehenden Flächen ab. Er ist in der Nähe der Zimmertemperatur etwa gleich 1 und nimmt mit steigender Temperatur stark zu (vgl. Tafel 20).

Tafel 20: Temperaturfaktor a bei verschiedenen Werten von ϑ_1 und ϑ_2

ϑ_1 (°C)	ϑ_2 (°C)					
	—10	0	10	20	50	100
— 10	0,728					
0	0,77	0,814				
10	0,814	0,859	0,906			
20	0,862	0,908	0,954	1,008		
50	1,017	1,06	1,119	1,172	1,34	
100	1,32	1,38	1,44	1,49	1,7	2,08

[85]) Der absolut schwarze Körper kann durch einen Hohlraum verwirklicht werden, der Wandungen gleicher Temperatur besitzt und mit einer kleinen Öffnung versehen ist. Die Öffnung stellt eine „absolut schwarze" Fläche dar, da jeder darauf fallende Strahl im Inneren des Hohlraumes durch die Absorption bei mehrfacher Reflexion praktisch völlig verschluckt wird. Die Strahlungszahl C_s des schwarzen Körpers ist 4,96 kcal/m² h °C⁴.

1.14 Der Wärmedurchgang durch Bauteile im stationären Zustande

1.141 Homogene Bauteile

Der Wärmedurchgang durch einen homogenen Bauteil setzt sich zusammen aus dem Wärmeübergang von der Luft an die eine Seite des festen Stoffes (z. B. die Wandoberfläche), der Leitung durch den Stoff und schließlich wieder dem Wärmeübergang von der anderen Oberfläche an die Luft.

Bei stationärer Wärmeströmung ist, da die Strömung ausschließlich senkrecht zur Oberfläche des als ebene Platte gedachten Bauteiles erfolgen soll, der Wärmestrom Φ in kcal/h $(\Phi = Q/z)$ bei allen drei Vorgängen derselbe:

$$\Phi = \alpha_i \cdot F (\vartheta_{Li} - \vartheta_1)$$
$$\Phi = \lambda/s \cdot F (\vartheta_1 - \vartheta_2) \ldots \qquad (23)$$
$$\Phi = \alpha_a \cdot F (\vartheta_2 - \vartheta_{La})$$

Dabei sind α_i und α_a die Wärmeübergangskoeffizienten zu beiden Seiten des Bauteils, ϑ_{Li} und ϑ_{La} die Lufttemperaturen und ϑ_1 und ϑ_2 die Oberflächentemperaturen der Platte.

Für praktische Rechnungen über den Wärmedurchgang durch einen Bauteil faßt man die drei, die Teilvorgänge kennzeichnenden Größen (α_i, α_a und λ/s) in einer Größe, dem Wärmedurchgangskoeffizienten k (in kcal/m² h °C) zusammen:

$$k = \frac{1}{1/\alpha_i + s/\lambda + 1/\alpha_a} \ldots \qquad (24)$$

Unter Benützung des Wärmedurchgangskoeffizienten k lautet die Gleichung für den Wärmedurchgang durch einen homogenen Bauteil:

$$\Phi = k \cdot F (\vartheta_{Li} - \vartheta_{La}) \ldots \qquad (25)$$

Die nur vom Material und der Dicke des plattenförmigen Bauteils abhängige Größe λ/s wird als Wärmedurchlaßkoeffizient Λ (in kcal/m² h °C) bezeichnet:

$$\Lambda = \lambda/s \ldots \qquad (26)$$

Die Kehrwerte von α, k und Λ sind Wärmewiderstände, sie werden dementsprechend

Wärmeübergangswiderstand $1/\alpha$ (m² h °C/kcal)
Wärmedurchgangswiderstand $1/k = 1/\alpha_i + s/\lambda + 1/\alpha_a$ (m² h °C/kcal)
Wärmedurchlaßwiderstand $1/\Lambda = s/\lambda$ (m² h °C/kcal)

genannt.

1.142 Zusammengesetzte Bauteile

Bei einem aus mehreren hintereinanderliegenden Schichten zusammengesetzten Bauteil (z. B. Wand mit Putzschichten, Dämmschichten oder dgl.) erfolgt die Berechnung des Wärmedurchganges wie bei homogenen Schichten, nur tritt anstelle des Wertes s/λ in Gleichung (24), der den Wärmedurchlaßwiderstand der Schicht darstellt, die Summe der Wärmedurchlaßwiderstände s_1/λ_1, s_2/λ_2 ...... s_n/λ_n der im Sinne des Wärmestromes hintereinanderliegenden Schichten der Dicken s_1, s_2 ...... s_n mit den Wärmeleitfähigkeiten λ_1, λ_2 ...... λ_n. Der Wärmedurchlaßwiderstand $1/\Lambda$ des betreffenden Bauteiles wird daher folgendermaßen berechnet:

$$\frac{1}{\Lambda} = \frac{s_1}{\lambda_1} + \frac{s_2}{\lambda_2} + \ldots\ldots + \frac{s_n}{\lambda_n} \ldots \tag{27}$$

Der Wärmedurchgangskoeffizient k ist in diesem Falle:

$$k = \frac{1}{1/\alpha_i + s_1/\lambda_1 + s_2/\lambda_2 + \ldots\ldots + s_n/\lambda_n + 1/\alpha_a} \ldots \tag{28}$$

Liegen Teile verschiedener Wärmedurchlässigkeit in einem Bauteil nebeneinander, so wird der mittlere Wärmedurchlaßwiderstand $1/\Lambda_m$ des Bauteiles in der Weise errechnet, daß die Wärmedurchlaßkoeffizienten Λ_1, Λ_2 und ...... Λ_n der einzelnen nebeneinanderliegenden Teile entsprechend ihren Flächenanteilen p_1, p_2 ...... p_n an der betrachteten Gesamtfläche summiert werden und davon der Kehrwert gebildet wird

$$1/\Lambda_m = \frac{1}{p_1 \cdot \Lambda_1 + p_2 \cdot \Lambda_2 \ldots\ldots + p_n \cdot \Lambda_n} \ldots \tag{29}$$

1.2 Zahlenwerte

1.21 Wärmeleitfähigkeit (Wärmeleitzahl) von Bau- und Dämmstoffen

Bau- und Dämmstoffe sind in der Regel mehr oder weniger poröse Stoffe, d. h. Stoffe, die Lufträume enthalten. Die Wärmeleitfähigkeit solcher Materialien liegt daher zwischen der der festen Bestandteile und der von Luft. Je poröser der Stoff ist, um so näher liegt seine Wärmeleitfähigkeit bei der der Luft. Da die Rohdichte der porenfreien, festen Bestandteile von Baustoffen nur verhältnismäßig wenig schwankt, ist die Rohdichte eines porösen Baustoffes um so größer, je kleiner der Porenanteil ist. Hieraus folgt, daß die Wärmeleitfähigkeit eines solchen Stoffes um so größer ist, je größer seine Rohdichte ist (Abb. 94).
Diesem allgemeinen Zusammenhang überlagern sich die Einflüsse durch Größe und Anordnung der Poren, sowie durch die chemische Art der festen Bestandteile. Die Wärmeleitzahl von Baustoffen hängt in verhältnismäßig geringem Umfange von der Temperatur und in hohem Maße vom Feuchtigkeitsgehalt ab.
Die Baustoffe können hinsichtlich ihrer Wärmeleitfähigkeit in drei Gruppen eingeteilt werden:

natürliche Steine: $\lambda = 2$ bis 3 kcal/m h °C
Baustoffe aller Art: $\lambda = 0,1$ bis 2 kcal/m h °C
Dämmstoffe: $\lambda = 0,03$ bis $0,1$ kcal/m h °C

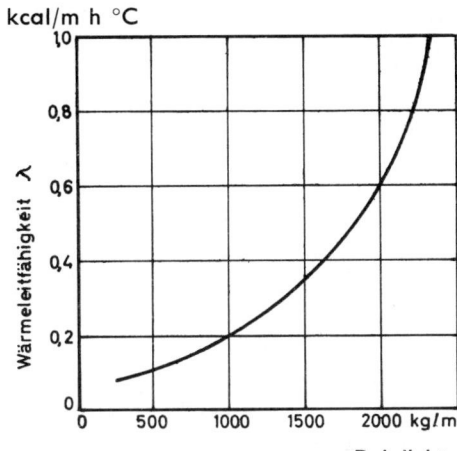

kcal/m h °C

Wärmeleitfähigkeit λ

Rohdichte

Abb. 94: Wärmeleitfähigkeit luft-
trockener Baustoffe (Durch-
schnittswerte), abhängig von
der Rohdichte (nach Cammerer).

Wärmedämmstoffe, bei denen anstelle von Luft Gase geringerer Wärmeleitfähigkeit enthalten sind (z. B. Trichlorfluormethan $CFCl_3$), können eine Wärmeleitfähigkeit aufweisen, die niedriger als die der ruhenden Luft ist (z. B. Polyurethan-
Hartschaum).
Eine Sonderstellung nehmen Luftschichten ein. Sie werden daher in einem besonderen Abschnitt behandelt.

1.211 Temperatureinfluß

Die Wärmeleitfähigkeit nimmt bei Bau- und Dämmstoffen aller Art mit der Tem-
peratur zu, und zwar um so mehr, je kleiner die Wärmeleitfähigkeit der Stoffe ist.
Dieser Einfluß auf die Wärmeleitfähigkeit ist aber so gering, daß er bei den im
Bau vorkommenden Temperaturen in der Regel vernachlässigt werden kann.
Die Zunahme der Wärmeleitfähigkeit mit der Temperatur beträgt bei Baustoffen
im allgemeinen unter 0,1% je °C Temperaturerhöhung, bei Dämmstoffen mit
einer Wärmeleitfähigkeit unter 0,1 kcal/m h °C steigt sie bis auf etwa 0,4% je °C
Temperaturzunahme.

1.212 Einfluß des Feuchtigkeitsgehaltes

Die Wärmeleitfähigkeit eines porösen Stoffes wird durch seinen Feuchtigkeits-
gehalt in dem Sinne beeinflußt, daß mit zunehmender Stoffeuchte die Wärmeleit-
fähigkeit stark ansteigt. Der Grund hierfür liegt weniger darin, daß ein Teil der
Porenluft durch Wasser, mit seiner gegenüber der Luft etwa zwanzigfachen
Wärmeleitfähigkeit, verdrängt wird, sondern daß in den feuchten Poren erhebliche
Wärmemengen infolge Wasserdampfdiffusion übertragen werden. Hinter diesem
Effekt treten alle anderen Feuchtigkeitseinflüsse auf die Wärmeleitfähigkeit weit-
gehend zurück.

169

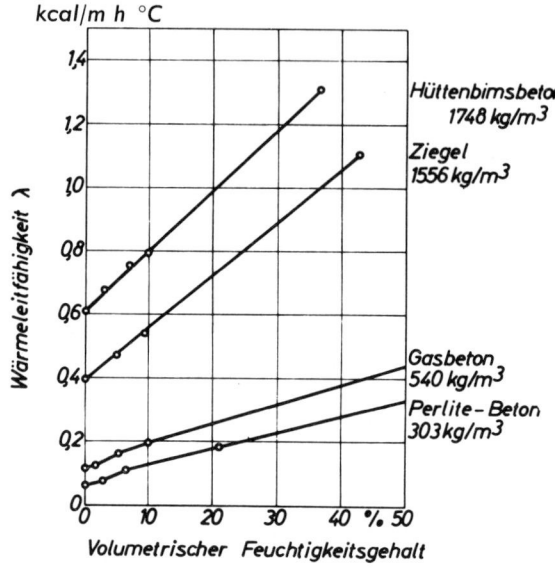

Abb. 95: Wärmeleit-
fähigkeit λ verschiedener Baustoffe abhän-
gig vom volumetrischen
Feuchtigkeitsgehalt
nach W. F. Cammerer.

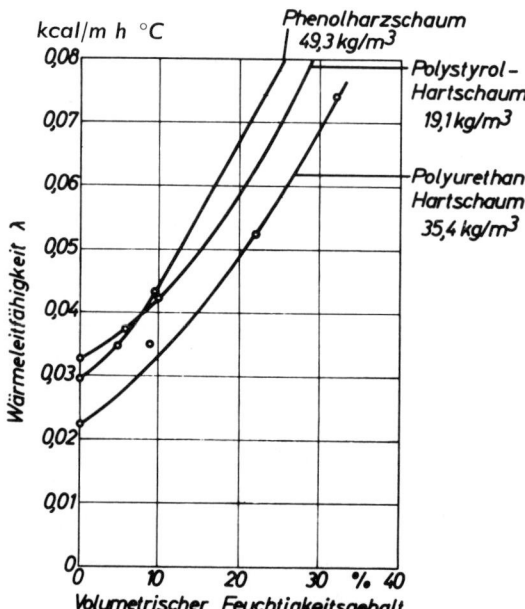

Abb. 96: Wärmeleit-
fähigkeit λ verschiedener Schaumkunst-
stoffe abhängig vom
volumetrischen
Feuchtigkeitsgehalt
nach W. F. Cammerer.

Die Diagramme der Abb. 95 und 96 zeigen den Zusammenhang zwischen der Wärmeleitfähigkeit λ und dem Feuchtigkeitsgehalt einiger Stoffe aufgrund neuerer Messungen.

1.213 Rechenwerte der Wärmeleitfähigkeit

Bei der rechnerischen Bestimmung der Wärmedämmung von Bauteilen müssen Wärmeleitfähigkeiten verwendet werden, die den praktischen Verhältnissen im normal ausgetrockneten Bauwerk entsprechen und bei denen der Einfluß der stets vorhandenen Feuchtigkeit (Dauerfeuchtigkeit, praktischer Feuchtegehalt) berücksichtigt ist. Solche Werte sind in DIN 4108 (Wärmeschutz im Hochbau) zusammengestellt. Sie werden als „Rechenwerte der Wärmeleitfähigkeit" bezeichnet und müssen bei rechnerischen Ermittlungen des Wärmedurchlaßwiderstandes von Bauteilen benutzt werden. Soweit neuere Stoffe in der genannten Normvorschrift noch nicht enthalten sind, können Werte verwendet werden, die nach DIN 52612, Blatt 1 (Bestimmung der Wärmeleitfähigkeit mit dem Plattengerät, Versuchsdurchführung und Versuchsauswertung), gemessen und nach Blatt 2 dieser Normvorschrift (Wärmeleitfähigkeit für die Anwendung im Bauwesen) umgerechnet sind. Aufgrund dieser Wärmeleitfähigkeit für die Anwendung im Bauwesen wird durch einen Sachverständigenausschuß der Rechenwert der Wärmeleitfähigkeit festgelegt. Tafel 21 gibt eine Übersicht über die Rechenwerte der Wärmeleitfähigkeit der wichtigsten Baustoffgruppen nach DIN 4108. In den Diagrammen von Abb. 97 sind diese Werte abhängig von der Rohdichte der Stoffe gezeichnet, so daß hieraus auch Wärmeleitfähigkeiten bei Rohdichten entnommen werden können, die in DIN 4108 nicht genannt sind.

In dem Diagramm von Abb. 97 sind Werte der Wärmeleitfähigkeit von Betonen verschiedener Art, abhängig von ihrer Rohdichte gezeichnet, um den großen Einfluß der Rohdichte auf die Wärmeleitfähigkeit zu zeigen.

Nach neueren Untersuchungen[86] besteht für Mauerwerk aus Steinen bestimmter Stoffgruppen (Ziegel, Kalksandstein, Leichtbeton) ein weitgehend eindeutiger Zusammenhang zwischen der Wärmeleitfähigkeit des Mauerwerks beim praktischen Feuchtigkeitsgehalt (also dem Rechenwert der Wärmeleitfähigkeit) und der Rohdichte des Mauerwerks. Gegenüber der Rohdichte tritt die Art und Weise der Lochausbildung bei den Mauersteinen weitgehend zurück, so daß auf Grund der Mauerrohdichte auf die Wärmeleitfähigkeit des Mauerwerks geschlossen werden kann (Abb. 98).

1.22 Temperaturleitfähigkeit

Die Ausbreitung eines Temperaturfeldes in einem Stoff wird durch dessen Temperaturleitfähigkeit a (m²/h) bestimmt. Eine Temperaturänderung pflanzt sich in einem Stoff um so schneller fort, je größer der Wert a des Stoffes ist.

---

[86] Cämmerer, W. und W. Schüle „Untersuchungen über die Wärmedämmung von Wänden aus genormten Mauersteinen". Bericht an das Bundesministerium für Wohnungswesen, Städtebau und Raumordnung, 1960.
Schüle, W. „Wärme- und feuchtigkeitstechnische Untersuchungen an Außenwänden aus verschiedenen Lochziegeln und aus Leichtbeton-Hohlblocksteinen". Berichte aus der Bauforschung, Heft 23, 1962.

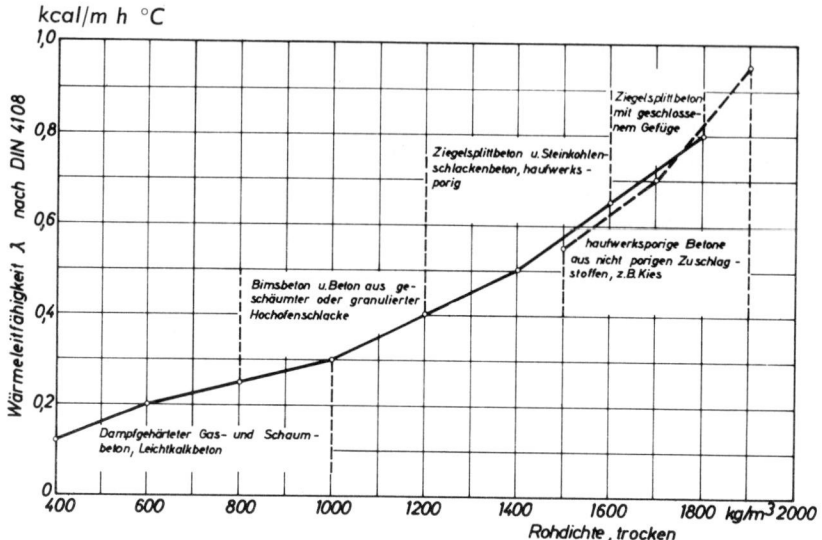

Abb. 97: Rechenwerte der Wärmeleitfähigkeit von Betonen (nach DIN 4108) abhängig von der Rohdichte.

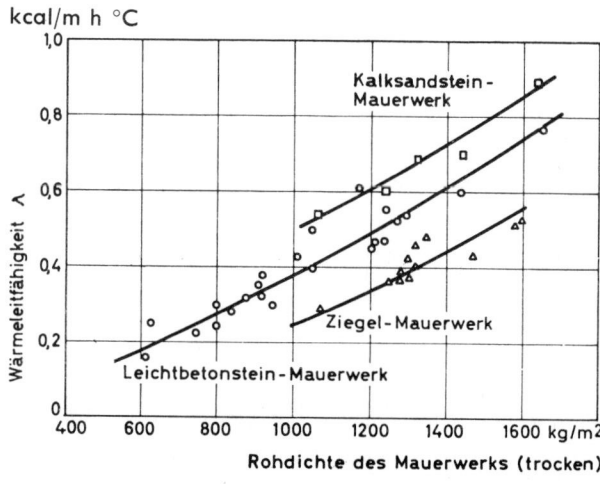

Abb. 98: Wärmeleitfähigkeit λ von Mauerwerk aus Steinen verschiedener Art, Größe und Lochanordnung, abhängig von der Rohdichte des Mauerwerks (nach Cämmerer und Schüle).

Tafel 21: Übersicht über Rechenwerte der Wärmeleitfähigkeit von Bau- und Dämmstoffen nach DIN 4108

Stoff	Rohdichte kg/m³	Wärme-leitfähigkeit λ kcal/m h °C
Wärmedämmstoffe		
Mineralische Faserdämmstoffe (Glas-, Stein-, Schlackenfasern nach DIN 18165)	30 bis 200	0,035
Pflanzliche Faserdämmstoffe (Seegras- Kokos-, Holz- u. Torffasern nach DIN 18165)	30 bis 200	0,040
Bau-Schlackenwolle, lose		0,060
Schaumkunststoffe in Plattenbahnen und Flocken (allgemein)		0,035
Polyurethan-Hartschaum überwiegend geschlossenzellig nach DIN 7726 mit R 11 (CFCl₃) getrieben Platten nach DIN 18164	$\geq$ 30	0,030
Bauelemente im Werk zwischen diffusionsdichten Deckschichten eingeschäumt	$\geq$ 30	0,025
poröse Holzfaserplatten nach DIN 68750	200	0,040
Holzwolle-Leichtbauplatten nach DIN 1101		
Plattendicke 15 mm		0,12
Plattendicke 25 und 35 mm		0,08
Plattendicke 50 mm und mehr		0,07
Korkplatten	120	0,035
	160	0,038
	200	0,040
Holz und Holzwerkstoffe		
Eiche		0,18
Buche		0,15
Fichte, Kiefer, Tanne		0,12
Sperrholz		0,12
harte Holzfaserplatten nach DIN 68750 und DIN 68751		0,15
Holzspanplatten	300	0,050
Flachpreßplatten nach DIN 68761	300	0,075
	400	0,085
	500	0,10
	600	0,11
	700	0,12
Strangpreßplatten		0,15

Stoff	Rohdichte kg/m³	Wärme-leitfähigkeit λ kcal/m h °C
Mauerwerk aus Leichtbetonsteinen, Ziegeln, Kalksandsteinen und dgl. je nach Rohdichte und Art der Steine		0,3 bis 0,9
Mörtel Zementmörtel Kalkmörtel, Kalkzementmörtel, Mörtel aus hydraulischem Kalk Kalkgipsmörtel, Gipsmörtel		1,2 0,75 0,6
Betone Betone mit geschlossenem Gefüge, je nach Rohdichte, Zuschlagstoff und Betongüte	1600 bis 2500	0,65 bis 1,75
Haufwerksporige Betone, je nach Rohdichte und Zuschlagstoff	1200 bis 1900	0,4 bis 0,95
Bimsbeton, Gas- und Schaumbeton, Leichtkalkbeton	400 bis 1200	0,12 bis 0,4
Holzbeton	800 bis 1000	0,35 bis 0,45
Natürliche Steine		2 bis 3

Die Temperaturleitfähigkeit $a = \lambda/\varrho c$ (λ: Wärmeleitfähigkeit [kcal/m h °C], ϱ: Dichte [kg/m³], c: spez. Wärmekapazität [kcal/kg °C]) einiger Stoffe ist in Tafel 22 zusammengestellt.

Tafel 22: Temperaturleitfähigkeit einiger Stoffe

Stoff	Temperaturleitfähigkeit a (m²/h)
Normalbeton, je nach Rohdichte	3 bis $4 \cdot 10^{-3}$
Leichtbeton, je nach Rohdichte	1 bis $2 \cdot 10^{-3}$
Holz	5 bis $7 \cdot 10^{-3}$
Stahl	$50 \cdot 10^{-3}$

1.23 Wärmeeindringkoeffizient

Für die Beurteilung des Verhaltens von Stoffen bei kurzzeitigen Wärmeströmungsvorgängen (z. B. Aufwärmen von Wänden und Böden bei kurzzeitiger Raumheizung; Temperaturempfindung bei der Berührung von Stoffen; Fußwärme von Böden und dgl.) sind die Wärmeeindringkoeffizienten der beteiligten Stoffe die bestimmenden Größen. Ein Stoff entzieht z. B. bei der Berührung mit der Hand oder dem Fuß dem menschlichen Körper um so weniger Wärme, fühlt sich daher um so wärmer an, je kleiner sein Wärmeeindringkoeffizient b ($kcal/m^2 \cdot h^{1/2} \cdot °C$) ist. Bauteile mit Oberflächenschichten aus Stoffen kleiner Wärmeeindringkoeffizienten heizen sich schneller auf als solche, deren Oberfläche aus einem Material mit großem Wärmeeindringkoeffizienten besteht.

Der Wärmeeindringkoeffizient $b = \sqrt{c \cdot \lambda \cdot \varrho}$ (c: spez. Wärmekapazität kcal/kg °C, λ: Wärmeleitfähigkeit [kcal/m h °C], ϱ: Dichte [kg/m³]) einiger Baustoffe ist in Tafel 23 zusammengestellt.

Tafel 23: Wärmeeindringkoeffizienten einiger Baustoffe

Baustoff	Wärmeeindringkoeffizient b (kcal/m² · h $^{1/2}$ · °C)
Normalbeton je nach Rohdichte	20 bis 30
Leichtbeton je nach Rohdichte	8 bis 20
Ziegel	12 bis 16
Holz	6 bis 8
Kork	2 bis 3

1.24 Wärmeübergangskoeffizienten

Bei der Berechnung des Wärmedurchganges durch Bauteile muß der Wärmeübergang zwischen Luft und Stoffoberfläche bzw. Stoffoberfläche und Luft bekannt sein. Die diesen Vorgang beschreibende Größe ist der Wärmeübergangskoeffizient, der vom Bewegungszustande der Luft, der Oberflächenbeschaffenheit der betreffenden Fläche, den Temperaturverhältnissen und dgl. abhängt. Für praktische Rechnungen bei Bauteilen werden die in Tafel 24 zusammengestellten Werte zugrunde gelegt.

Tafel 24: Wärmeübergangskoeffizienten α und Wärmeübergangswiderstände $1/\alpha$ bei Bauteilen

	Wärmeübergangskoeffizient α (kcal/m² h °C)	Wärmeübergangswiderstand $1/\alpha$ (m² h °C/kcal)
An der Innenseite geschlossener Räume bei natürlicher Luftbewegung		
Wandflächen, Innenfenster und Außenfenster	7	0,14
Fußböden und Decken bei Wärmeübergang		
von unten nach oben	7	0,14
von oben nach unten	5	0,2
in Winkeln und Ecken	4 bis 5	0,25 bis 0,2
An den Außenseiten entsprechend einer mittleren Windgeschwindigkeit von etwa 2 m/sec	20	0,05

175

1.25 Strahlungszahlen

Eine Oberfläche gibt um so mehr Wärme durch Strahlung an niedriger temperierte Flächen ab, je größer die Strahlungzahl C der Fläche ist. Die höchstmögliche Strahlungszahl besitzt der absolut schwarze Körper, der alle auf ihn auffallende Strahlung absorbiert, gleichzeitig besitzt dieser Körper aber auch das höchste Wärmeabstrahlungsvermögen (Emissionsvermögen), wenn er selbst als Strahler wirkt.

Die Strahlungszahlen von Oberflächen (s. Tafel 25) hängen von der Temperatur der betreffenden Flächen ab. Bei den im Bauwesen vorkommenden Temperaturen unter 100° C spielt aber der Einfluß der Temperatur auf die Strahlungszahl eine untergeordnete Rolle.

Tafel 25: **Strahlungszahlen verschiedener Oberflächen bei Temperaturen zwischen 0 und 100° C** (nach E. Schmid und E. Eckert)

Stoff und Oberflächenzustand	Strahlungszahl $kcal/m^2 \cdot h \cdot {}^\circ C^4$
absolut schwarzer Körper	4,96
Metalle:	
Silber, poliert	0,1—0,15
Kupfer, poliert	0,15
Aluminium, walzblank	0,2
Nickel, poliert	0,22
Eisen, abgeschmirgelt	1,2
Eisen mit Gußhaut	4,5
Eisen stark verrostet	4,2
Stoffe aller Art:	
Asbestschiefer	4,8
Dachpappe	4,6
Gips	4,5
Glas	4,65
Holz	4,65
Papier	4,6
Porzellan	4,6
Reifbelag	4,9
Ziegelstein, Mörtel, Putz	4,6
Anstriche:	
Aluminiumbronzeanstrich	1—2
Emaillelack, schwarz	4,5
Spirituslack, schwarz	4,1
Heizkörperlack	4,6
beliebige Lacke, Ölfarben und dgl.	4,2—4,7

Die Zusammenstellung in Tafel 25 zeigt, daß bei den im Bauwesen vorwiegend vorkommenden Temperaturen kein wesentlicher Unterschied im Absorptions- bzw. Emissionsvermögen der nichtmetallischen Stoffe besteht. Lediglich Metalle mit blanker Oberfläche besitzen wesentlich kleinere Strahlungszahlen als die übrigen Stoffe. Auch spielt die Farbe der Oberfläche bei diesen Temperaturen keine Rolle für die Strahlungsverhältnisse. Demnach ist es z. B. für die Wärme- abgabe eines Heizkörpers belanglos, mit welcher Farbe er gestrichen ist. Erfolgt aber der Anstrich mit einer metallhaltigen Farbe, z. B. Aluminiumbronze, so ist eine deutlich geringere Wärmeabgabe durch Strahlung zu erwarten als beim An- strich mit einer beliebigen anderen, aber nicht metallhaltigen Farbe.

Beim Strahlungsaustausch zwischen Flächen niedriger Temperatur (unter 100° C) kann mit den in Tafel 26 zusammengestellten Richtwerten der „Wärmeübergangs- koeffizienten" der Strahlung α_s gerechnet werden (s. Abschnitt 1.13).

Die geschilderten Zusammenhänge gelten nicht für die Erwärmung einer Ober- fläche durch Sonnenzustrahlung. In diesem Falle handelt es sich um einen Strahler sehr hoher Oberflächentemperatur (etwa 6000° C). Hierbei spielt die Farbe eine wichtige Rolle. Je heller ein Stoff dem Auge erscheint, um so kleiner ist bei Sonnen- strahlung seine Strahlungszahl, umso geringer ist daher sein Absorptionsvermögen. Diese Tatsache ist vor allem bedeutungsvoll für die Erwärmung von Flachdächern bei Sonnenzustrahlung, bei Sonnenschutzeinrichtungen und dgl. mehr.

Tafel 26: Wärmeübergangskoeffizienten der Strahlung α_S (Richtwerte)

Temperatur der Flächen	Wärmeübergangskoeffizienten α_S	
	bei blanken Metallflächen	bei nichtmetallischen Flächen aller Art
° C	kcal/m² h °C	kcal/m² h °C
0 bis 10	0,1	4
10 bis 20	0,1	4,3
20 bis 50	0,15	5,5
50 bis 100	0,2	9

1.26 Wärmeschutz durch Luftschichten

Am Wärmedurchgang durch eine Luftschicht sind Leitung, Konvektion und Strahlung beteiligt. Da die Wärmeübertragung durch Strahlung von der Be- schaffenheit der die Luftschicht begrenzenden Stoffe (blankes Metall, nichtmetalli- scher Stoff), die durch Konvektion vom Bewegungszustand der Luft abhängt, gelten für die Wärmedämmung von Luftschichten andere Gesetzmäßigkeiten als für die von Schichten fester Stoffe.

Zur Kennzeichnung der Wärmedämmung einer ebenen Schicht wird zweckmäßig der Wärmedurchlaßwiderstand $1/\Lambda$ verwendet (s. Abschnitt 1.141). Diese Größe ergibt sich bei homogenen, festen Stoffen aus der Schichtdicke s (in m) und der Wärmeleitfähigkeit λ (in kcal/m h °C) zu $1/\Lambda = s/\lambda$ (in m² h °C/kcal).

Mit zunehmender Dicke der Stoffschicht steigt der Wärmedurchlaßwiderstand an. Dieser Zusammenhang ist in Abb. 99 für einige Stoffe dargestellt. Bei Luftschichten ergeben sich, wie Abb. 100 zeigt, völlig andere Zusammenhänge zwischen Wärmedämmung und Dicke, außerdem hängen die jeweiligen Werte des Wärmedurchlaßwiderstandes der Luftschichten von der Lage der Schicht (senkrecht oder waagerecht), der Richtung des Wärmestromes (von oben nach unten oder umgekehrt), sowie von dem die Luftschicht begrenzenden Material (blankes Metall oder nichtmetallischer Stoff) ab.

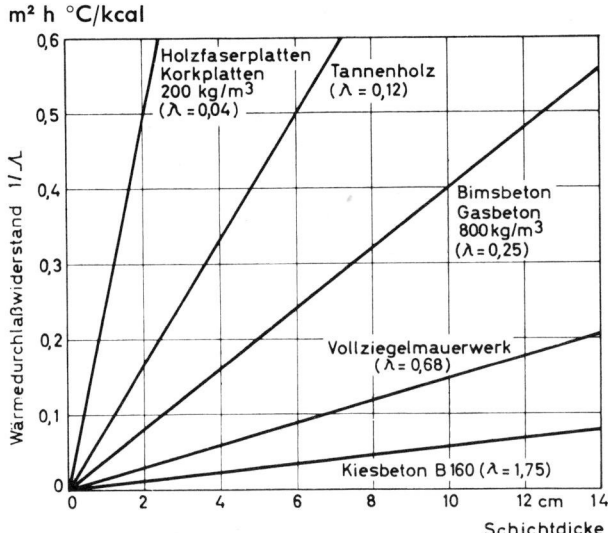

Abb. 99: Wärmedurchlaßwiderstand $1/\Lambda$ von Baustoffen verschiedener Wärmeleitfähigkeit, abhängig von der Schichtdicke.

Bei Luftschichten zwischen nichtmetallischen Baustoffen nimmt der Wärmedurchlaßwiderstand mit zunehmender Schichtdicke zu und erreicht bei einer Dicke von 2 bis 3 cm nahezu schon den Höchstwert von etwa 0,2 m² h °C/kcal. Mit weiter zunehmender Schichtdicke steigt die Wärmedämmung nur noch wenig weiter an und bleibt nahezu konstant. Bei senkrechten Luftschichten nimmt die Wärmedämmung bei einer Schichtdicke über 5 cm wieder ab, bei waagerechten Schichten erst bei Dicken über 10 cm. Dieses Verhalten ist durch den Einfluß von Strahlung und Konvektion auf die Wärmeübertragung durch die Luftschicht bedingt. Bei sehr geringen Dicken wird der Wärmedurchlaßwiderstand im wesentlichen durch die Wärmeleitfähigkeit der Luft (etwa 0,022 kcal/m h °C bei 20 °C) und die Schichtdicke bestimmt, der Wärmedurchlaßwiderstand steigt

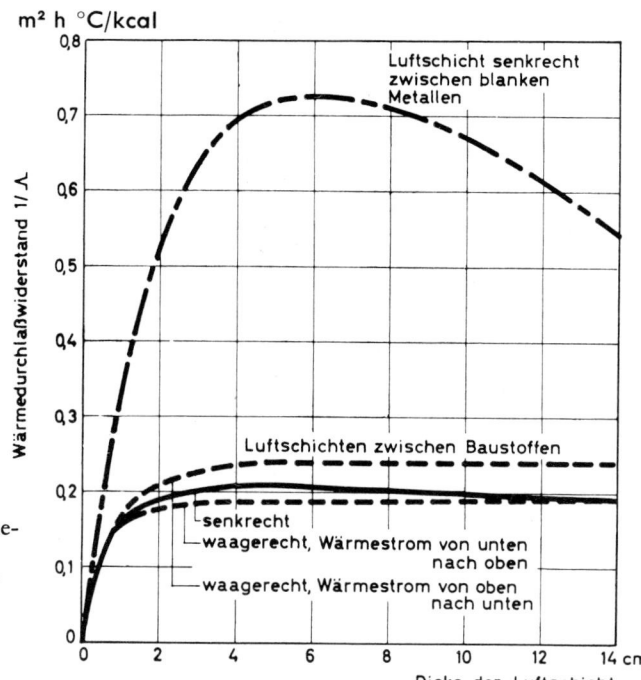

m² h °C/kcal

Luftschicht senkrecht zwischen blanken Metallen

Wärmedurchlaßwiderstand 1/Λ

Luftschichten zwischen Baustoffen

senkrecht

waagerecht, Wärmestrom von unten nach oben

waagerecht, Wärmestrom von oben nach unten

Dicke der Luftschicht

Abb. 100: Wärmedurchlaßwiderstand 1/Λ von Luftschichten, abhängig von der Schichtdicke.

also mit wachsender Dicke. Bei weiterer Zunahme der Dicke der Luftschicht kommt mehr und mehr die Wärmeübertragung durch Strahlung zur Auswirkung. Diese ist bei parallelen Flächen vom Abstand unabhängig und bestimmt schließlich die Wärmeübertragung durch dickere Luftschichten im wesentlichen, so daß diese über einen größeren Dickenbereich eine nahezu konstante Wärmedämmung aufweisen. Bei großen Schichtdicken beginnt schließlich die Konvektion eine Rolle zu spielen, der Wärmewiderstand der Luftschicht nimmt dann wegen der zusätzlichen konvektiven Wärmeübertragung wieder ab.

Bestehen die beiden Begrenzungsflächen der Luftschichten aus Stoffen mit kleiner Strahlungszahl (blanke Metallflächen), so tritt der Einfluß der Strahlung auf die Wärmeübertragung durch die Luftschicht erst bei größeren Schichtdicken stärker in Erscheinung. Es lassen sich daher durch Luftschichten zwischen blanken Metallflächen wesentlich größere Wärmedämmungen erzielen als durch solche Schichten zwischen nichtmetallischen Stoffen (Abb. 100).

Tafel 27 gibt eine Zusammenstellung der Wärmedurchlaßwiderstände von Luftschichten verschiedener Dicke und Lage.

179

Tafel 27: Wärmedurchlaßwiderstände 1/Λ von Luftschichten

Lage der Luftschicht und Richtung des Wärmestromes	Strahlungszahl C der Begrenzungsflächen	Dicke der Luftschicht	Wärmedurchlaßwiderstand 1/Λ
	kcal/m² h °C⁴	cm	m² h °C/kcal
Luftschicht senkrecht	4,7 (nichtmetallische Stoffe aller Art)	1 2 5 10 15	0,16 0,19 0,21 0,20 0,19
Luftschicht waagerecht, Wärmestrom von unten nach oben	4,7 (nichtmetallische Stoffe aller Art)	1 2 5 10 15	0,16 0,17 0,19 0,19 0,19
Luftschicht waagerecht, Wärmestrom von oben nach unten	4,7 (nichtmetallische Stoffe aller Art)	1 2 5 10 15	0,17 0,21 0,24 0,24 0,24
Luftschicht senkrecht	0,2 bis 0,3 (blanke Metallflächen)	1 2 5 10 15	0,33 0,5 0,72 0,67 0,5

Auf Grund der oben geschilderten Zusammenhänge zwischen Wärmedämmung und Dicke von Luftschichten ergibt sich, daß die aus Wärmedurchlaßwiderstand und Schichtdicke formal errechenbare, „wirksame Wärmeleitfähigkeit" λ' der Luft ($\lambda' = s \cdot \Lambda$) keine Konstante ist, sondern sich mit der Dicke ändert. Dies geht aus Abb. 101 hervor, welche die wirksame Wärmeleitfähigkeit von Luftschichten, abhängig von ihrer Dicke, zeigt. Man ersieht aus dem Diagramm, daß die wirksame Wärmeleitfähigkeit bei Luftschichten von einigen cm Dicke zwischen Baustoffen recht erhebliche Werte annimmt.

Es ist somit nicht möglich, bei Luftschichten durch beliebige Vergrößerung der Schichtdicke (wie bei festen Stoffen) deren Wärmedämmung beliebig zu erhöhen. Um dies zu ermöglichen, ist es vielmehr notwendig, die Luftschicht durch eingefügte Trennflächen (Pappen, Metallfolien oder dgl.) in Schichten zu unterteilen, deren Dicke nicht größer ist als zum Erreichen des optimalen Wärmedurchlaßwiderstandes benötigt wird. Bei Luftschichten zwischen nichtmetallischen Baustoffen sind dies etwa 2 bis 3 cm. Eine Anwendung dieser Erkenntnis ist z. B. das Einfügen von Luftschichten bei Hohlsteinen aller Art, bei doppeltverglasten Fenstern, oder die „Alfol"-Isolierung, bei der ebene, gespannte Aluminiumfolien in einem Abstand von 10 bis 15 mm durch Abstandshalter getrennt, angeordnet werden (Planverfahren), bzw. die Folien, leicht geknittert, den Luftraum ausfüllen (Knitterverfahren). Bei der Alfol-Isolierung bewirkt außer der Unterteilung der Luftschichten noch die infolge der kleinen Strahlungszahl der Aluminiumoberflächen stark verringerte Wärmeübertragung durch Strahlung eine Vergrößerung der Wärmedämmung.

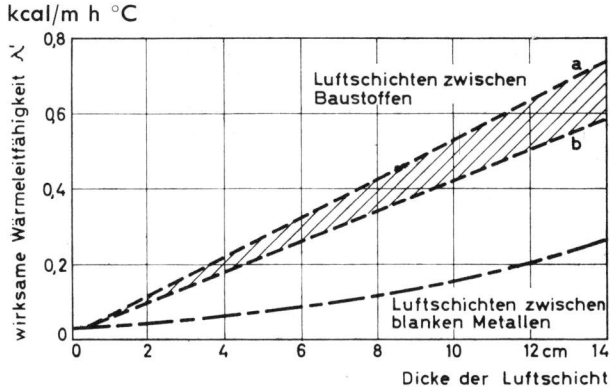

Abb. 101: Wirksame Wärmeleitfähigkeit λ' von Luftschichten, abhängig von der Dicke.

a: waagerecht, Wärmestrom von unten nach oben
b: waagerecht, Wärmestrom von oben nach unten

1.3 Durchführung wärmeschutztechnischer Rechnungen

Im folgenden wird die Durchführung wärmeschutztechnischer Rechnungen, wie Ermittlung des Wärmedurchlaßwiderstandes und des Wärmedurchgangkoeffizienten von Konstruktionen, Berechnung der Temperaturverhältnisse in Bauteilen und dgl., an Beispielen behandelt und erläutert.

1.31 Wärmedämmung und Wärmedurchgang durch Bauteile

1.311 Wärmedurchlaßwiderstand

Zur Kennzeichnung der Wärmedämmung eines Bauteiles und für seine Beurteilung dient der Wärmedurchlaßwiderstand $1/\Lambda$ (s. Abschnitt 1.14). Seine Berechnung für einfache und zusammengesetzte Bauteile ist im folgenden erläutert.

1.3111 Einfache Bauteile

Beispiel 1: 15 cm dicke Platte aus Normalbeton (Betongüte B 120).
Nach Tafel 1 der DIN 4108 ist die Wärmeleitfähigkeit dieses Normalbetons $\lambda = 1,3$ kcal/m h °C. Der Wärmedurchlaßwiderstand $1/\Lambda$ ergibt sich zu

$$1/\Lambda = \frac{Dicke\ s\ in\ m}{Wärmeleitfähigkeit\ \lambda\ in\ kcal/m\ h\ °C}$$

$$\underline{1/\Lambda} = \frac{0,15}{1,3} = \underline{0,11_5\ m^2\ h\ °C/kcal}$$

Beispiel 2: 12 mm dicke Holzfaserplatte, Rohdichte 200 kg/m³. Wärmeleitfähigkeit $\lambda = 0{,}04$ kcal/m h °C (s. Tafel 20).

$$\underline{1/\Lambda} = \frac{0{,}012}{0{,}04} = \underline{0{,}3\ m^2\ h\ {}^\circ C/kcal}$$

1.3112 Zusammengesetzte Bauteile

Beispiel 1: 15 cm dicke Normalbetonwand (B 120), auf der Außenseite 3,5 cm Holzwolle-Leichtbauplatten, beiderseits je 2 cm Putz (Abb. 102).

Nach Gleichung (29) in Abschnitt 1.142 ergibt sich der Wärmedurchlaßwiderstand eines Bauteiles, der aus mehreren im Sinne des Wärmestromes hintereinanderliegenden Baustoffschichten besteht, als Summe der Wärmedurchlaßwiderstände der einzelnen Schichten:

$$1/\Lambda = s_1/\lambda_1 + s_2/\lambda_2 + s_3/\lambda_3 + s_4/\lambda_4$$

Die Werte von s_1 bis s_4 und die Wärmeleitfähigkeiten λ_1 bis λ_4 im vorliegenden Beispiel sind:

$$\begin{aligned} s^1 &= 0{,}02 \text{ m}; & \lambda_1 &= 0{,}75 \text{ kcal/m h °C} \\ s_2 &= 0{,}035 \text{ m}; & \lambda_2 &= 0{,}08 \text{ kcal/m h °C} \\ s_3 &= 0{,}15 \text{ m}; & \lambda_3 &= 1{,}3 \text{ kcal/m h °C} \\ s_4 &= 0{,}02 \text{ m}; & \lambda_4 &= 0{,}6 \text{ kcal/m h °C} \end{aligned}$$

Hiernach ergibt sich:

$$\begin{aligned} \underline{1/\Lambda} &= \frac{0{,}02}{0{,}75} + \frac{0{,}035}{0{,}08} + \frac{0{,}15}{1{,}3} + \frac{0{,}02}{0{,}6} \\ &= 0{,}02_5 + 0{,}44 + 0{,}11_5 + 0{,}03_5 \\ &= \underline{0{,}61_5\ m^2\ h\ {}^\circ C/kcal} \end{aligned}$$

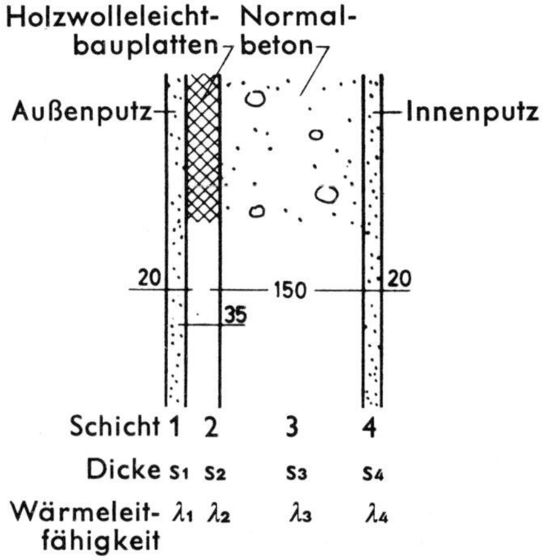

Holzwolleleicht-bauplatten
Normalbeton
Außenputz
Innenputz
20
150
20
35
Schicht 1 2 3 4
Dicke s1 s2 s3 s4
Wärmeleitfähigkeit λ1 λ2 λ3 λ4

Abb. 102: Wandaufbau (Beispiel 1, Abschnitt 3.112).

Beispiel 2: 2,4 cm Holzfußboden auf Lagerhölzern 40/80 mm; 12 cm Stahlbeton-massivplatte, unterseitig 1,5 cm dick verputzt (Abb. 103).

Bei Bauteilen, in denen verschiedene Stoffe nebeneinanderliegen werden zuerst die Wärmedurchlaßwiderstände bzw. Wärmedurchlaßkoeffizienten dieser Teile er-rechnet und hieraus unter Berücksichtigung ihres Flächenanteils der mittlere Wärmedurchlaßwiderstand des ganzen Bauteils bestimmt (s. Abschnitt 1.142).

Teil A (s. Abb. 103):

Schichtdicken und Wärmeleitfähigkeiten

$$s_1 = 0,024 \text{ m}; \quad \lambda_1 = 0,12 \text{ kcal/m h } °C$$
$$s_2 = 0,04 \text{ m}; \quad \lambda_2 = 0,12 \text{ kcal/m h } °C$$
$$s_3 = 0,12 \text{ m}; \quad \lambda_3 = 1,75 \text{ kcal/m h } °C$$
$$s_4 = 0,015 \text{ m}; \quad \lambda_4 = 0,6 \text{ kcal/m h } °C$$

Wärmedurchlaßwiderstand

$$1/\Lambda_A = \frac{0,024}{0,12} + \frac{0,04}{0,12} + \frac{0,12}{1,75} + \frac{0,015}{0,6}$$
$$= 0,2 + 0,33 + 0,07 + 0,02_5$$
$$= \underline{0,62_5} \quad \frac{m^2 \ h \ °C}{kcal}$$

Wärmedurchlaßkoeffizient

$$\underline{\Lambda_A} = \frac{1}{0,62_5} = \underline{1,6 \ kcal/m^2 \ h \ °C}$$

Flächenanteil

$$\underline{p_A} = \frac{0,08}{0,5} = \underline{0,16}$$

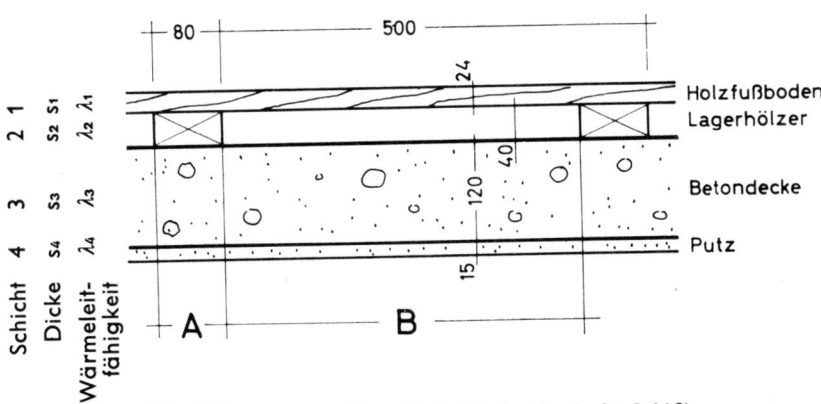

Abb. 103: Deckenaufbau (Beispiel 2, Abschnitt 3.112).

183

Teil B (s. Abb. 103):
Schichtdicken und Wärmeleitfähigkeiten bzw. Wärmedurchlaßwiderstände

$$s_1 = 0{,}024 \text{ m}; \qquad \lambda_1 = 0{,}12 \text{ kcal/m h }^\circ\text{C}$$
$$s_2 = 0{,}04 \text{ m}; \qquad 1/\Lambda_2 = 0{,}23 \text{ m}^2 \text{ h }^\circ\text{C/kcal}[87])$$
$$s_3 = 0{,}12 \text{ m}; \qquad \lambda_3 = 1{,}75 \text{ kcal/m h }^\circ\text{C}$$
$$s_4 = 0{,}015 \text{ m}; \qquad \lambda_4 = 0{,}6 \text{ kcal/m h }^\circ\text{C}$$

Wärmedurchlaßwiderstand

$$1/\Lambda_B = \frac{0{,}024}{0{,}12} + 0{,}23 + \frac{0{,}12}{1{,}75} + \frac{0{,}015}{0{,}6}$$
$$= 0{,}2 + 0{,}23 + 0{,}07 + 0{,}02_5$$
$$= 0{,}52_5 \ \frac{m^2 \ h \ ^\circ C}{kcal}$$

Wärmedurchlaßkoeffizient

$$\Lambda_B = \frac{1}{0{,}52_5} = 1{,}9 \ kcal/m^2 \ h \ ^\circ C$$

Flächenanteil

$$p_B = \frac{0{,}42}{0{,}5} = 0{,}84$$

Mittlerer Wärmedurchlaßwiderstand des ganzen Bauteils

$$1/\Lambda_m = \frac{1}{0{,}16 \cdot 1{,}6 + 0{,}84 \cdot 1{,}9}$$
$$= \frac{1}{0{,}256 + 1{,}6} = \frac{1}{1{,}856}$$
$$= 0{,}54 \ m^2 \ h \ ^\circ C/kcal$$

1.312 Wärmedurchgangskoeffizient

Der Wärmedurchgangskoeffizient k eines Bauteils ist die Grundlage für die Berechnung des Wärmedurchganges, der z. B. für die Ermittlung des Heizwärmebedarfes eines Raumes benötigt wird.

Bei der Berechnung des Wärmedurchgangskoeffizienten müssen die Luftbewegung zu beiden Seiten des betreffenden Bauteiles und bei waagerechten Teilen, wie Decken, auch die Richtung des Wärmestromes bekannt sein, damit die richtigen Werte der Wärmeübergangskoeffizienten α gewählt werden können. Diese sind entsprechend den jeweiligen Verhältnissen nach Tafel 21 einzusetzen. Bei bekanntem Wärmedurchlaßwiderstand $1/\Lambda$ eines Bauteiles ergibt sich dessen Wärmedurchgangskoeffizient k zu

$$k = \frac{1}{1/\alpha_i + 1/\Lambda + 1/\alpha_a}$$

---

[87]) Luftschicht, Wärmestrom von oben nach unten (Kellerdecke); Wärmedurchlaßwiderstand nach Tafel 23 bzw. Abb. 87.

Bei Außenwänden, Decken über Terrassen und Flachdächern, ist im allgemeinen $1/\alpha_i + 1/\alpha_a = 0,19 \ m^2 \ h \ °C/kcal$, bei Zwischendecken beträgt dieser Wert 0,28, wenn der Wärmestrom von unten nach oben, und 0,4, wenn er von oben nach unten gerichtet ist (z. B. bei Kellerdecken). Unter Zugrundelegung dieser Werte läßt sich der Zusammenhang zwischen Wärmedurchgangskoeffizient k und Wärmedurchlaßwiderstand $1/\Lambda$ eines Bauteiles allgemein errechnen und als Diagramm darstellen, das die Ablesung der gewünschten Werte ohne Rechnung ermöglicht (s. Abb. 104).

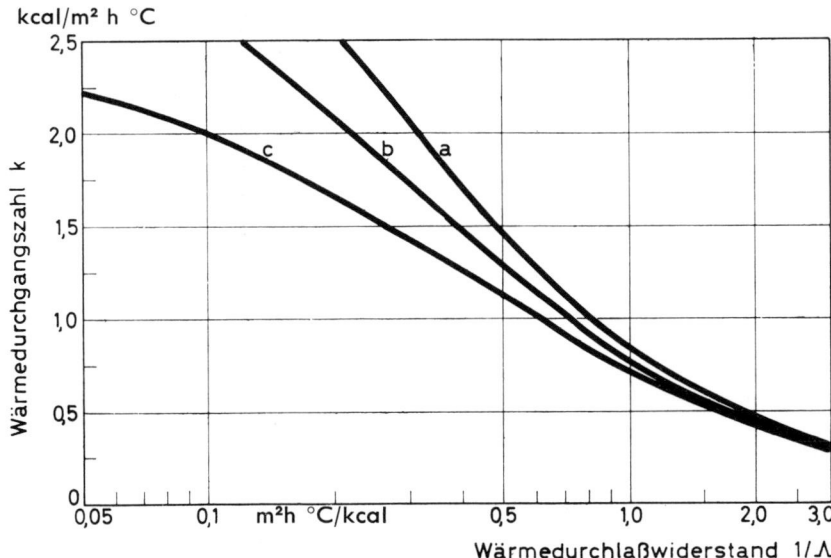

Abb. 104: Zusammenhang zwischen Wärmedurchgangskoeffizient k und Wärmedurchlaßwiderstand $1/\Lambda$ von Bauteilen.
a: Außenwände, Flachdächer, Decken unter Terrassen;
b: Innendecken, Wärmestrom von unten nach oben, auch Decken über offenen Durchfahrten;
c: Innendecken, Wärmestrom von oben nach unten.

Nachstehend werden die Wärmedurchgangskoeffizienten der in den Beispielen 1 und 2 in Abschnitt 3.112 behandelten Konstruktionen errechnet.

Beispiel 1: 15 cm dicke Normalbetonwand (B 120), auf der Außenseite 3,5 cm Holzwolle-Leichtbauplatten, beiderseits 2 cm Putz (Abb. 102).
Bei dieser Außenwand mit einem Wärmedurchlaßwiderstand $1/\Lambda$ von $0,61_5 \ m^2 \ h$ °C/kcal ist mit folgenden Wärmeübergangskoeffizienten zu rechnen:

$$\alpha_i = 7 \ kcal/m^2 \ h \ °C$$
$$\alpha_a = 20 \ kcal/m^2 \ h \ °C$$

185

Der Wärmedurchgangskoeffizient k ergibt sich demnach zu:

$$k = \frac{1}{1/7 + 0,615 + 1/20} = \frac{1}{0,80_5}$$
$$= 1,24 \; kcal/m^2 \; h \; °C$$

Beispiel 2: 24 cm Holzfußboden auf Lagerhölzern 40/80 mm; 12 cm Stahlbeton-massivplatte, unterseitig 1,5 cm dick verputzt (Abb. 103).

Nimmt man an, es handle sich hierbei um eine Kellerdecke (Wärmedurchlaß-widerstand $1/\Lambda = 0,54$ m² h °C/kcal), so ist mit Wärmeübergangskoefizienten α von 5 kcal/m² h °C auf jeder Deckenseite zu rechnen. Der Wärmedurchgangs-koeffizient k ergibt sich dann zu:

$$k = \frac{1}{1/5 + 0,54 + 1/5} = \frac{1}{0,94}$$
$$= 1,06 \; kcal/m^2 \; h \; °C$$

1.32 Temperaturverhältnisse in Bauteilen

Die Kenntnis der Oberflächentemperaturen, sowie der Temperaturverteilung im Innern von Bauteilen ist notwendig, um diese im Hinblick auf etwa auftretendes Tauwasser oder innere Kondensation beurteilen zu können (s. Teil C, Feuchtig-keitsschutz). Außerdem ist die innere Oberflächentemperatur von Bauteilen für die raumklimatischen und damit gesundheitlichen Verhältnisse in den betreffenden Räumen bedeutungsvoll.

Auf Grund der in Abschnitt 1.14 angegebenen Gleichungen läßt sich die Tempe-raturverteilung in Bauteilen, die aus Baustoffschichten aufgebaut sind, bei Kennt-nis der Lufttemperaturen zu beiden Seiten des betreffenden Bauteils für den Be-harrungszustand der Wärmeströmung berechnen.

Dies soll am Beispiel der in Abb. 102 gezeichneten Wand gezeigt werden. Wählt man die in Abb. 105 angegebenen Bezeichnungen für die Temperaturen, so er-geben sich diese wie folgt:

$$\vartheta_1 = \vartheta_{La} + \frac{k}{\alpha_a} \; (\vartheta_{Li} - \vartheta_{La})$$

$$\vartheta_2 = \vartheta_1 + \frac{k}{\Lambda_1} \; (\vartheta_{Li} - \vartheta_{La})$$

$$\vartheta_3 = \vartheta_2 + \frac{k}{\Lambda_2} \; (\vartheta_{Li} - \vartheta_{La})$$

$$\vartheta_4 = \vartheta_3 + \frac{k}{\Lambda_3} \; (\vartheta_{Li} - \vartheta_{La})$$

$$\vartheta_5 = \vartheta_4 + \frac{k}{\Lambda_4} \; (\vartheta_{Li} - \vartheta_{La})$$

$$= \vartheta_{Li} - \frac{k}{\alpha_i} \; (\vartheta_{Li} - \vartheta_{La})$$

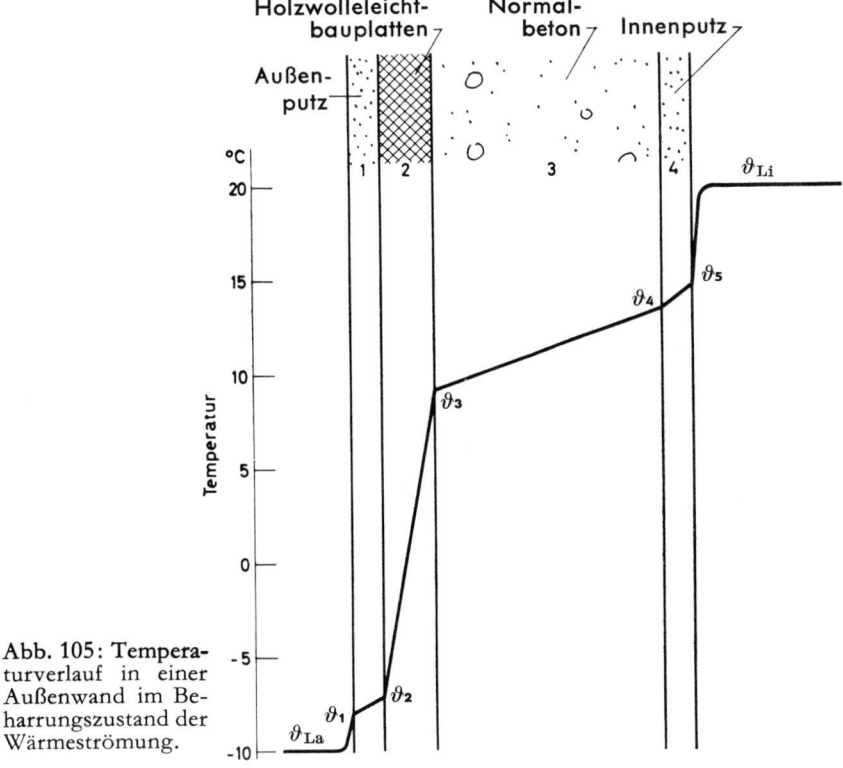

Abb. 105: Temperaturverlauf in einer Außenwand im Beharrungszustand der Wärmeströmung.

Tafel 28: **Oberflächentemperaturen der Stoffschichten in einer Wand nach Abb. 89 im Beharrungszustand bei Lufttemperaturen von 20 °C bzw. —10 °C zu beiden Seiten**

Schicht	Stoff	Oberflächentemperatur °C
1	Außenputz	ϑ_1: —8,15 ϑ_2: —7,2
2	Holzwolle-Leichtbauplatten	ϑ_2: —7,2 ϑ_3: +9,3
3	Normalbeton	ϑ_3: +9,3 ϑ_4: +13,5
4	Innenputz	ϑ_4: +13,5 ϑ_5: +14,8

Nimmt man die Lufttemperaturen zu beiden Seiten des Bauteils mit $\vartheta_{Li} = 20\ °C$ und $\vartheta_{La} = -10\ °C$ an, so ergeben sich unter Verwendung der in Abschnitt 1.3112 angegebenen Werte für die Schichtdicken und Wärmeleitfähigkeiten der Stoffe, die in Tafel 28 angegebenen Temperaturen auf und in dem Bauteil. In Abb. 105 ist die Temperaturverteilung in dem Bauteil gezeichnet.

1.4 Wärmespeicherfähigkeit

Die Temperatur auf der inneren Oberfläche einer Außenwand ist beim Dauerheizen bei einer bestimmten Lufttemperatur in erster Linie von der Wärmedämmung der Wandkonstruktion und von der Außentemperatur abhängig. Bei periodischem Heizen und bei schwankenden Außentemperaturen ist außerdem die Wärmespeicherfähigkeit der Wand von Einfluß.

Die Wärmespeicherfähigkeit eines Stoffes ist das Produkt aus der Masse (Gewicht) und der spezifischen Wärmekapazität des betreffenden Stoffes. Die in einem Bauteil gespeicherte Wärmemenge ist um so größer, je größer der Unterschied zwischen der Temperatur des Bauteils und der Temperatur der umgebenden Luft und je größer die Wärmespeicherfähigkeit des Bauteils ist.

1.41 Aufheizen

Das Aufheizen eines Raumes erfolgt um so schneller, je kleiner der Wärmeeindringkoeffizient b (s. Abschnitt 1.23) der Raumbegrenzungsflächen, insbesondere der Außenwände ist (s. Abb. 106). Bei homogenen, also einschichtigen Wänden, ist

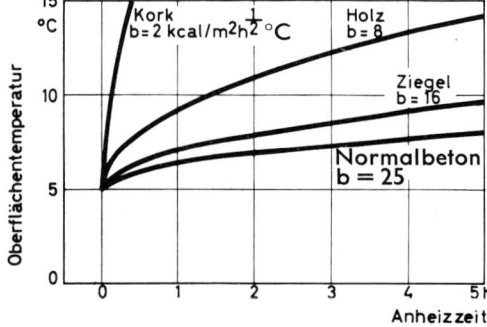

Abb. 106: Oberflächentemperatur der Wandflächen eines Raumes beim Aufheizen mit konstanter Heizleistung, abhängig von der Zeit bei Wandmaterialien verschiedener Wärmeeindringkoeffizienten b.

ein kleiner Wärmeeindringkoeffizient gleichbedeutend mit einer niedrigen Wärmeleitfähigkeit des Wandmaterials und niedrigem Wandgewicht. Bei Schichtwänden sind in erster Linie die Eigenschaften der innenliegenden Wandschichten maßgebend.

Rasches Aufheizen der Wände ist erwünscht vom Standpunkt der Behaglichkeit und im Hinblick auf die Vermeidung von Tauwasserbildung auf den Wandflächen. Es wird erreicht durch Anordnen der Wärmedämmschichten auf der Innenseite der Wände.

188

1.42 Auskühlen

Das Auskühlen einer Wand richtet sich nach dem Verhältnis der in 1 m² der Wand bei 1 °C Übertemperatur gespeicherten Wärmemenge Q_s (kcal/m² · °C) zum Wärmedurchlaßkoeffizienten Λ (kcal/m² h °C):

Für homogene Wände ist

$$\frac{Q_s}{\Lambda} = \frac{c \cdot \varrho \cdot s}{\Lambda} = \frac{c \cdot \varrho \cdot s^2}{\lambda} \ldots \tag{30}$$

c: Spez. Wärmekapazität des Wandbaustoffes (kcal/kg · °C)
ϱ: Rohdichte des Wandbaustoffes (kg/m³)
λ: Wärmeleitfähigkeit des Wandbaustoffes (kcal/m h °C)
s: Dicke der Wand (m)

Je größer der Wert Q_s/Λ ist, um so langsamer kühlt die Wand aus. Eine kleine Wärmespeicherfähigkeit, etwa auf Grund eines geringen Wandgewichtes, kann in gewissem Umfange durch eine höhere Wärmedämmung der Wand ausgeglichen werden.

Schichtwände kühlen um so langsamer aus, je näher die gut wärmedämmende Schicht an der äußeren Wandoberfläche liegt. Die Forderungen nach raschem Aufheizen und langsamen Auskühlen einer Wand — und damit eines Raumes — widersprechen sich somit in gewissem Umfange.

1.43 Außentemperaturschwankungen

Schwankungen der Außentemperatur bzw. der Sonnenzustrahlung sollen sich innerhalb der Bauten möglichst wenig auswirken. Wie stark sich solche Schwankungen innerhalb der Bauten bemerkbar machen, wird durch die „Wärmeträgheit" oder das „Wärmebeharrungsvermögen" der Bauten bzw. der Bauteile bestimmt.

Die Temperaturamplituden, die auf der Außenoberfläche eines Bauteils entstehen, werden durch den Bauteil mit mehr oder weniger gedämpfter Amplitude auf dessen Innenoberfläche auftreten. Das Verhältnis der Temperaturamplitude an der äußeren Bauteiloberfläche und der an der inneren Oberfläche ist die „Temperaturamplitudendämpfung" des Bauteils, bzw. deren Kehrwert das Temperaturamplitudenverhältnis ν. Mit der Dämpfung der Temperaturamplituden ist eine „Phasenverschiebung" verbunden, d. h. die Temperaturspitzen bzw. -tiefstwerte treten auf der Innenseite zeitlich verschoben gegenüber denen auf der Außenseite des Bauteils auf (s. Abb. 107).

Je kleiner das Temperatur-Amplitudenverhältnis ist, um so größer wird in der Regel die Phasenverschiebung.

Es ist daher vorgeschlagen worden[88]), in warmen Gegenden die Wohnräume mit schweren Außenwänden zu versehen, damit die nächtliche Kühle im Rauminnern während der Mittagszeit wirksam wird, die Schlafräume sollen dagegen leichte Wände erhalten, damit sie nachts schnell auskühlen.

---

[88]) Billington, N. S. „Thermal Properties of Buildings". London 1952.

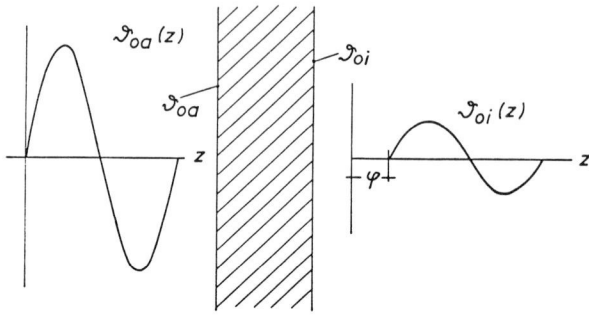

Abb. 107: Zur Definition des Temperatur-Amplitudenverhältnisses

ϑ_{oa}, ϑ_{oi}: Oberflächentemperaturen auf der Außenseite bzw. der Innenseite der Wand

z: Zeit

φ: Phasenverschiebung

Periode: 24 Stunden.

Für homogene Bauteile läßt sich das Temperatur-Amplitudenverhältnis abhängig vom Wärmedurchlaßwiderstand $1/\Lambda$ der Bauteile für verschiedene Werte von $Qs = c \cdot \varrho \cdot s$ (s. Abschnitt 1.42) nach dem Diagramm der Abb. 108 bestimmen. Der Einfluß der Dicke homogener Bauteile auf das Temperatur-Amplitudenverhältnis ist für verschiedene Stoffe aus Abb. 109 zu ersehen.

1.5 Fußwärme

„Fußwärme" oder „Fußkälte" sind Empfindungen des Menschen, die einen Zustand der Behaglichkeit oder des Unbehagens ausdrücken und die ganz verschiedene Ursachen haben können. Abgesehen von der Empfindlichkeit und Disposition des Menschen, kann das Gefühl der Fußkälte z. B. durch Zugerscheinungen hervorgerufen werden, wenn dabei die Beine und vor allem die Knöchelpartie durch den kalten Luftstrom getroffen werden. Bei unbekleidetem Fuß entsteht das Gefühl der Fußkälte beim Stehen und Gehen auf Bodenflächen niedriger Temperatur. Allerdings spielt in diesem Falle erfahrungsgemäß das Bodenmaterial ebenfalls eine Rolle. Ein Betonboden fühlt sich kälter an als ein Holzfußboden oder gar ein Korkbelag. Offenbar ist das Gefühl der Fußwärme oder Fußkälte eng verknüpft mit der dem Fuß oder dem Bein entzogenen Wärme. Dabei kann der Wärmeentzug an der Fußsohle durch Berührung mit dem Boden oder am Bein, etwa durch Kaltluft, erfolgen. Welche dieser beiden Ursachen im einen oder anderen Fall für die Empfindung bestimmend ist, hängt wohl in erster Linie von der Art der Fußbekleidung ab. Bei nacktem Fuß ist der Wärmeübergang von der Fußsohle zum Boden ausschlaggebend und die Wärmeabgabe vom Bein tritt in ihrer Wirkung zurück. Beim bekleideten Fuß, bei dem zwischen Fußsohle und Boden der oft erhebliche Wärmedurchlaßwiderstand von Schuhsohle und

190

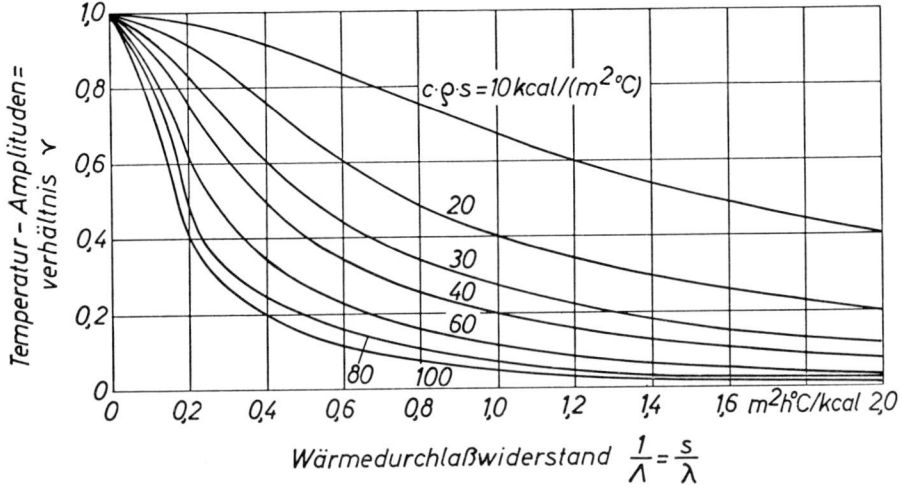

Abb. 108: Temperatur-Amplitudenverhältnis v homogener Wände, abhängig vom Wärmedurchlaßwiderstand $1/\Lambda$.

s: Wanddicke (m)
λ: Wärmeleitfähigkeit des Wandmaterials (kcal/m h °C)
c: spez. Wärmekapazität des Wandmaterials (kcal/kg °C)
ϱ: Rohdichte des Wandmaterials (kg/m³).

Strumpf liegt, werden Zugerscheinungen und niedrige Lufttemperaturen in Bodennähe die Hauptursache kalter Füße sein.

1.51 Unbekleideter Fuß

Beim Begehen eines Bodens mit unbekleideten Füßen entscheiden die oberflächennahen Schichten des Bodens zusammen mit der Bodentemperatur über das Gefühl der Fußwärme oder Fußkälte. Und zwar ist es der Wärmeeindringkoeffizient b dieser Stoffe (s. Abschnitt 1.24), die den Wärmefluß vom Fuß zum Boden und die am Fuß empfundene Temperatur bestimmt. Aus diesem Grunde können Fußböden, deren Gehschicht verhältnismäßig dick ist (einige cm), auf Grund des Wärmeeindringkoeffizienten des Bodenmaterials im Hinblick auf die Fußwärme beurteilt werden. Je kleiner der b-Wert des Bodens ist, um so wärmer wirkt der Boden. Bei Schichtböden, insbesondere Bahnenbelägen auf Estrichen und dgl., wird der Boden auf Grund seiner „Wärmeableitung" beurteilt.
Die Wärmeableitung eines Bodens wird mittels eines auf diesen aufgesetzten Heizkörpers bestimmt, bei dem entweder die sich an der Berührungsfläche einstellende Temperatur oder der Wärmefluß vom Heizkörper zum Boden, abhängig von der Zeit, gemessen und aufgezeichnet wird. Die so gewonnene Wärmeableitungs-

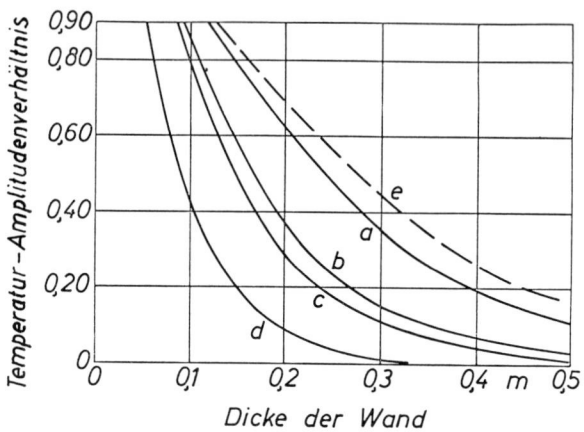

Abb. 109: Temperatur-Amplitudenverhältnis homogener Wände aus verschiedenen Stoffen, abhängig von der Wanddicke.

a: Normalbeton $\lambda = 1,75$ kcal/(m h °C), $\varrho = 2300$ kg/m³
b: Leichtbeton $\lambda = 0,43$ kcal/(m h °C), $\varrho = 1200$ kg/m³
c: Gasbeton $\lambda = 0,14$ kcal/(m h °C), $\varrho = 500$ kg/m³
d: Holz $\lambda = 0,12$ kcal/(m h °C), $\varrho = 650$ kg/m³
e: Wärmedämmstoff $\lambda = 0,035$ kcal/(m h °C), $\varrho = 30$ kg/m³

kurve erlaubt eine Beurteilung des Bodens im Hinblick auf die Fußwärme beim Begehen mit unbekleidetem Fuß.

Abb. 110 zeigt die Wärmeableitungskurven einiger Fußböden, und zwar die Temperatur der Fußsohle beim Stehen auf dem betreffenden Boden, abhängig von der Berührungszeit. Sinkt die Berührungstemperatur während der Meßzeit von 10 Minuten um mehr als 4 °C, so wird der betreffende Boden als nicht mehr ausreichend fußwarm empfunden.[89]
Die Wärmeableitungskurve der beschriebenen Art ist zwar sehr anschaulich und gibt einen guten Einblick in das wärmetechnische Verhalten von Böden im Hinblick auf die Fußempfindung. Da aber die Ermittlung dieser Kurven meßtechnisch recht aufwendig ist und da das Ergebnis nicht ohne weiteres in einer Zahl ausgedrückt werden kann, wurde für die Bestimmung der Wärmeableitung von Fußböden ein von Cammerer[90] vorgeschlagenes Verfahren als Norm-Prüfverfahren in dem Normblatt DIN 52614 festgelegt. Nach dem Normverfahren wird die innerhalb einer Meßzeit von 1 Minute und von 10 Minuten von einem Prüfheizkörper an den Boden fließende Wärmemenge (in kcal/m²) bestimmt. Je nach der ermittelten „Wärmeableitung" W_1 bzw. W_{10} kann der Fußboden einer

[89] Schüle, W. ,,Untersuchungen über die Hauttemperatur des Fußes beim Stehen auf verschiedenartigen Fußböden". Ges.-Ing. 75 (1954), S. 380.
[90] Cammerer, J. S. ,,Prüfung der Wärmeableitung von Fußböden in der Praxis". boden, wand und decke (1959), S. 66.

192

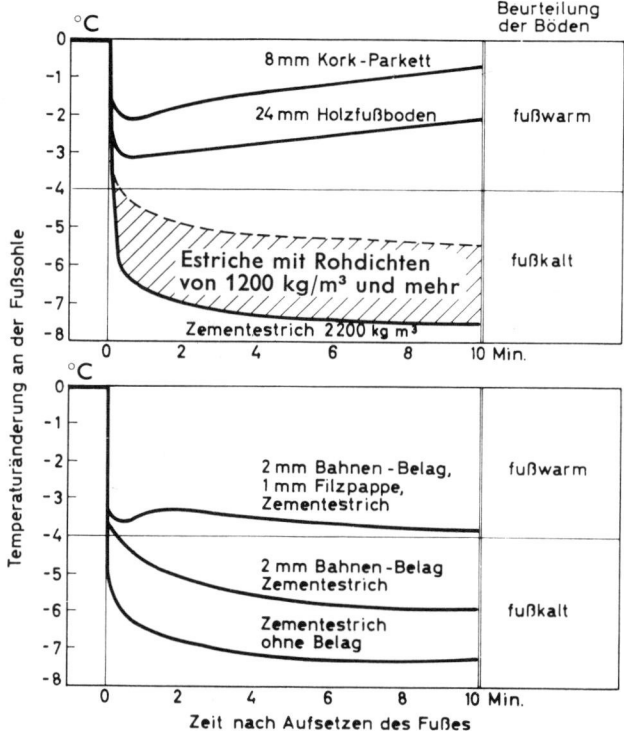

Abb. 110: Wärmeableitungskurven von Fußböden und ihre Beurteilung (nach Schüle).

„Wärmeableitungsstufe" I bis III zugeordnet werden. Auf Grund dieser Wärmeableitungsstufen kann der Boden beurteilt werden. In Tafel 29 sind die Wärmeableitungen nach DIN 52614 und die zugehörigen Wärmeableitungsstufen und Beurteilungen zusammengestellt.

Tafel 29: **Wärmeableitung von Fußböden nach DIN 52614, Wärmeableitungsstufe und Beurteilung der Böden**

Wärmeableitung in kcal/m²		Wärme-ableitungs-stufe	Beurteilung des Bodens
W_1 (1 Minute)	W_{10} (10 Minuten)		
bis 9	bis 45	I	besonders fußwarm
über 9 bis 12	über 45 bis 70	II	ausreichend fußwarm
über 12	über 70	III	nicht ausreichend fußwarm

193

1.52 Bekleideter Fuß

In der Regel wird ein Fußboden mit bekleideten Füßen begangen. Lediglich in Wohnungen muß damit gerechnet werden, daß Böden zeitweilig auch mit nackten Füßen betreten werden. Beim Aufenthalt auf einem Boden mit bekleideten Füßen ist ein Einfluß des Bodenmaterials auf die Fußempfindung praktisch nicht mehr feststellbar, dagegen bestimmen Fußbodentemperatur, Lufttemperatur in Bodennähe und Aufenthaltsdauer im wesentlichen die Empfindungen am Fuß. Die dabei geltenden Zusammenhänge sind in den Diagrammen der Abb. 111 und 112 wiedergegeben. Hiernach lassen sich Behaglichkeitsbereiche angeben, die durch das Verhältnis der Fußbodentemperatur zur Aufenthaltsdauer (Abb. 111) bzw. Fußbodentemperatur zur Lufttemperatur (Abb. 112) bestimmt sind.[91]

Die Folgerung hieraus ist die, daß Fußböden eine bestimmte Mindesttemperatur aufweisen müssen, wenn Fußkälte vermieden werden soll. Bei einer Lufttemperatur im beheizten Raum von etwa 20° C muß die Oberflächentemperatur des Bodens zwischen 16 und 19° C liegen, um bei mehrstündigem Aufenthalt in dem betreffenden Raum die Voraussetzung für behagliche Fußwärmeverhältnisse zu bieten. Durch Einhalten bestimmter Wärmedurchlaßwiderstände der Decken kann bei Dauerheizung die Forderung nach ausreichender Bodentemperatur erfüllt werden, da in diesem Falle (Dauerheizung) die Oberflächentemperatur der Böden durch die Lufttemperaturen zu beiden Seiten der Decke und deren Wärmedurchlaßwiderstand bestimmt ist (Abb. 113).

Beim Anheizen von Räumen hängt die sich dabei einstellende Oberflächentemperatur der Böden nicht vom Wärmedurchlaßwiderstand der Decken, sondern vom Bodenmaterial, und zwar in erster Linie von dessen Wärmeeindringkoeffizient b ab. Ein Boden erwärmt sich um so schneller, je kleiner der Wärmeeindringkoeffizient des Materials ist.

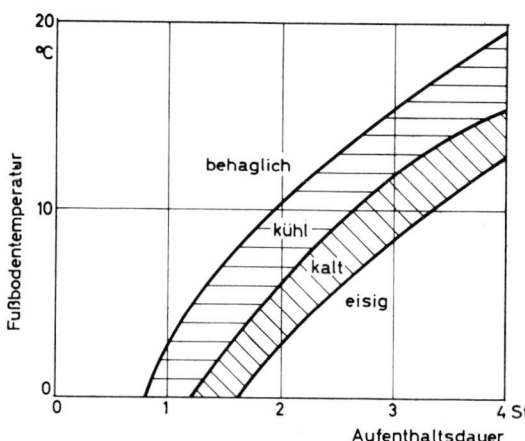

Abb. 111: Behaglichkeitsempfindungen bei bekleidetem Fuß in Räumen von 20° C Lufttemperatur, abhängig von Fußbodentemperatur und Aufenthaltsdauer (nach Frank).

[91] Frank, W. „Fußwärmeuntersuchungen am bekleideten Fuß". Ges.-Ing. 80 (1959), S. 193.

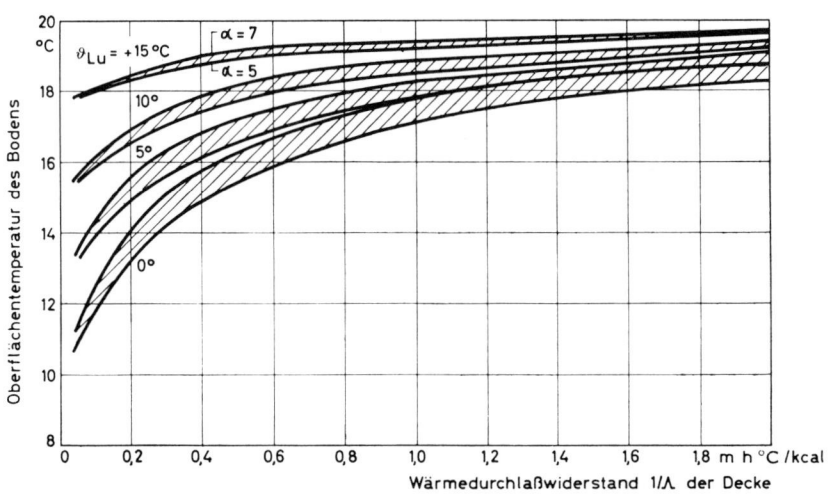

Abb. 112: Zusammenhang zwischen Fußbodentemperatur und Lufttemperatur für verschiedene Behaglichkeitsempfindungen bei einer Aufenthaltsdauer von 4 Stunden (nach Frank).

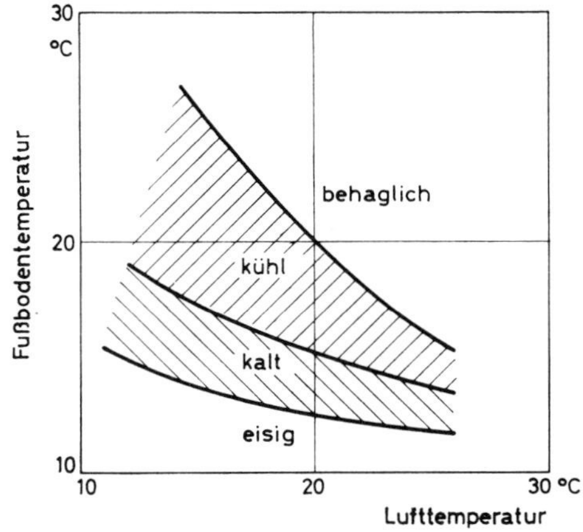

Abb. 113: Oberflächentemperatur von Decken (Raumlufttemperatur 20 °C), abhängig vom Wärmedurchlaßwiderstand.
ϑ_{LU} Lufttemperatur unter der Decke (°C)
α Wärmeübergangskoeffizient zu beiden Seiten der Decke (kcal/m² h °C)

In Wohnungen, bei denen mit kurzzeitiger und häufig unterbrochener Heizung gerechnet werden muß, sollte ein Fußboden aus einem Stoff mit kleinem Wärmeeindringkoeffizienten verwendet werden. Aus dem gleichen Grunde sind Dämmstoffe, die zur Erzielung des verlangten Wärmedurchlaßwiderstandes bei Decken

195

mit Fußböden verwendet werden, möglichst nahe der Fußbodenoberfläche anzuordnen.

Diese Forderung ist in gewissem Umfange identisch mit der nach Böden mit geringer Wärmeableitung, um die Voraussetzung für genügende Fußwärme beim
Begehen des Bodens mit unbekleidetem Fuß zu schaffen. Allerdings genügt es —
bedingt durch die relativ kurze Berührungszeit von wenigen Minuten beim
Stehen und Gehen auf einem Boden — zur Erzielung einer geringen Wärmeableitung im Sinne der Ausführungen von Abschnitt 1.51, eine dünne Dämmschicht
unter dem Gehbelag bzw. einen solchen geringer Wärmeableitung zu verwenden.
Eine allzu dünne Dämmschicht wird allerdings die Anwärmverhältnisse eines
Bodens nicht wesentlich verbessern können, da der Anheizvorgang sich über
wesentlich längere Zeit als einige Minuten erstreckt.

1.6 Wärmeverluste durch luftdurchlässige Bauteile (Fenster und Türen)

Besteht zwischen den beiden Seiten eines Bauteils eine Temperaturdifferenz, so
wird Wärmeenergie durch diesen Teil von der warmen zur kalten Seite strömen.
Die Größe dieses Wärmestromes ist durch den Wärmedurchgangskoeffizienten k
des betreffenden Bauteils, seine Fläche und die Temperaturdifferenz bestimmt.
Dies gilt jedoch nur, wenn der Bauteil keine Luftdurchlässigkeit besitzt. Handelt
es sich aber um Bauteile, die Fugen, Spalten und dgl. aufweisen, wie Fenster,
Türen usw., so kommt zu dem sogenannten Transmissionswärmeverlust noch
ein weiterer Wärmetransport hinzu, infolge des dann möglichen Luftdurchganges. Luft und damit Wärmeenergie wird durch einen luftdurchlässigen Bauteil transportiert, sofern eine Luftdruckdifferenz zu beiden Seiten des Bauteils
besteht. Ein Luftdruckunterschied zu beiden Seiten eines Bauteils tritt vor allem
bei Wind auf, der das betreffende Gebäude anströmt.

Prallt der Wind mit der Geschwindigkeit w (m/s) senkrecht auf eine Hauswand,
so entsteht ein Staudruck p_{st}, der, abhängig von der Windgeschwindigkeit, die
in Tafel 30 angegebenen Werte aufweist.

Tafel 30: **Staudruck auf senkrecht zur Oberfläche angeblasene Wandflächen**

Windgeschwindigkeit w	m/s	4	6	8	10	12	15
Staudruck p_{st}	kp/m² (mm WS)	1,03	2,3	4,1	6,4	9,2	14,3

Unter der Wirkung des Staudruckes dringt ein Teil der aufgeprallten Luft in den
Raum ein und erzeugt dort einen Druckanstieg auf p_i, dessen Höhe davon abhängt, wie rasch die Luft auf der Leeseite oder nach einer windstillen Seite ab-
ziehen kann. Der für den Luftdurchgang durch den Bauteil und damit für den

dadurch bedingten Wärmeverlust maßgebende Druckunterschied $p_a - p_i$ ist daher nur ein Bruchteil des Staudruckes p_{st}. Dieser Bruchteil beträgt bei Gebäuden, je nach Raumanordnung, Größe und Zahl der Fenster bzw. Türen $1/4$ bis $1/2$.

Die Luftmenge V (m³/h), die stündlich infolge des Druckunterschiedes $p_a - p_i$ (mm WS) durch Fenster, Türen und dgl. strömt, ist gegeben durch

$$V = l \cdot a \; (p_a - p_i) \; ^{2/3} \quad [m^3/h] \tag{31}$$

Dabei ist l die Länge der Fugen des Fensters oder der Tür und a ein Zahlenwert, in dem die Fensterbauart und die Güte der Ausführung zum Ausdruck kommt. a ist gleich der Luftmenge, die stündlich durch 1 m der Tür- oder Fensterfugen bei einem Druckunterschied zu beiden Seiten von 1 mm WS strömt (sogenannte Fugendurchlässigkeit).

Der Zusammenhang zwischen der Druckdifferenz $p_a - p_i$ und der Luftmenge V ist für 1 m Fugenlänge und für verschiedene Werte von a in Abb. 114 angegeben.

Der Wärmeverlust q_L, der infolge des Luftdurchganges entsteht, ergibt sich aus der Temperaturdifferenz $\vartheta_{Li} - \vartheta_{La}$ zu beiden Seiten des Bauteils und dem Luftdurchgang V zu:

$$q_L = V \cdot 0{,}31 \, (\vartheta_{Li} - \vartheta_{La}) \quad [kcal/h] \tag{32}$$

Dabei ist die Zahl 0,31 die spez. Wärmekapazität (kcal/m³ · °C) der Luft.

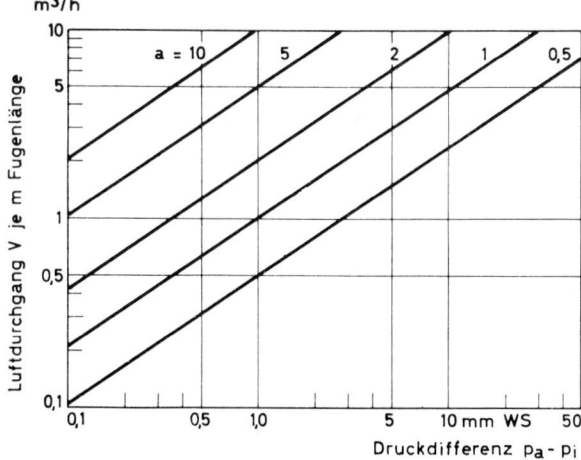

Abb. 114: Luftdurchgang V durch Fenster- und Türfugen je m Fugenlänge, abhängig v. der Druckdifferenz $p_a - p_i$ bei verschiedenen a-Werten der Fugen.

2. Praktischer Wärmeschutz

Im folgenden werden die wärmeschutztechnischen Anforderungen behandelt, die an Bauteile zu stellen sind und daran anschließend die Maßnahmen erörtert, die zur Verwirklichung des notwendigen Wärmeschutzes bei Bauten getroffen werden müssen.

2.1 Die wärmeschutztechnischen Anforderungen an Bauteile

Das Bestreben, gesunde und wirtschaftlich beheizbare Wohnungen zu schaffen, hat im Laufe der Zeit zu bestimmten Anforderungen an die Bauteile (Wände, Decken, Dächer und Fußböden) hinsichtlich ihrer Wärmedämmung geführt, die in dem Normblatt DIN 4108 (Wärmeschutz im Hochbau) niedergelegt sind.

An und für sich führen verschiedene Wege zur Bemessung von Bauteilen. Neben den statischen Anforderungen können wirtschaftliche Überlegungen sowie hygienische Betrachtungen zum Ziele führen. Erfahrungen mit den seit langem üblichen Bauarten und hygienische Gesichtspunkte waren es, die zu den Mindestwerten des Wärmedurchlaßwiderstandes der Bauteile nach DIN 4108 führten. Die wichtigste hygienische Forderung bei Außenbauteilen (Wände, Dachdecken) war hierbei die Kondenswasserfreiheit der Wand- und Deckenoberflächen bei durchschnittlicher Lufttemperatur (20 ° C) und relativer Luftfeuchte (50%) im beheizten Raum; bei Decken mit Fußböden (Kellerdecken, Wohnungstrenndecken) stand die Frage der Fußwärme, die eine genügend hohe Fußbodentemperatur voraussetzt, im Vordergrund der Überlegungen.

Die genannten hygienischen Forderungen führen letzten Endes dazu, daß bei normalem Wohnbetrieb während der kalten Jahreszeit bestimmte Temperaturen der raumseitigen Oberflächen von Wänden, Decken und Fußböden nicht unterschritten werden dürfen. Diese Forderung läßt sich, für den Dauerzustand der Beheizung, bei Einhaltung bestimmter Wärmedurchlaßwiderstände der Bauteile erfüllen.

Die Situation auf dem Energiesektor zwingt infolge der ansteigenden Kosten für Heizenergie und der Notwendigkeit der Energieeinsparung zur Berücksichtigung wirtschaftlicher Gesichtspunkte in bezug auf den winterlichen Wärmeschutz der Bauten. Neben dem winterlichen Wärmeschutz, der sich auf beheizte Bauten bezieht, darf der sommerliche Wärmeschutz nicht vernachlässigt werden. Durch ihn sollen unbehagliche raumklimatische Verhältnisse bei hohen Außentemperaturen und Sonnenzustrahlung zu den Bauten vermieden werden. Der wirtschaftliche Aspekt des sommerlichen Wärmeschutzes, der bei der Klimatisierung der Bauten von Bedeutung ist, tritt beim Wohnungsbau, bei dem in der Regel auf eine Klimatisierung verzichtet werden kann, weitgehend zurück.

2.11 Winterlicher Wärmeschutz

Die wärmetechnischen Mindestanforderungen an Bauteile bei Aufenthaltsräumen sind in DIN 4108 „Wärmeschutz im Hochbau" (Ausgabe 1969) sowie in den

198

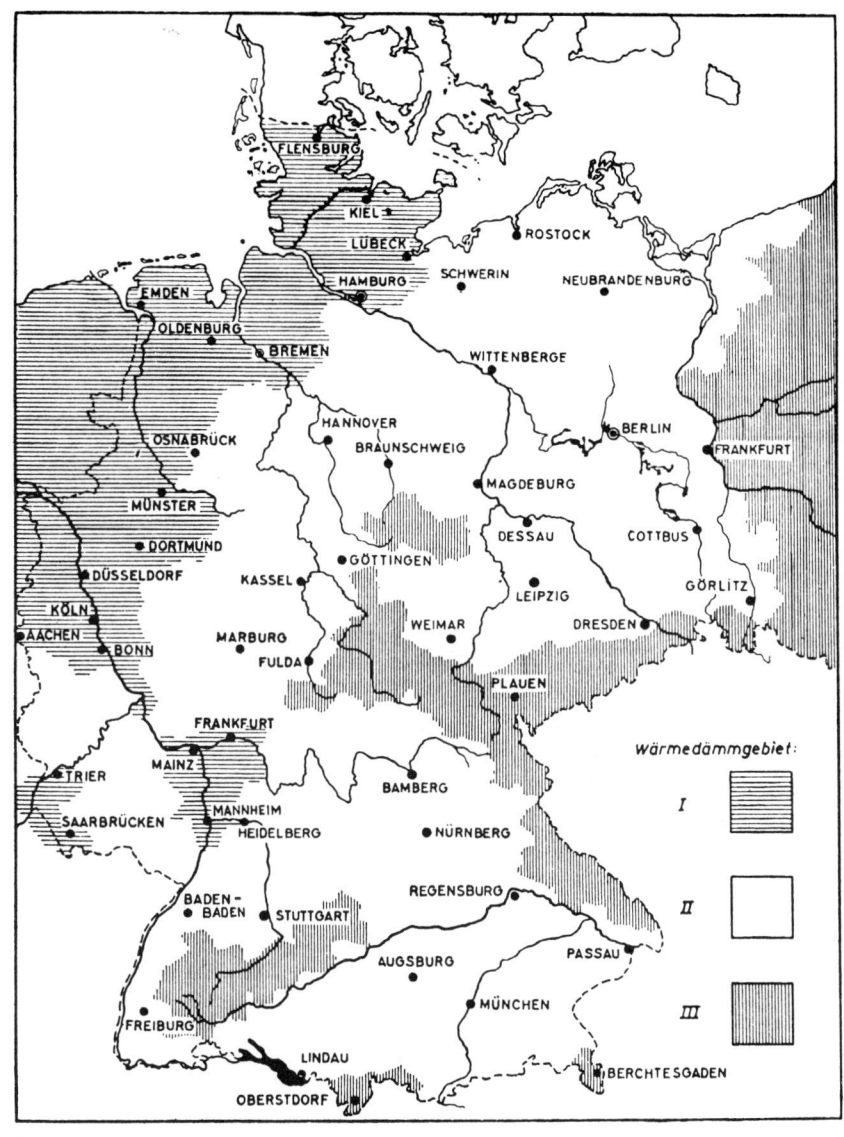

Abb. 115: Karte der Wärmedämmgebiete nach DIN 4108 „Wärmeschutz im Hochbau" S. 7.

199

Tafel 31: **Mindestwerte des Wärmeschutzes bei Aufenthaltsräumen**

Zeile		Bauteile		Wärmedurchlaßwiderstand (Wärmedämmwert) $1/\Lambda$ in m² h °C/kcal		Bemerkung
				In den Wärmedämmgebieten		
				II	III	
		1		2	3	4
1		Außenwände[1] [2])		0,55	0,65	an jeder Stelle
2	2.1	Wohnungstrennwände[3]) und Wände zwischen fremden Arbeitsräumen	in nicht zentralbeheizten Gebäuden	0,30		an jeder Stelle
	2.2		in zentralbeheizten Gebäuden[4])	0,08		
3		Treppenraumwände[5]) [6])		0,30		an jeder Stelle
4	4.1	Wohnungstrenndecken[3]) und Decken zwischen fremden Arbeitsräumen	in nicht zentralbeheizten Gebäuden	0,40		an jeder Stelle
	4.2		in zentralbeheizten Gebäuden[4])	0,20		
5		Unterer Abschluß nicht unterkellerter Aufenthaltsräume (an das Erdreich grenzend)		1,00		an jeder Stelle[12])
6	6.1	Decken unter nicht ausgebauten Dachgeschossen[1]) [7])		1,00		im Mittel
	6.2			0,50		an der ungünstigsten Stelle (Wärmebrücke)
7	7.1	Kellerdecken[8])		1,00		im Mittel
	7.2			0,50		an der ungünstigsten Stelle (Wärmebrücke)

Zeile		Bauteile	Wärmedurchlaßwider-stand (Wärmedämmwert) $1/\Lambda$ in m² h °C/kcal		
			In den Wärme-dämmgebieten		Bemerkung
			II	III	
		1	2	3	4
8	8.1	Decken, die Aufenthaltsräume nach unten gegen die Außenluft abgrenzen⁹)	2,00		im Mittel
	8.2			1,50	an der ungünstig-sten Stelle (Wärme-brücke)
9	9.1	Decken, die Aufenthaltsräume nach oben gegen die Außenluft abschließen¹)¹⁰)¹¹)	1,50¹⁰)		im Mittel
	9.2			0,90	an der ungünstig-sten Stelle (Wärme-brücke)

¹) Für leichte Bauteile unter 300 kg/m² ist Tafel 32 zu berücksichtigen. Auf Abschnitt 6.2.2 DIN 4108 Ausgabe August 1969 wird hingewiesen.

²) Zeile 1 gilt auch für Wände, die Aufenthaltsräume gegen Bodenräume (Abseitenwände siehe Fußnote ⁷)), Durchfahrten, offene Hausflure, Garagen (auch beheizte) oder dergleichen abschließen.

³) Wohnungstrennwände und -trenndecken sind Bauteile, die Wohnungen voneinander oder von fremden Arbeitsräumen trennen.

⁴) Als zentralbeheizt im Sinne des Normblattes DIN 4108 gelten Gebäude, deren Räume an eine gemeinsame Heizzentrale angeschlossen sind, von der ihnen die Wärme mittels Wasser, Dampf oder Luft unmittelbar zugeführt wird.

⁵) Die Zeile 3 gilt auch für Wände, die Aufenthaltsräume von fremden, dauernd unbeheizten Räumen trennen, wie abgeschlossene Hausfluren, Kellerräumen, Ställen, Lagerräumen usw.

⁶) Wenn in zentralbeheizten Gebäuden die Temperatur der Treppenräume auf mindestens +10°C gehalten wird und die Heizkörper des Treppenraumes nicht abstellbar sind, kann für den Mindestwärmedämmwert der Treppenraumwände die Zeile 2.2 zugrunde gelegt werden.

⁷) Die Zeile 6 gilt auch für Decken, die unter einem belüfteten Raum liegen, der nur bekriechbar oder noch niedriger ist, sowie für Decken von belüfteten Dachschrägen und Abseitenwände von ausgebauten Dachgeschossen. (Der freie Querschnitt von Zu- und Abluftöffnungen belüfteter Räume muß mindestens 2°/oo der Grundfläche des Luftraumes betragen.)

⁸) Zeile 7 gilt auch für Decken, die Aufenthaltsräume gegen abgeschlossene, unbeheizte Hausflure o.ä. abschließen.

⁹) Die Zeile 8 gilt auch für Decken, die Aufenthaltsräume gegen Garagen (auch beheizte) oder gegen Durchfahrten (auch verschließbare) abgrenzen.

¹⁰) Bei massiven Dachplatten ist die Wärmedämmschicht auf der Platte anzuordnen und der Wärmedämmwert der Zeile 9 in Abhängigkeit von der Länge der Dachplatte bzw. dem Fugenabstand gegebenenfalls noch zu erhöhen, um die Längenänderung der Platten infolge von Temperaturschwankungen zu vermindern.

¹¹) Zum Beispiel Dächer und Decken unter Terrassen.

¹²) Bei der Berechnung des Wärmedurchlaßwiderstandes sind nur die Schichten zu berücksichtigen, die oberhalb der Feuchtigkeitssperre liegen.

„Ergänzenden Bestimmungen zu DIN 4108" (Fassung Oktober 1974) niedergelegt. Durch die „Ergänzenden Bestimmungen" sind im bisherigen Wärmedämmgebiet I die dem Wärmedämmgebiet II zugeordneten Anforderungen einzuhalten. Eine Karte der Wärmedämmgebiete nach DIN 4108 zeigt Abb. 115.
Die Anforderungen an den Wärmedurchlaßwiderstand $1/\Lambda$ der Bauteile sind in
Tafel 31 zusammengestellt. Bei leichten Außenwänden, Decken unter nicht ausgebauten Dachgeschossen und Dächern mit flächenbezogenen Massen unter
300 kg/m² sind, abhängig von der Masse, erhöhte Wärmedurchlaßwiderstände
einzuhalten (s. Tafel 32).

Tafel 32: **Mindestwerte des Wärmeschutzes für leichte Außenwände, Decken unter nicht ausgebauten Dachgeschossen[1]) und Dächer[2]) mit Gewichten $\leq$ 300 kg/m²**

Zeile	Flächenbezogene Masse der Bauteile in kg/m²[3])	Wärmedurchlaßwiderstände (Wärmedämmwert) $1/\Lambda$ in m² h °C/kcal in den Wärmedämmgebieten	
		II	III
1	20	1,85	2,60
2	50	1,40	2,00
3	100	0,95	1,30
4	150	0,65	0,90
5	200	0,60	0,75
6	300	0,55	0,65

[1]) Für Decken unter nicht ausgebauten Dachgeschossen (siehe auch Tafel 31, Fußnote 7) darf
$1/\Lambda = 1,00$ m² h °C/kcal aus Tafel 31, Zeile 6, nicht unterschritten werden.
[2]) Für Dächer darf der Wert $1/\Lambda = 1,50$ m² h °C/kcal in Tafel 31, Zeile 9, nicht unterschritten
werden.
[3]) Zwischenwerte sind geradlinig einzuschalten.

Im folgenden werden noch Erläuterungen zu den in den Tafeln 31 und 32 zusammengestellten Anforderungen an den Wärmeschutz von Bauteilen gegeben, sowie
die aus wärmewirtschaftlichen Gründen gestellten zusätzlichen Anforderungen behandelt.

2.111 Wände

Die Mindestwerte des Wärmedurchlaßwiderstandes $1/\Lambda$ der Tafel 32 für A u ß e n -
w ä n d e gelten auch für Wände und Wandteile, die beheizte Räume gegen Bodenräume, Durchfahrten und offene Hausflure oder dgl. abschließen.
W o h n u n g s t r e n n w ä n d e sind Wände, die verschiedene Wohnungen voneinander oder von fremden Arbeitsräumen oder fremde Arbeitsräume voneinander
trennen. Die Anforderungen an Wohnungstrennwände gelten auch für Wände, die
Aufenthaltsräume von fremden, dauernd unbeheizten Räumen trennen, wie abgeschlossene Hausflure, Kellerräume, Lagerräume usw.

Bei zweischaligem Mauerwerk mit belüfteter Luftschicht darf die äußere Mauer-werksschale auf den Wärmedurchlaßwiderstand der Wand angerechnet werden, wenn die Belüftungsöffnungen gemäß DIN 1053 — Ausgabe November 1974 — Mauerwerk, Berechnung und Ausführung — ausgeführt werden (150 cm² Lüf-tungsöffnungen, jeweils unten und oben auf 20 m² Wandfläche).

2.112 Decken und Fußböden

2.1121 *Wärmedämmung*

Die wärmetechnischen Anforderungen an Decken gelten nicht nur für Wohn- und Schlafräume, sondern auch für Küchen und Flure.

Wohnungstrenndecken sind Decken, die verschiedene Wohnungen vonein-ander oder von fremden Arbeitsräumen oder fremde Arbeitsräume voneinander trennen.

Dieselben Anforderungen wie an Kellerdecken sind an Decken über abge-schlossenen unbeheizten Hausfluren und dgl. zu stellen.

Bei Einfamilienhäusern muß der Wärmeschutz der Decken unter dem Dach-boden und über dem Keller den in Tafel 31 vorgeschriebenen Wert haben. Es wird empfohlen, auch die übrigen Geschoßdecken, wie Wohnungstrenndecken, nach Tafel 31 zu bemessen.

2.1122 *Wärmeableitung und Fußwärme*

Bei Wohnungstrenndecken, Decken über Kellern, offenen Durchfahrten und dgl., sind in Wohn-, Schlafräumen und Küchen nur Fußböden mit geringer Wärmeableitung zulässig. Vorschriften über die noch zulässige Wärmeablei-tung bestehen nicht. Doch gibt das Normblatt DIN 52614 (s. Abschnitt 1.51) die Möglichkeit hierzu. Nach den Ausführungen im Abschnitt 1.5 muß bei Fuß-böden im Hinblick auf die Fußwärme unterschieden werden, ob die Böden nur mit bekleideten Füßen begangen werden, wie Büroräume, Fabrikräume und dgl. oder ob, wie bei Wohn- und Schlafräumen, auch damit gerechnet werden muß, daß die Böden auch zeitweilig mit nackten Füßen begangen werden. Außerdem spielt die Beheizungsart der Räume eine Rolle (Dauerheizung, zeitweilige Hei-zung).

Man kann demnach die Anforderungen an Böden in zwei Gruppen, entsprechend dem Verwendungszweck der Räume, einteilen:

Fußböden in Wohnhäusern müssen eine genügend kleine Wärmeableitung (z. B. Wärmeableitungsstufe I und II bei 1 und bei 10 Minuten Meßzeit) aufweisen.

An die Fußböden in Geschäftsräumen, die im allgemeinen dauernd beheizt sind, braucht in der Regel keine besondere Anforderung hinsichtlich der Wärmeab-leitung gestellt zu werden. Mit Rücksicht auf empfindliche Personen (insbesondere Frauen) erscheint es gerechtfertigt, zu fordern, daß die Fußböden wenigstens bei

10 Minuten Meßzeit nach DIN 52614 eine Wärmeableitung entsprechend der Stufe I oder II aufweisen.[92])

2.113 Dächer

Der bei Dächern in allen Wärmedämmgebieten geforderte Wärmedurchlaßwiderstand ist, vor allem im Hinblick auf den Schutz gegen zu starke Erwärmung durch Sonnenzustrahlung im Sommer, bei Aufenthaltsräumen, die unmittelbar unter den Dächern, Terrassen und dgl. liegen, mit mindestens 1,50 m² h °C/kcal festgelegt worden.

Aus dem gleichen Grunde wird empfohlen, die Wärmedämmschicht bei Flachdächern außen anzuordnen, um den Einfluß der Sonnenzustrahlung zu verringern. Bei leichten Dächern, deren Wärmedämmung nach Tafel 32 zu bemessen ist, darf bei der Ermittlung des Gewichtes die Dachhaut mitgerechnet werden.

2.114 Fenster und Türen

Nach den „Ergänzenden Bestimmungen zu DIN 4108" sind alle Fenster und Fenstertüren von Aufenthaltsräumen einschließlich ihren Nebenräumen (z. B. Bäder, Toiletten) mindestens mit doppelter Verglasung (Verbundfenster, Doppelfenster oder Isolierverglasung) mit einem Wärmedurchgangskoeffizienten $k_F \leqq 3,0$ kcal/(m² h °C) auszuführen.

Der Fugendurchlaßkoeffizient a der Fenster darf 2,0 m³/(h m) (Beanspruchungsgruppe A nach DIN 18055 Blatt 2 — Ausgabe August 1973 — Fenster, Fugendurchlässigkeit und Schlagregensicherheit, Anforderungen und Prüfung —), bei Gebäuden mit mehr als zwei Vollgeschossen den Wert 1,0 m³/(h m) bei einer Prüfdruckdifferenz $\Delta p = 1$ kp/m² (Beanspruchungsgruppe B—D nach DIN 18055 Blatt 2) nicht überschreiten.

2.115 Außenwände mit Fenstern und Türen

Nach den „Ergänzenden Bestimmungen zu DIN 4108" darf der mittlere Wärmedurchgangskoeffizient k_m $(W + F)$ für alle Außenwände, einschließlich Fenster und Türen von Gebäuden mit Aufenthaltsräumen, je Geschoß höchstens 1,60 kcal/(m² h °C) betragen. Geschoßteile mit abweichender geringerer Raumtemperatur, wie Garagengeschosse, unbeheizte Lagerräume u.ä., werden hierbei nicht berücksichtigt, wenn für die Trennwände oder Decken zu diesen Geschoßteilen die Mindestanforderungen für Außenbauteile eingehalten werden.

Der mittlere Wärmedurchgangskoeffizient k_m $(W + F)$ wird unter Berücksichtigung der Flächenanteile von geschlossenen Wandflächen, Fenstern, Fenstertüren usw., aus der Summe der mit den Flächenanteilen multiplizierten Wärmedurchgangskoeffizienten k der einzelnen Bauteile berechnet:

$$k_m{}_{(W+F)} = \frac{k_{W1} \cdot F_{W1} + k_{W2} \cdot F_{W2} + \dots + k_{F1} \cdot F_{F1} + k_{F2} \cdot F_{F2} + \dots}{F_{W+F}} \qquad (33)$$

[92]) Schüle, W. „Fußwärme und Wärmeableitung von Fußböden". Berichte aus der Bauforschung, Heft 40 (1964) S. 7/16.

Dabei bedeuten:

F_{W1}, F_{W2} ...... : Wandflächen
F_{F1}, F_{F2} ...... : Fensterflächen
k_{W1}, k_{W2} ...... : Wärmedurchgangskoeffizienten der Wände
k_{F1}, k_{F2} ...... : Wärmedurchgangskoeffizienten der Fenster
$F_{W+F} = F_{W1} + F_{W2} + \ldots\ldots + F_{F1} + F_{F2} + \ldots\ldots$

Die Ermittlung von k_m $(W+F)$ ist unter Einbeziehung sämtlicher Außenwand-flächen (Abwicklung des Gebäudeumfanges) durchzuführen. Bei aneinanderge-reihten Gebäuden (Reihenhäuser, Doppelhäuser u.ä.) muß k_m $(W+F)$ für jedes Gebäude einzeln nachgewiesen werden. Dabei darf für die Gebäudetrennwände ein k_W-Wert von 1,35 kcal/(m² h °C) angesetzt werden.

2.116 Wärmespeicherung

Die Entwicklung von Leichtbauweisen hat zu Bauteilen, insbesondere zu Wänden und Decken geführt, die wegen ihres geringen Gewichts nur eine verhältnismäßig kleine Wärmespeicherfähigkeit besitzen.
Die Auffassung, daß dies als prinzipieller Mangel anzusehen sei, ist weit verbreitet. Betrachtet man aber die durch hohe bzw. geringe Wärmespeicherfähigkeit der Bauteile bedingten Wirkungen, so findet man, daß die Frage der Wärmespeicher-fähigkeit sicher nicht die große Bedeutung besitzt, die ihr oft beigemessen wird.

Eine hohe Wärmespeicherfähigkeit der Bauteile hat folgende Wirkungen:

> langsame Raumerwärmung beim Aufheizen,
> geringe Abkühlung beim Stillegen der Heizung,
> geringe Erwärmung der Räume an heißen Tagen.

Von diesen Wirkungen ist die der geringen Abkühlung nach Abstellen der Hei-zung wohl am wenigsten bedeutungsvoll, da sie mit den Heizgeräten weitgehend ausgeglichen werden kann (Verwendung speichernder Öfen, bzw. Benützung von Dauerbrandöfen, bei denen die Wärmemengen im Brennstoff gespeichert sind und die bei nächtlichem Schwachbrand eine übermäßige Auskühlung der Räume weit-gehend vermeiden lassen). Bei zentralbeheizter Wohnung spielt die Frage der Auskühlung praktisch überhaupt keine Rolle, da solche Anlagen nur bei Dauer-brandbetrieb wirtschaftlich sind.
Dagegen ist die langsame Erwärmung der Räume mit Wänden hoher Wärme-speicherfähigkeit dann ein eindeutiger Nachteil, wenn die Räume täglich nur kurzzeitig beheizt werden, wie dies bei Berufstätigen häufig der Fall ist. Hier ist ein schnelles Aufheizen der Raumluft und der Wandflächen notwendig, um behagliche und damit gesundheitlich befriedigende Verhältnisse zu schaffen. In solchen Fällen erscheinen Wände geringer Wärmespeicherfähigkeit auf jeden Fall zweckmäßig.
Die Erwärmung von Räumen mit Wänden und Decken kleiner Wärmespeicher-fähigkeit durch Sonnenzustrahlung und hohe Lufttemperaturen im Sommer, bleibt schließlich als einziges Argument, das für ein höheres Wärmespeicherver-mögen der Bauteile spricht.

Eine geringe Wärmespeicherung der Bauteile kann aber durch die folgenden Maßnahmen weitgehend ausgeglichen werden:

Entlüfteter Dachraum; zusätzliche Wärmedämmung;
Sonnenschutz der Fenster durch Läden, Jalousien und dgl.;
Geschlossenhalten der Fenster am Tage;
Lüftung der Räume bei Nacht.

2.12 Sommerlicher Wärmeschutz

Bei Sonnenzustrahlung zu einem Bauteil oder bei schwankenden Lufttemperaturen — also unter instationären Verhältnissen, mit denen im Sommer gerechnet werden muß — läßt sich die wärmeschutztechnische Wirkung des betreffenden Bauteils durch seinen Wärmedurchlaßwiderstand $1/\Lambda$ allein nicht beschreiben. In diesem Falle spielt das Wärmespeichervermögen des Bauteils eine entscheidende Rolle, so daß außer Dicke des Bauteils und Wärmeleitfähigkeit der Materialien auch deren Rohdichte und spez. Wärmekapazität, sowie bei geschichteten Bauteilen die Lage der Schichten in die Betrachtung einbezogen werden müssen.

Für den sommerlichen Wärmeschutz spielen nicht nur die Eigenschaften der Außenbauteile des betreffenden Gebäudes eine Rolle. Art und Größe der Fenster, deren Sonnenschutz, innere Wärmequellen der Bauten, sowie das Wärmespeichervermögen der Innenwände, Decken und Böden und der sonstigen Einrichtungen der Räume entscheiden über die Temperaturverhältnisse in den betreffenden Räumen bei Sonnenzustrahlung und damit instationären Verhältnissen.

Anforderungen an die Wärmespeicherfähigkeit von Bauteilen liegen noch nicht vor. Überlegungen im Zusammenhang mit der Neubearbeitung der DIN 4108 haben dazu geführt, unter bestimmten Umständen Anforderungen an das Temperatur-Amplitudenverhältnis von Außenwänden und Dächern zu stellen, um einen ausreichenden sommerlichen Wärmeschutz zu sichern, soweit dieser durch die Außenbauteile mitbestimmt wird. Hiernach dürften Werte des Temperatur-Amplitudenverhältnisses von 0,20 bis 0,25 in Betracht kommen. Bei Einhaltung dieser Werte tritt die Phasenverschiebung, die dann etwa 8 bis 9 Stunden beträgt, in ihrer Bedeutung zurück.

2.2 Die Bauteile und ihre wärmeschutztechnischen Eigenschaften

2.21 Wände

Ein großer Teil der im Hochbau verwendeten Baustoffe, insbesondere Mauersteine aller Art, sind hinsichtlich ihrer Abmessungen, Rohdichten und Druckfestigkeiten, genormt. Da bei Einhaltung bestimmter Rohdichten und bei einer einheitlichen Form der Mauersteine, deren Wärmedurchlässigkeit mit einer praktisch ausreichenden Genauigkeit festliegt, können für Wände aus solchen Steinen die Mindestdicken festgelegt werden, bei denen diese Wände die wärmetechnischen Forderungen nach DIN 4108 erfüllen.

In Tafel 33 sind die Mindestdicken einiger Wände aus genormten Mauersteinen zusammengestellt, die eingehalten werden müssen, um den nötigen Wärmeschutz für Außenwände und Wohnungstrenn- und Treppenraumwände in den beiden Wärmedämmgebieten aufzuweisen.

Die Mindestdicken von Wänden aus Betonen in fugenlosen Bauteilen und geschoßhohen Platten verschiedener Art und mit verschiedenen Zuschlagstoffen, die beiderseits verputzt werden, sind in Tafel 34 zusammengestellt.

Wie aus den Tafeln 33 und 34 hervorgeht, wurden die in DIN 4108 festgelegten Mindestdicken von Wänden nicht nur nach wärmetechnischen, sondern auch nach schalltechnischen (Wohnungstrennwände), sowie nach bautechnischen Gesichtspunkten bestimmt.

Wände aus anderen Baustoffen, insbesondere Schichtwände, sind auf Grund einer rechnerischen Ermittlung ihres Wärmedurchlaßwiderstandes unter Verwendung der Rechenwerte der Wärmeleitfähigkeit der einzelnen Baustoffe wärmetechnisch zu bemessen (s. Abschnitt 1.311).

Bei der Anbringung von Dämmschichten sind akustische Geschichtspunkte zu berücksichtigen (vgl. Teil A, Abschnitt 4.332 und 4.63).

Für Außenwände sind Wärmebrücken (örtliche Stellen geringeren Wärmedurchlaßwiderstandes) nicht zulässig. Dies gilt nach DIN 4108 nicht für Fugen und Stege von Mauerwerk aus genormten Loch-, Hohlblock- und anderen Steinen, die für wärmedämmende Wände allgemein (bauaufsichtlich) zugelassen sind. Voraussetzung ist jedoch, daß der Mittelwert des Wärmedurchlaßwiderstandes den Anforderungen der Tafel 31 genügt. Diese Regelung wurde getroffen, da Mauerwerk ohne die als Wärmebrücken wirkenden Mörtelfügen nicht hergestellt werden und erfahrungsgemäß wärmeschutztechnisch doch ausreichend sein kann.

Bei Außenwänden, die z. B. aus zwei Betonschalen bestehen, zwischen denen eine Wärmedämmschicht liegt (Sandwichwände), muß die äußere Schale an der tragenden inneren Schale befestigt werden. Die Verbindung der Betonschalen erfolgt durch Stahlanker, Normalbetonstege und dergl., die entweder die Wärmedämmschicht durchdringen oder um diese herumgreifen. Diese konstruktiv bedingten Verbindungsteile stellen Wärmebrücken dar.

Untersuchungen[93]) haben gezeigt, daß die Auswirkung von Wärmebrücken auf die Oberflächentemperatur des Bauteils um so geringer ist, je kleiner die Ausdehnung der Wärmebrücke und je größer deren Überdeckung durch gut wärmeleitende Stoffe ist. Diese Voraussetzungen werden bei Sandwichwänden mit Normalbetonschalen in den meisten Fällen erfüllt.

---

[93]) Schüle, W. und H. Künzel „Untersuchungen über die Wirkung von Wärmebrücken in Wänden". Schriftenreihe der Forschungsgemeinschaft Bauen und Wohnen, Stuttgart, Heft 30, Teil B, 1953.

Tafel 33: **Mindestdicken von Wänden aus genormten Mauersteinen (beiderseits verputzt) nach DIN 4108**

Norm	Verwendete Baustoffe		Dicke der Wände in mm (ohne Putz) mindestens		
	Benennung	Roh-dichte der Ziegel od. des Betons kg/m³	Außenwände im Wärme-dämm-gebiet II	III	Woh-nungs-trenn-wände und Trep-pen-raum-wände
DIN 105	Lochziegel, Vollziegel	1000[1])	240	240	365
		1200[1])	240	300	300
		1400[1])	300	365	240
		1600	365	365	240
		1800	365	490	240
		2000	490	615	240
	Vormauerziegel oder Hochlochklinker als 115 mm dicke äußere Verblendung, innen Ziegel mit Rohdichten ≦ 1400 kg/m³ und Putz	—	300	365	240
	Hochbauklinker als Verblendung, sonst wie Vormauerziegel	2000	365	490	240
	Leichtziegel	600	240	240	—
		700	240	240	—
		800	240	240	—
DIN 106 Blatt 1	Kalksand-Vollsteine	1600	365	490	240
		1800	490	615	240
		2000	490	615	240
	Kalksand-Lochsteine	1200[2])	240	300	300
		1400[2])	300	365	240
		1600[2])	365	490	240
	Kalksand-Hohlblocksteine	1000[2])	240	300	300
		1200[2])	240	300	300
		1400[2])	300	365	240
		1600[2])	365	490	240

[1]) Rohdichte, bezogen auf den ganzen Ziegel einschließlich Hohlräume. Die Scherben-Rohdichte bei Lochziegeln liegt höher.
[2]) Rohdichte, bezogen auf den ganzen Stein einschließlich Hohlräume.

Norm	Verwendete Baustoffe Benennung	Rohdichte der Ziegel od. des Betons kg/m³	Außenwände im Wärmedämmgebiet II	III	Wohnungstrennwände und Treppenraumwände
DIN 398	Hütten-Vollsteine	1800	365	490	240
		2000	365	490	240
		2200	490	615	240
	Hütten-Lochsteine	1400[2])	300	300	240
		1600[2])	300	365	240
DIN 18151	Leichtbeton-Hohlblocksteine — Zweikammersteine	1000[3])	240	240	365
		1200[3])	240	300	—
		1400[3])	240	300	300
	Leichtbeton-Hohlblocksteine — Dreikammersteine	1000[3])	240	240	—
		1200[3])	240	300	—
		1400[3])	240	300	300
		1600[3])	240	300	300
DIN 18152	Leichtbeton-Vollsteine	800	240	240	365
		1000	240	240	365
		1200	240	300	300
		1400	300	365	240
		1600	365	490	240
DIN 4165	Gas-, Schaumbeton- und Leichtkalkbetonsteine (dampf-gehärtet)	500	240	240	—
		600	240	240	—
		700	240	240	—
		800	240	240	490

³) Rohdichte, bezogen auf den Beton ohne Hohlräume.

Untersuchungen im Laboratorium und an ausgeführten Bauten[94]) haben ergeben, daß die Verbindungsstellen der Betonschalen bei Sandwichwänden die Oberflächentemperatur dieser Bauteile nicht so stark erniedrigen, wie aufgrund einer elementaren Rechnung zu erwarten ist. Die innenliegende, dicke Betonschale wirkt wegen ihrer hohen Wärmeleitfähigkeit temperaturausgleichend. Dieser Temperaturausgleich kann aber eine wesentliche Erniedrigung des mittleren

[94]) Schüle, W. „Untersuchungen über die Wirkung von Wärmebrücken in Montagewänden". FBW-Blätter, Heft 3, 1963.
Künzel, H. „Der Wärmeschutz von Betonmontagewänden mit Dämmung aus Schaumkunststoff". Betonstein-Zeitung, Heft 30 (1964), S. 225.
Schüle, W., R. Jenisch und H. Lutz „Wärmeschutztechnische und raumklimatische Untersuchungen an Montagebauten". Berichte aus der Bauforschung, Heft 60 (1969).

Tafel 34: **Mindestdicken von Wänden aus Beton in fugenlosen Bauteilen und geschoßhohen Platten (beiderseits verputzt) nach DIN 4108.**

Norm	Baustoff	Rohdichte des Betons kg/m³	Dicke der Wände in mm (ohne Putz) Außenwände im Wärmedämmgebiet II	III	Wohnungstrennwände und Treppenraumwände
DIN 4164	Gas-, Schaumbeton und Leichtkalkbeton (dampf-gehärtet)	800 1000	187,5 187,5	187,5 250	— 437,5
DIN 4232	Steinkohlen-schlacken- und Ziegelsplittbeton, haufwerkporig / Bims-, Steinkohlen-schlacken- und Blähtonbeton Ziegelsplittbeton mit geschlossenem Gefüge	800 1000 1200 1400 1600 1700	312,5 312,5 312,5 312,5 375 375	312,5 312,5 312,5 312,5 437,5 437,5	437,5 375 312,5 250 250 250
	Haufwerkporige Betone aus nicht porigen Zuschlagstoffen, z. B. Kies	1500 1700 1900	312,5 375 500	375 437,5 562,5	250 250 250
DIN 1047	Kies- oder Splittbeton mit geschlossenem Gefüge	2300	—	—	187,5

Wärmedurchlaßwiderstandes im Vergleich zu dem rechnerisch ermittelten Wert ohne Berücksichtigung der Wärmebrücken bewirken.

Dies geht aus dem Diagramm der Abb. 116 hervor, die den Einfluß von Stahlankern in Sandwichwänden auf deren mittlere Wärmedämmung zeigen. $1/\Lambda_0$ ist der rechnerisch ermittelte Wärmedurchlaßwiderstand der Wände, der sich ohne Berücksichtigung der Stahlanker aufgrund der Baustoffschichten der Wände ergibt und $1/\Lambda$ ist der an Wänden mit Stahlankern gemessene mittlere Wärmedurchlaßwiderstand. Im Bereich der untersuchten Anordnungen ist die Anzahl der Verbindungsanker je m² Bauteilfläche für deren Wirkung entscheidend. Dagegen tritt der Querschnitt der Anker zurück. Aus diesem Grunde ist die Anzahl der Anker je Flächeneinheit des Bauteils so gering wie möglich zu wählen, um dessen Wärmedämmung nicht unzulässig zu mindern. Der Stahlquerschnitt ist, sofern statische Erfordernisse dies notwendig machen, zu erhöhen, wenn damit die Anzahl der Anker verringert werden kann.

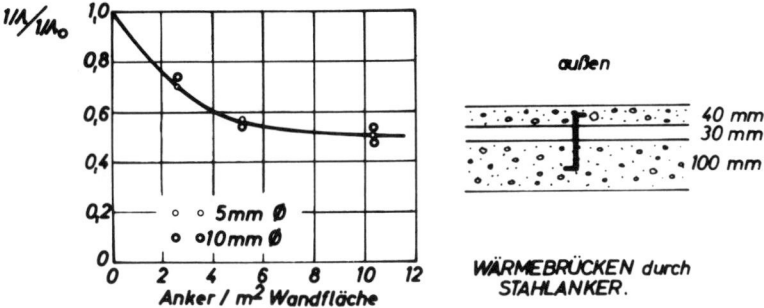

Abb. 116: Einfluß von Stahlankern auf die Wärmedämmung von Sandwich-wänden.

2.22 Decken und Fußböden

Der nach DIN 4108 erforderliche Wärmedurchlaßwiderstand der gesamten Dek-kenkonstruktion, einschließlich des Fußbodenaufbaues, setzt sich aus den Wärme-durchlaßwiderständen der Rohdecke und des Fußbodens zusammen. Diese beiden Anteile werden daher im folgenden gesondert behandelt.

2.221 Rohdecken

Bei der Betrachtung der Decken wird — etwas abweichend vom üblichen Sprach-gebrauch — als Rohdecke eine solche Decke verstanden, bei der lediglich der Fußbodenaufbau (Gehbelag mit Unterschichten) fehlt, die aber den unterseitigen Verputz trägt.

Massivdecken erfüllen durch die Rohdecke allein die Forderungen der DIN 4108 hinsichtlich der Wärmedämmung vielfach nicht. In Tafel 31 sind die Wärme-durchlaßwiderstände einiger häufig verwendeter Massivdecken sowie einiger Holzbalkendecken zusammengestellt. Man ersieht daraus, daß die Mehrzahl der Decken Wärmedurchlaßwiderstände aufweisen, die je nach Material, Aufbau und Dicke der Decke, zwischen 0,1 und 0,35 m² h °C/kcal liegen. Insbesondere weisen die sehr häufig verwendeten Stahlbetonplattendecken so niedrige Wärme-durchlaßwiderstände auf, daß die Wärmedämmung, die durch die Rohdecke erbracht wird, im Vergleich zur notwendigen Gesamtdämmung fast unwesentlich ist.

Zweischalige Massivdecken lassen je nach Art der Tragdecke und der Unter-decke höhere Wärmedurchlaßwiderstände erreichen. Durch den Luftraum zwi-schen Tragdecke und Unterdecke wird ein Wärmedurchlaßwiderstand von rd.

211

Tafel 35: **Wärmedurchlaßwiderstände von Massivdecken und Holzbalkendecken (nach DIN 4108)**

Deckenart		Dicke	Wärme-durchlaß-widerstand $1/\Lambda$
Ausführungsbeispiel	Beschreibung	(mm)	(m² h °C/kcal)
	Stahlbetonplattendecken aus Kiesbeton	125 150 200 250	0,09 0,11 0,13 0,16
	Stahlbetonplattendecken aus Ziegelsplittbeton	125 150 200 250	0,16 0,19 0,24 0,3
	Stahlsteindecke aus Lochziegeln ohne Quersteg	120	0,18
	mit Quersteg	180 250	0,28 0,32
	Stahlbeton-Rippen-decken mit Füllkörpern aus Leichtbeton (Ziegelsplitt oder dgl.)*)	140+50 180+50 200+50 250+50	0,29 0,31 0,32 0,35
	Stahlbeton-Fertig-balkendecken mit Füll-körpern aus Leicht-beton (Ziegelsplitt oder dgl.)*)	200 240	0,25 0,33
	Stahlbetonrippendecken ohne Füllkörper ohne Unterdecke Unterdecke aus 2,5 cm Holzwolle-Leichtbau-platten, unterseitig verputzt		0,04 0,55
	Holzbalkendecke mit Einschub, Lehmglatt-strich und Schlacken-schüttung. Putz auf Lattung und Rohr-gewebe		0,8
	Holzbalkendecke mit Einschub, Lehmglatt-strich und Schlacken-schüttung. Putz auf 3,5 cm Holzwolle-Leichtbauplatten		1,25

*) Bei Füllkörpern aus Bimsbeton ergeben sich größere Wärmedurchlaßwiderstände.

212

0,2 m² h °C/kcal erzielt. Die Unterdecke selbst kann, je nach ihrem Aufbau, die in Tafel 36 zusammengestellten Wärmedämmungen aufweisen. Man erhält demnach bei zweischaligen Decken bei Verwendung von Stahlbetonplattendecken und Stahlbetonrippendecken Wärmedurchlaßwiderstände von 0,3 bis 0,75 m² h °C/kcal und bei der Mehrzahl der Hohlkörperdecken solche von 0,45 bis 0,9 m² h °C/kcal (s. auch Tafel 35).

Tafel 36: **Wärmedurchlaßwiderstände 1/Λ der Schalen von Unterdecken**

Unterdecke	Wärmedurchlaßwiderstand 1/Λ m² h °C/kcal
Putz auf Streckmetall, Ziegeldrahtgewebe und dgl.	ca. 0,025
Putz auf Doppelrohrmatte	ca. 0,08
Putz auf 2,5 cm dicken Holzwolle-Leichtbauplatten	ca. 0,33
desgl. auf 3,5 cm dicken Holzwolle-Leichtbauplatten	ca. 0,46
Putz auf 2 cm dicken Schilfrohrplatten	ca. 0,4

Holzbalkendecken lassen ohne Schwierigkeiten die gestellten wärmetechnischen Forderungen erreichen (s. Tafel 35), da die Lufträume bei diesen Decken mit losen Schüttungen, Dämmstoffen und dgl. ausgefüllt werden können und da außerdem die Holzbalken nicht als Wärmebrücken wirken (s. Teil C).

Um bei einschaligen Massivdecken die Forderungen der DIN 4108 zu erfüllen, ist also vielfach eine zusätzliche Wärmedämmung notwendig, die je nach dem Verwendungszweck der Decken einen Wärmedurchlaßwiderstand bis zu 0,90 m² h °C/kcal (Kellerdecken) haben muß. Bei Decken, die Aufenthaltsräume nach unten gegen die Außenluft abschließen, sind noch wesentlich größere zusätzliche Wärmedämmungen notwendig.

2.222 Fußböden

2.2221 *Wärmedämmung*

Die vor allem bei Massivdecken notwendige zusätzliche Wärmedämmung wird am zweckmäßigsten durch den ohnehin notwendigen Fußbodenaufbau erbracht. Um einen Überblick über die mit Fußbodenkonstruktionen erzielbaren Wärmedämmungen zu geben, sind in Tafel 37 die Wärmedurchlaßwiderstände einiger Fußböden zusammengestellt.

Tafel 37: Wärmedurchlaßwiderstände von Fußböden

Fußbodenaufbau	Wärmedurchlaßwiderstand $1/\Lambda$ m² h °C/kcal
2,5 mm Linoleum	etwa 0,02
2,5 mm Linoleum auf Filzpappe	etwa 0,04
2,5 mm Linoleum auf 5 mm Weichfaserdämmplatte 2,5 mm Linoleum auf Filzpappe	0,12
35 mm schwimmender Zementestrich auf 10 mm Mineralwolleplatte	0,3
2,5 mm Linoleum auf 30 mm Steinholzestrich	0,12
2 mm Spachtelbelag	etwa 0,01
25 mm Steinholzestrich, zweischichtig begehbar	0,08
6 mm Korkparkett	0,12
24 mm Buchenparkett	0,16
24 mm Eichenparkett	0,13
24 mm Eichenparkett auf 25 mm Holzwolle-Leichtbauplatte	0,44
24 mm Eichenparkett auf 10 mm Weichfaserdämmplatte	0,38
24 mm tannener Riemenboden auf Lagerhölzern, Faserdämmstoffe in den Feldern zwischen den Lagerhölzern	0,8 bis 1,2

Die Zusammenstellung zeigt, daß bei dünnen Bahnenbelägen, unmittelbar begehbaren Estrichen und dgl. nennenswerte Wärmedämmungen nur erreicht werden, wenn diese auf ausreichend dicken Dämmplatten oder Dämm-Matten verlegt sind. Mit Holzfußböden aller Art lassen sich spürbare Dämmungen erzielen.

2.2222 *Ausführung fußwarmer Böden*

Bei den Decken in W o h n h ä u s e r n insbesondere in Wohn- Schlaf- und Kinderzimmern zweckmäßig auch in Küchen, Fluren und Bädern, wird, außer der Einhaltung der Wärmedämmung nach DIN 4108 ein Fußboden geringer Wärmeableitung im Sinne der Ausführungen von Abschnitt 1.51 empfohlen. Solche Böden sind Holzfußböden aller Art, Korkparkett, sowie Bahnenbeläge auf Estrichen mit einer Rohdichte unter 1000 kg/m³ oder auf Dämmplatten aller Art mit höherer als der oben genannten Rohdichte (Zementestrich, Asphaltestrich und dgl.) können nur dann befriedigen, wenn zwischen Estrich und Gehbelag wenigstens eine Filzpappe oder dgl. verlegt wird.

In Tafel 38 sind für verschiedene Gehschichten und Fußbodenunterschichten die Fußwärmebeurteilungen dieser Böden zusammengestellt. Die Beurteilung der Böden ist hierbei für kurzzeitige Berührung (Berührungszeit bis zu 1 Minute), also im wesentlichen für das Gehen, und für längerdauernde Berührung (bis 10 Minuten) also für das Stehen auf dem Boden, mit nackten Füßen erfolgt.

2.223 Der gesamte Deckenaufbau

Decken im Wohnungsbau müssen außer der Wärmedämmung nach DIN 4108 einen ausreichenden Luft- und Trittschallschutz aufweisen. Aus diesem Grunde werden vielfach schwimmende Estriche verwendet. Die schalltechnischen Forderungen werden oft schon durch Verwendung relativ dünner weichfedernder Schichten unter dem Estrich erfüllt. Diese Dicken der Dämmschichten genügen aber oft nicht um die wärmetechnischen Anforderungen, vor allem bei Kellerdecken, zu erfüllen. Die Bemessung der Dämmschicht bei schwimmenden Estrichen muß daher auch vom wärmetechnischen Standpunkt aus erfolgen.

In Tafel 39 sind die erforderlichen Dicken der Dämmstoffe für Wohnungstrenndecken und Kellerdecken verschiedener Art bei Verwendung von dünnen Bahnenbelägen auf schwimmenden Estrichen zusammengestellt. Bei Benützung von anorganischen Fasermatten und -platten, Hartschaumplatten und dgl., mit einer Wärmeleitfähigkeit λ von 0,035 kcal/m h °C, sind Dämmschichten von 10 bis 30 mm Dicke bei Massivplattendecken aus Normalbeton und solche von 5 bis

Tafel 38: **Fußboden-Schichten und ihre Fußwärme-Beurteilung**

	Gehschicht (Oberschicht)	Unterschichten	Beurteilung des Bodens bei	
			kurzzeitiger Berührung (Gehen)	längerdauernder Berührung (Stehen)
1	Holzriemenböden	beliebig	besonders fußwarm	besonders fußwarm
	Holzparkett über 18 mm	beliebig	ausreichend fußwarm bis besonders fußwarm	besonders fußwarm
2	Korkparkett über 5 mm Dicke	beliebig	besonders fußwarm	besonders fußwarm
	Korkparkett unter 5 mm Dicke	Estrich mit Rohdichte unter 1000 kg/m³	besonders fußwarm	besonders fußwarm
		Zementestrich, Asphaltestrich und dgl.	besonders fußwarm	ausreichend fußwarm

215

	Gehschichten (Oberschicht)	Unterschichten	Beurteilung des Bodens bei	
			kurzzeitiger Berührung (Gehen)	längerdauernder Berührung (Stehen)
3	Kunstharz-Spachtelbelag	Estrich mit Raumgewicht unter 1000 kg/m³	ausreichend fußwarm	ausreichend fußwarm
		Zementestrich, Asphaltestrich	nicht ausreichend fußwarm	nicht ausreichend fußwarm
4	Bahnenbeläge 2,5 bis 3,5 mm Dicke (z. B. Kunststoffbahnen, Waltonlinoleum u. dgl.)	Steinholzestrich	ausreichend fußwarm	ausreichend fußwarm
		Zementestrich, Asphaltestrich	nicht ausreichend fußwarm bis ausreichend fußwarm	nicht ausreichend fußwarm
		Filzpappe auf Zementestrich, Asphaltestrich und dgl.	ausreichend fußwarm	ausreichend fußwarm
		Preßkorkplatten, Schaumstoffschichten (2 bis 3 mm) auf Zementestrich und dgl.	ausreichend fußwarm	ausreichend fußwarm
	Korklinoleum von 3,5 mm Dicke und mehr	Estriche unter 1000 kg/m³	besonders fußwarm	besonders fußwarm
		Zementestrich, Asphaltestrich	besonders fußwarm	ausreichend fußwarm
5	Steinzeugfliesen in Mörtelbett	Zementestrich	nicht ausreichend fußwarm	nicht ausreichend fußwarm
		Steinholzestrich	nicht ausreichend fußwarm	nicht ausreichend fußwarm
6	Terrazzoböden, Zementestriche, begehbare Asphaltestriche	—	nicht ausreichend fußwarm	nicht ausreichend fußwarm
7	begehbare Steinholzestriche	—	nicht ausreichend fußwarm	nicht ausreichend fußwarm

Tafel 39: **Wärmeschutztechnisch ausreichende Wohnungstrenn-decken und Kellerdecken bei Verwendung eines schwimmenden Estrichs auf Massivplattendecke bzw. Hohlkörperdecke**

Deckenaufbau		Notwendige Dicke der Dämmschicht (Faserstoffe als Matten oder Platten, Hartschaumplatten oder dergleichen $\lambda = 0,035$ kcal/m h °C	
Rohdecke	Decke mit Fußbodenaufbau	bei Keller-decken	bei Woh-nungs-trenn-decken*)
		mm	mm
14 cm Massiv-plattendecke $(1/\lambda = 0,08$ m² h °C/kcal)	2,5 mm Bahnenbelag Filzpappe 35 mm Zementestrich Dämmschicht 140 mm **Normalbeton** 15 mm Putz	30	10
20 cm Stahl-beton-Fertig-balkendecke mit Füllkör-pern aus Leichtbeton $(1/\lambda = 0,25$ m² h °C/kcal)	2,5 mm Bahnenbelag Filzpappe 35 mm Zementestrich Dämmschicht Decke 15 mm Putz	25	5

*) in nicht zentralbeheizten Gebäuden

25 mm Dicke bei Hohlkörperdecken mit Füllkörpern aus Leichtbeton (Wärme-durchlaßwiderstand der Rohdecke 0,25 m² h °C/kcal) erforderlich.
Bei Kellerdecken kann auch ein Teil der erforderlichen Dämmung durch unter der Decke angebrachte Dämmschichten erbracht werden. Bei Massivdecken unter nicht ausgebauten Dachgeschossen muß die notwendige Wärmedämmung durch unterseitig angebrachte und verputzte Dämmplatten oder durch oberseitig ver-legte Dämmstoffe, wenn notwendig mit darüberliegendem Zementestrich, durch Schlackenschüttung auf der Decke oder dgl. erreicht werden.[95]

[95] bei unterseitiger Anbringung von Dämmschichten sind akustische Gesichtspunkte (s. Teil A, Abschn. 4.411) besonders zu beachten.

Die außerordentlich hohen Werte der Wärmedämmung, die bei Decken über Durchfahrten und dgl. notwendig sind, lassen sich in der Regel durch den Fußbodenaufbau zusammen mit der Decke nicht erreichen. Bei solchen Decken müssen zusätzlich zu den in Tafel 39 angegebenen Dämmschichten, weitere von 35 mm Dicke ($\lambda = 0{,}035$ kcal/m h °C) angeordnet werden. Bei Verwendung von Dämmstoffen höherer Wärmeleitfähigkeit (z. B. Holzwolle-Leichtbauplatten) sind Schichtdicken dieser Stoffe von 70 mm erforderlich.

Bei Verwendung von Holzfußböden genügen geringere Wärmedämmschichten bzw. können diese, bei Benützung entsprechender Rohdecken, ganz entfallen, sofern sie nicht aus akustischen Gründen notwendig sind.

2.23 Dächer

Bei Steildächern aller Art, die mit Ziegeln, Wellasbestplatten oder dgl. gedeckt sind, braucht an das Dach keine Anforderung hinsichtlich des Wärmeschutzes gestellt zu werden, da die Decken, Dachschrägen und Abseitenwände unter dem Dach den notwendigen Wärmeschutz erbringen müssen. Bei nicht belüfteten Flachdächern, Terrassendecken und dgl. wurde in DIN 4108 der Wärmedurchlaßwiderstand dieser Bauteile mit mindestens 1,50 m² h °C/kcal festgelegt, um die darunterliegenden Räume im Sommer gegen die Sonnenwärme zu schützen.

Beim nicht durchlüfteten Flachdach, das vielfach aus einer Betondecke besteht, muß eine Wärmedämmschicht diese Tragkonstruktion vor allzu großen Wärmebewegungen schützen, um Rissebildungen zu vermeiden. Aus diesem Grunde muß die Wärmedämmschicht über der zu schützenden Decke angebracht werden sofern nicht die Decke unter Zwischenlage von Gleitschichten frei be-

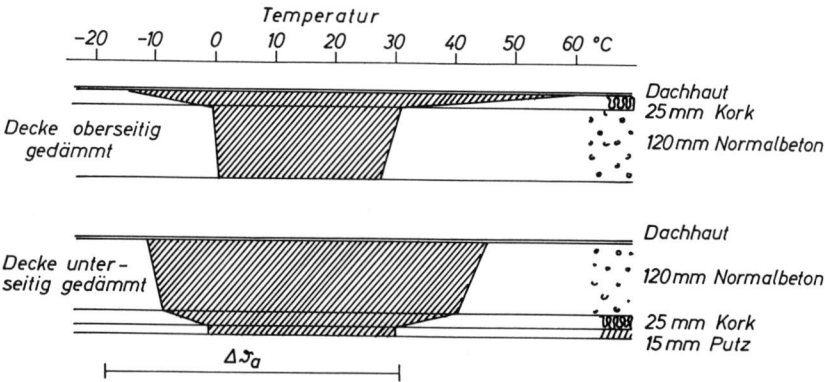

Abb. 117: Jahresschwankung der Temperaturen in nichtbelüfteten Flachdächern mit oberseitig und unterseitig wärmegedämmten Dächern (nach Künzel und Frank).

$\Delta\vartheta_a$: jährliche Schwankung der Außenlufttemperatur.

weglich aufgelegt werden kann. Dies geht aus den Diagrammen über den jährlichen Temperaturverlauf in Flachdachkonstruktionen mit ober- bzw. unterseitig angebrachter Wärmedämmschicht nach Messungen von Künzel und Frank[96]) hervor (Abb. 117).

Man erkennt, daß bei obenliegender Dämmschicht die Mitteltemperatur der Betonplatte etwa um 30 °C zwischen Sommer und Winter schwankt, während bei untenliegender Dämmschicht die Temperaturunterschiede in der Betonplatte bis zu etwa 55 °C betragen können.

Die großen Temperaturschwankungen der Betondecke bei unterseitiger Wärmedämmschicht können durch Aufbringen einer Kiesschicht auf dem Dach wesentlich gemildert werden, wie Messungen an bekiesten und nicht bekiesten Flachdächern mit unterseitiger Wärmedämmschicht gezeigt haben (s. Abb. 118).

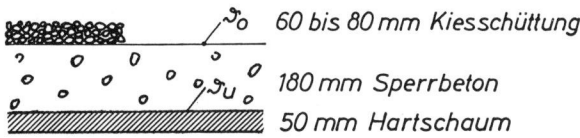

60 bis 80 mm Kiesschüttung

180 mm Sperrbeton

50 mm Hartschaum

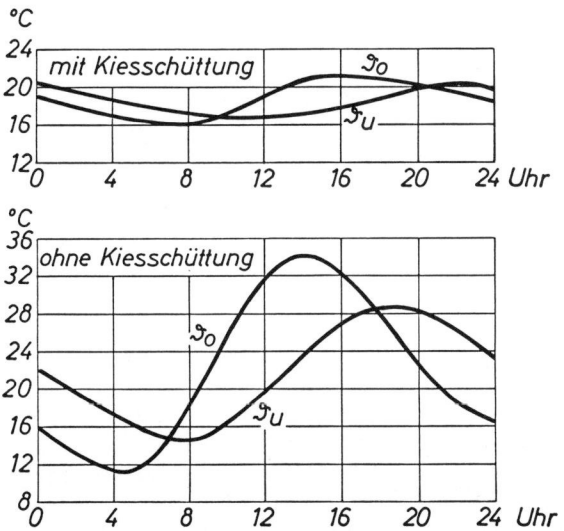

Abb. 118: Tagesverlauf der Temperatur auf der Oberseite (ϑ_o) und der Unterseite (ϑ_u) einer Sperrbetondecke mit unterseitiger Wärmedämmschicht mit und ohne Kiesschüttung an einem strahlungsreichen Sommertag nach Messung des Instituts für Bauphysik im Auftrage der Firma Woermann AG., Frankfurt.

[96]) Künzel, H. und Frank, W.: Untersuchungen über die Temperaturverhältnisse in Flachdächern unterschiedlicher Konstruktion. boden, wand und decke, Heft 12/1964.

Wird bei obenliegender Dämmschicht noch eine zusätzliche Wärmedämmung auf der Unterseite der Decke angeordnet (untergehängte Putzdecke, Schallschluckplatten oder dgl.), so wird die Temperatur in der Betonplatte im Sommer höher und im Winter niedriger als ohne diese unterseitige Dämmung sein. Die Temperaturunterschiede im Beton vergrößern sich also. Um dies zu vermeiden, muß in diesem Falle die über der Betonplatte notwendige Dämmschicht einen höheren Wärmedurchlaßwiderstand aufweisen als bei fehlender unterseitiger Wärmedämmung.

Die im Zusammenhang mit dem nicht belüfteten Flachdach besonders zu beachtenden feuchtigkeitstechnischen Fragen, Einbau von Dampfsperren usw., werden in Teil C (Feuchtigkeitsschutz) eingehend behandelt.

Die geschilderten wärmetechnischen Schwierigkeiten bei Flachdächern lassen sich dadurch mildern, daß über der Decke mit Luftabstand eine Dachschale angebracht wird, die übermäßige Erwärmung der Tragkonstruktion vermeidet bzw. die Abführung der ihr zugestrahlten Wärmeenergie über den belüfteten Luftraum ermöglicht.

2.24 Fenster

Die Fenster sind im allgemeinen die wärmetechnisch schwächsten Stellen in den Außenflächen eines Bauwerkes. Während der Wärmedurchgangskoeffizient k einer nach DIN 4108 im Wärmedämmgebiet II genügenden Außenwand ($1/\Lambda$ = 0,55 m² h °C/kcal) 1,35 kcal/m² h °C beträgt, liegen die entsprechenden Werte bei Fenstern je nach ihrer Ausführung zwischen 2 bis 3 (Doppel- und Verbundfenster) und 5 kcal/m² h °C (Einfachfenster). Durch ein Einfachfenster strömt also unter sonst gleichen Bedingungen mehr als viermal soviel Wärme wie durch eine gleichgroße Wandfläche. Eine Zusammenstellung der Wärmedurchgangskoeffizienten k von Fenstern gibt Tafel 40.

Die in Tafel 40 angegebenen Wärmedurchgangskoeffizienten sind Richtwerte, die bei der Berechnung des Wärmebedarfs von Räumen oder Gebäuden verwendet werden. Bei Sonderkonstruktionen der Fenster können auch von diesen abweichende Wärmedurchgangskoeffizienten auftreten.

In den Ergänzenden Bestimmungen zu DIN 4108 sind Wärmedurchgangskoeffizienten k_F für Fenster, abhängig von der Verglasung und vom Rahmenmaterial angegeben, die bei der Berechnung des mittleren Wärmedurchgangskoeffizienten k_m $(W+F)$ zugrunde zu legen sind (Tafel 41).

Die angegebenen Werte der Wärmedurchgangskoeffizienten beziehen sich auf den Wärmedurchgang durch die dichten Fenster. Der Wärmeverlust eines Fensters wird aber nicht nur durch den Wärmedurchgang, sondern — bei Bestehen eines Luftdruckunterschiedes zu beiden Seiten des Fensters — auch durch den Luftdurchgang durch die Fugen des Fensters bestimmt (s. Abschnitt 1.6). Wie früher ausgeführt, wird die Dichtheit eines Fensters durch die sogenannte Fugendurchlässigkeit a gekennzeichnet. Dieser Wert gibt an, wieviel Luft stündlich durch

Tafel 40: Wärmedurchgangskoeffizienten k für Fenster nach DIN 4701

Fensterart und -Ausführung	Wärmedurchgangszahl k kcal/m² h °C
Holz-Fenster:	
Einfachfenster, einfach verglast	4,5
Einfachfenster, doppelt verglast mit 6 mm Scheibenabstand	2,8
Einfachfenster, doppelt verglast mit 12 mm Scheibenabstand	2,5
Verbundfenster	2,2
Doppelfenster	2,0
Stahl- und Metallfenster:	
Einfachfenster, einfach verglast	5,0
Einfachfenster, doppelt verglast mit 6 mm Scheibenabstand	3,4
Einfachfenster, doppelt verglast mit 12 mm Scheibenabstand	3,1
Verbundfenster	3,0
Doppelfenster	2,8
Oberlicht — einfach in Stahlrahmen	5,0
Oberlicht — doppelt in Stahlrahmen	3,0

1 m Fugenlänge bei einem Druckunterschied von 1 mm WS (1 kp/m²) am Fenster durch die Fugen ausgetauscht wird. In Zahlentafel 42 sind Richtwerte der Fugendurchlässigkeit a für Fenster einwandfreier Ausführung und normaler Flügelabmessungen zusammengestellt.

Auch diese Werte sind Richtwerte. Bei Fenstern mit besonderen Dichtungen aus Kunststoffen, Gummi und dgl., können kleinere Fugendurchlässigkeiten als die in Tafel 42 angegebenen erreicht werden.

Der Einfluß der Luftdurchlässigkeit der Fugen eines Fensters auf dessen gesamten Wärmedurchgang ist naturgemäß umso größer, je größer der Luftdruckunterschied am Fenster ist. Dieser wächst aber mit zunehmender Windgeschwindigkeit stark an (s. Abschnitt 1.6).

Man kann die Luftdurchlässigkeit eines Fensters in einem Wärmedurchgangskoeffizienten k_{ges} (entsprechend dem k-Wert des dichten Fensters) erfassen. Dieser Wert k_{ges} unterscheidet sich um so mehr vom Wärmedurchgangskoeffizienten k des dichten Fensters, je größer die Fugendurchlässigkeit a und die Druckdifferenz zu beiden Seiten des Fensters ist. Die Zusammenhänge zwischen k_{ges} und der Druckdifferenz sind für verschiedene Werte von k (Einfachfenster

Tafel 41: **Wärmedurchgangskoeffizienten k_F für Fenster nach den ergänzenden Bestimmungen zu DIN 4108**

Verglasung	Wärmedurchgangskoeffizienten k_F in kcal/m² · h · °C		
	Rahmenmaterial-Gruppe		
	1 (z. B. Holzfenster, Kunststoffenster (PVC), Holz-kombinationen) $\lambda < 0,3 \dfrac{kcal}{m\,h\,°C}$	**2** (z. B. wärmege-dämmte Aluminiumver-bund- und Stahlprofile) $\lambda \approx 0,3$ bis $1,0$ $\dfrac{kcal}{m\,h\,°C}$	**3** (z. B. Aluminium, Stahl, Beton) $\lambda > 1,0 \dfrac{kcal}{m\,h\,°C}$
Isolierverglasung 6 mm Luft-zwischenraum	2,8	3,0	
Isolierverglasung*) 12 mm Luft-zwischenraum	2,6	2,8	3,0
3fach-Verglasung*) mit 2x12 mm Luft-zwischenraum	1,6	1,8	2,0
Doppelverglasung mit Luftzwischen-raum 2 cm < s < 4 cm	2,2	2,4	2,6
Doppelverglasung Luftzwischen= raum 4 cm < s < 7 cm	2,0	2,2	2,4
Doppelfenster Luftzwischen-raum ≥ 7 cm	2,2		
Glasbausteinwand nach DIN 4242 mit Hohlglasbausteinen nach DIN 18175, 80 mm dick			3,0

*) Sollen für Sonnenschutzgläser bessere Werte für k_F verwendet werden, so ist k_F durch Prüf-zeugnis nachzuweisen.
Die angegebenen k_F-Werte gelten für Fenster < 5 m² mit einem Rahmenanteil ≦ 25%, bei Fenstern > 5 m² mit einem Rahmenanteil ≦ 15% und Türen > 2 m² mit einem Rahmenanteil ≦ 25%.
Bei Fenstern mit wesentlich größerem Rahmenanteil ist der k_F-Wert durch Prüfzeugnis nach-zuweisen.

Tafel 42: Fugendurchlässigkeit a je m Fugenlänge nach DIN 4701.

Fensterart und -Ausführung	Fugendurchlässigkeit a je m Fugenlänge $m^3/h \cdot mm\ WS$
Holz- und Kunststoff-Fenster:	
Einfachfenster	3,0
Verbundfenster	2,5
Doppel- und Einfachfenster mit besonderer Dichtung	2,0
Stahl- und Metallfenster:	
Einfachfenster	1,5
Verbundfenster	1,5
Doppel- und Einfachfenster mit besonderer Dichtung	1,2

$k = 6$ kcal/m² h °C, Doppelfenster $k = 3$ kcal/m² h °C) in Abb. 119 dargestellt. Dabei ist die Fugenlänge des Fensters zu 4 m je m² Fensterfläche angenommen. Man ersieht aus diesen Diagrammen, daß bei undichten Fenstern bei Windanfall die Wärmeverluste in erster Linie durch den Luftdurchgang bedingt sind. Die Fensterart (Einfach- oder Doppelfenster) tritt unter diesen Umständen in ihrer Auswirkung auf den Wärmeverlust zurück. Um also die im Vergleich zu Einfachfenstern wärmeschutztechnisch günstigen Doppelfenster auch wärmewirtschaftlich voll zur Wirkung kommen zu lassen, ist eine genügende Dichtheit dieser Fenster unbedingte Voraussetzung.

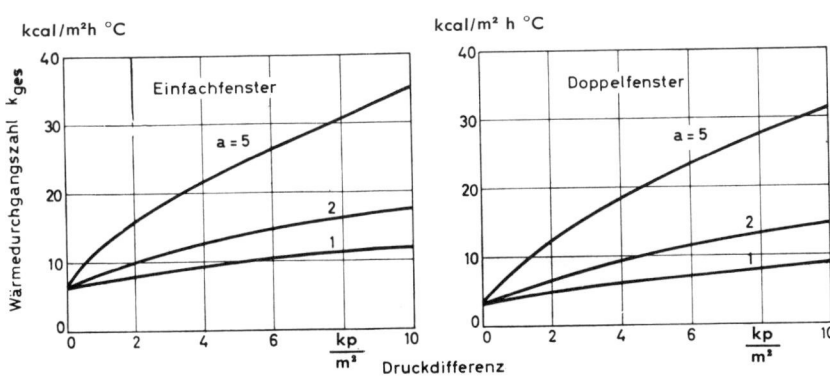

Abb. 119: Wärmedurchgangskoeffizient k_{ges} bei Einfach- und Doppelfenstern unter Berücksichtigung des Luftdurchganges ($a = 1$, 2 und 5), abhängig von der Druckdifferenz zu beiden Seiten des Fensters.

223

Nach den ergänzenden Bestimmungen zu DIN 4108 sind die nachstehenden Fugendurchlässigkeiten a für eine Druckdifferenz von 1 kp/m² bei den angegebenen Konstruktionsmerkmalen der Fenster anzunehmen (Tafel 43).

Tafel 43: Konstruktionsmerkmale für Fenster und Fugendurchlässigkeit a für eine Druckdifferenz von 1 kp/m² nach den ergänzenden Bestimmungen zu DIN 4108

Fugendurchlässigkeit a	Konstruktionsmerkmale
$2.0 \geqq a > 1,0$	Holzfenster (auch Doppelfenster) mit Profilen nach DIN 68121 — Holzfensterprofile — ohne Dichtung
$a \leqq 1,0$	alle Fensterkonstruktionen (bei Holzfenstern mit Profilen nach DIN 68121) mit alterungsbeständiger weichfedernder, leicht auswechselbarer Dichtung
	fest eingebaute Fenster ohne Öffnungsmöglichkeit

2.25 Türen

Die gleichen Überlegungen wie bei den Fenstern gelten sinngemäß auch für Außentüren, also insbesondere Balkontüren und dgl.; Richtwerte für den Wärmedurchgangskoeffizienten k sind in Tafel 44 zusammengestellt.

Tafel 44: Wärmedurchgangskoeffizienten k für Türen nach DIN 4701

Türenart und -Ausführung	Wärmedurchgangskoeffizient k kcal/m² h °C
Außentür aus Holz oder Kunststoffen	3,0
Metalltür	5,0
Balkontür, Holz mit Glasfüllung, einfache Tür	4,0
Balkontür, Holz mit Glasfüllung, doppelte Tür	2,0

Die Luftdurchlässigkeit von Türen kann, soweit deren Ausführung der von Fenstern entspricht, nach Tafel 43 angenommen werden. Türen ohne Schwelle (Innentüren) weisen Fugendurchlässigkeiten a in der Größenordnung von 40 m³/h · mm WS, solche mit Schwelle Werte um etwa 15 m³/h · mm WS auf.

224

C

Walter Schüle

Feuchtigkeitsschutz

Eine „trockene Wohnung" ist das Ziel jeden Wohnungsbaues. Feuchte Wände und Decken führen zu Schimmel- und sonstigem Pilzbefall, der nicht nur unschön, sondern — wegen der Pilzsporen, die Anlaß zu Allergie-Erkrankungen der Atmungswege sein können — auch gesundheitsschädlich ist. In Räumen mit feuchten Außenbauteilen ist ein behagliches Raumklima auch bei Heizung kaum zu erzielen. Die Beheizung solcher Räume erfordert, wegen des infolge der Feuchtigkeit verringerten Wärmeschutzes der Wände, einen erhöhten Brennstoffaufwand. Aus diesen Gründen ist schon beim Entwurf und bei der Erstellung der Bauten, aber besonders auch beim Betrieb der Wohnungen dafür Sorge zu tragen, daß das Ziel, die „trockene Wohnung", erreicht und auf die Dauer gehalten wird.

1. Grundlagen und physikalische Zusammenhänge

Die im folgenden verwendeten und noch zulässigen Einheiten der feuchtigkeitstechnischen Größen sowie die des Internationalen Systems und die zugehörigen Umrechnungsfaktoren sind in Tafel 45 zusammengestellt.

1.1 Luft und Feuchtigkeit

Die Luft kann bei bestimmter Temperatur nur eine ganz bestimmte Menge Wasserdampf enthalten. Dieser Sättigungsgehalt an Wasserdampf ist in hohem Maße von der Temperatur abhängig. Er steigt mit zunehmender Temperatur stark an (Abb. 120). Dem Sättigungsgehalt an Wasserdampf in der Luft ist ein Sättigungsdampfdruck zugeordnet, der ebenfalls mit zunehmender Temperatur in gleichem Maße wie die maximal aufnehmbare Wasserdampfmenge ansteigt (Tafel 46).

In der Mehrzahl der Fälle enthält die Luft geringere Wasserdampfmengen als dem Sättigungsgehalt entspricht. Zur Kennzeichnung des Wassergehaltes der Luft dient die relative Feuchte φ. Diese Größe ergibt sich aus der in der Luft enthaltenen Wasserdampfmenge W (g/m^3) und der Sättigungsmenge W_S (g/m^3) bzw. dem Wasserdampfteildruck (Partialdruck) p $(mm\ QS)$ und dem Sättigungsdruck p_s $(mm\ QS)$ zu:

$$\varphi = \frac{W}{W_S} \cdot 100 = \frac{p}{p_s} \cdot 100 \ (^0/_0) \ldots \tag{34}$$

Luft, die mit Wasserdampf gesättigt ist, besitzt demnach eine relative Feuchte von 100%.

Beim Erwärmen feuchter Luft sinkt, sofern dem betreffenden Luftvolumen weder Feuchtigkeit zugeführt, noch entzogen wird, die rel. Luftfeuchte, da das Ver-

Tafel 45:   Feuchtigkeitstechnische Größen

Benennung	Formel-Zeichen	Einheiten-Zeichen*)		Faktor zur Umrechnung der bisher üblichen Einheiten in SI-Einheiten
		bisher üblich	Internationales System (SI)	
Partialdruck des Wasserdampfes	p	kp/m², mm WS Torr, mm QS	N/m² oder Pa	9,80665 133,3
Sättigungs-druck des Wasserdampfes	p_s	kp/m², mm WS Torr, mm QS	N/m² oder Pa	9,80665 133,3
relative Luftfeuchte	φ	1	1	1
massebezogene Feuchte fester Stoffe	u_m	1	1	1
volumenbe-zogene Feuchte fester Stoffe	u_v	1	1	1
Wasserdampf diffusionsstrom	I	kg/h	kg/s	$0{,}278 \cdot 10^{-3}$
Wasserdampf-diffusions-stromdichte	i	kg/(m² h)	kg/(m² s)	$0{,}278 \cdot 10^{-3}$
Wasserdampf-diffusionsleit-koeffizient	δ	kg/(m h kp/m²) g/(m h Torr)	kg/(m s Pa)	$2{,}83 \cdot 10^{-5}$ $2{,}08 \cdot 10^{-9}$
Wasserdampf-diffusionsdurch-laßkoeffizient	Δ	kg/(m² h kp/m²) g/(m² h Torr)	kg/(m² s Pa)	$2{,}83 \cdot 10^{-5}$ $2{,}08 \cdot 10^{-9}$
Wasserdampf-diffusionsdurch-laßwiderstand	$1/\Delta$	(m² h kp/m²)/kg m² h Torr/g	m² s Pa/kg	$3{,}53 \cdot 10^{4}$ $4{,}81 \cdot 10^{8}$
Wasserdampf-diffusionsüber-gangskoeffizient	β	kg/(m² h kp/m²) g/(m² h Torr)	kg/(m² s Pa)	$2{,}83 \cdot 10^{-5}$ $2{,}08 \cdot 10^{-9}$
Wasserdampf-diffusionsdurch-gangskoeffizient	k_D	kg/(m² h kp/m²) g/(m² h Torr)	kg/(m² s Pa)	$2{,}83 \cdot 10^{-5}$ $2{,}08 \cdot 10^{-9}$
Wasserdampf-diffusions-widerstandszahl	μ	1	1	1
diffusions-äquivalente Luftschichtdicke	s_d	m	m	1
Wasserauf-nahmekoeffizient	w	kg/(m² h $^{1/2}$)	kg/(m² s $^{1/2}$)	0,0167

*) 1 steht für das Verhältnis zweier gleicher Größen.

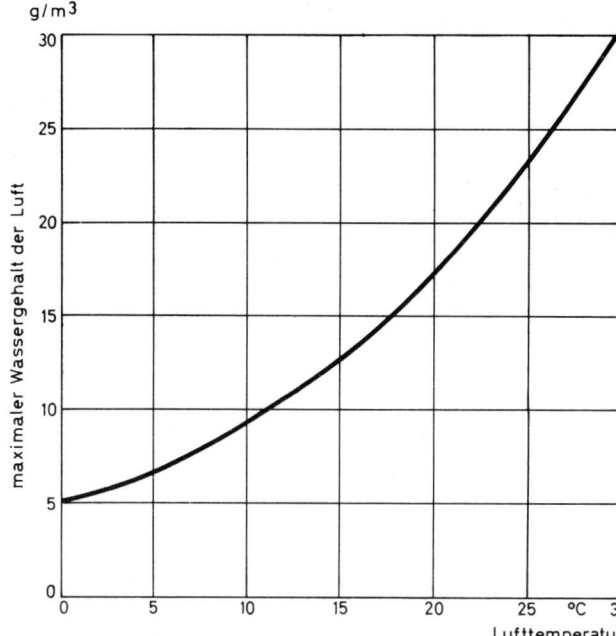

g/m³

maximaler Wassergehalt der Luft

Lufttemperatur

Abb. 120: Maximaler Wassergehalt der Luft, abhängig von der Temperatur (Luftdruck 755 mm QS).

hältnis der absoluten, in der Luft enthaltenen Wasserdampfmenge zur Sättigungsmenge abnimmt. Im umgekehrten Falle, also beim Abkühlen feuchter Luft unter diesen Bedingungen (Gleichbleiben des absoluten Feuchtegehaltes der Luft), erhöht sich die relative Luftfeuchte. Wird die Temperatur soweit erniedrigt, bis die relative Luftfeuchte den Wert von 100% erreicht, so muß sich bei weiterer Abkühlung Wasserdampf aus der Luft abscheiden, da dann die Luft bei der betreffenden Temperatur die in ihr enthaltene Wassermenge nicht mehr in Dampfform halten kann. Der Wasserdampf scheidet sich dann in Form von Nebel aus bzw. schlägt sich auf festen Gegenständen als Tauwasser nieder. Die Temperatur, bei der dies geschieht, wird daher als Taupunktstemperatur oder als Taupunkt der Luft bezeichnet.

Die Taupunktstemperatur wird durch die Lufttemperatur und deren Wasserdampfgehalt bzw. die relative Feuchte bestimmt. Sie liegt um so näher bei der Lufttemperatur, je höher die Luftfeuchtigkeit ist. Der Zusammenhang zwischen Taupunktstemperatur und relativer Luftfeuchte für die Luft von 15 °C, 20 °C und 25 °C, ist aus Abb. 121 zu ersehen. Tafel 47 gibt die Taupunktstemperaturen der Luft bei verschiedener Temperatur und relativer Feuchte.

229

Tafel 46: **Sättigungsdampfdrucke** p_s **von Wasserdampf in mm QS**
für den Bereich von —20 bis 20° C

Temp. °C	,0	,1	,2	,3	,4	,5	,6	,7	,8	,9
—20	0,77	0,76	0,76	0,75	0,74	0,74	0,73	0,72	0,71	0,71
—19	0,85	0,84	0,83	0,83	0,82	0,81	0,80	0,79	0,79	0,78
—18	0,93	0,93	0,92	0,91	0,90	0,89	0,88	0,87	0,87	0,86
—17	1,03	1,02	1,01	1,00	0,99	0,98	0,97	0,96	0,95	0,94
—16	1,13	1,12	1,11	1,10	1,09	1,08	1,07	1,06	1,05	1,04
—15	1,24	1,23	1,22	1,20	1,19	1,18	1,17	1,16	1,15	1,14
—14	1,36	1,34	1,33	1,32	1,31	1,30	1,28	1,27	1,26	1,25
—13	1,49	1,47	1,46	1,45	1,43	1,42	1,41	1,39	1,38	1,37
—12	1,63	1,61	1,60	1,58	1,57	1,55	1,54	1,53	1,51	1,50
—11	1,78	1,76	1,75	1,73	1,72	1,70	1,69	1,67	1,66	1,64
—10	1,95	1,93	1,91	1,89	1,88	1,86	1,84	1,83	1,81	1,80
— 9	2,12	2,11	2,09	2,07	2,05	2,03	2,02	2,00	1,98	1,96
— 8	2,32	2,30	2,28	2,26	2,24	2,22	2,20	2,18	2,16	2,14
— 7	2,53	2,51	2,49	2,47	2,45	2,42	2,40	2,38	2,36	2,34
— 6	2,76	2,74	2,71	2,69	2,67	2,64	2,62	2,60	2,58	2,55
— 5	3,01	2,98	2,96	2,93	2,91	2,88	2,86	2,83	2,81	2,78
— 4	3,28	3,25	3,22	3,19	3,17	3,14	3,11	3,09	3,06	3,03
— 3	3,57	3,54	3,51	3,48	3,45	3,42	3,39	3,36	3,33	3,03
— 2	3,88	3,85	3,81	3,78	3,75	3,72	3,69	3,66	3,63	3,60
— 1	4,22	4,18	4,15	4,11	4,08	4,04	4,01	3,98	3,94	3,91
— 0	4,58	4,54	4,50	4,47	4,43	4,40	4,36	4,32	4,29	4,25
0	4,58	4,61	4,65	4,68	4,71	4,75	4,78	4,82	4,85	4,89
1	4,93	4,96	5,00	5,03	5,07	5,11	5,14	5,18	5,22	5,26
2	5,29	5,33	5,37	5,41	5,45	5,49	5,52	5,56	5,60	5,64
3	5,68	5,72	5,76	5,81	5,85	5,89	5,93	5,97	6,01	6,06
4	6,10	6,14	6,19	6,23	6,27	6,32	6,36	6,41	6,45	6,50
5	6,54	6,59	6,63	6,68	6,73	6,77	6,82	6,87	6,92	6,96
6	7,01	7,06	7,11	7,16	7,21	7,26	7,31	7,36	7,41	7,46
7	7,51	7,56	7,62	7,67	7,72	7,77	7,83	7,88	7,94	7,99
8	8,04	8,10	8,15	8,21	8,27	8,32	8,38	8,44	8,49	8,55
9	8,61	8,67	8,73	8,79	8,84	8,90	8,96	9,02	9,09	9,15
10	9,21	9,27	9,33	9,39	9,46	9,52	9,58	9,65	9,71	9,78
11	9,84	9,91	9,98	10,04	10,11	10,18	10,24	10,31	10,38	10,45
12	10,52	10,59	10,66	10,73	10,80	10,87	10,94	11,01	11,08	11,16
13	11,23	11,30	11,38	11,45	11,53	11,60	11,68	11,76	11,83	11,91
14	11,99	12,06	12,14	12,22	12,30	12,38	12,46	12,54	12,62	12,71
15	12,79	12,87	12,95	13,04	13,12	13,20	13,29	13,37	13,46	13,55
16	13,63	13,72	13,81	13,90	13,99	14,08	14,17	14,26	14,35	14,44
17	14,53	14,62	14,71	14,81	14,90	15,00	15,09	15,19	15,28	15,38
18	15,48	15,57	15,67	15,77	15,87	15,97	16,07	16,17	16,27	16,37
19	16,48	16,58	16,68	16,79	16,89	17,00	17,10	17,21	17,32	17,43
20	17,53	17,64	17,75	17,86	17,97	18,08	18,20	18,31	18,42	18,54

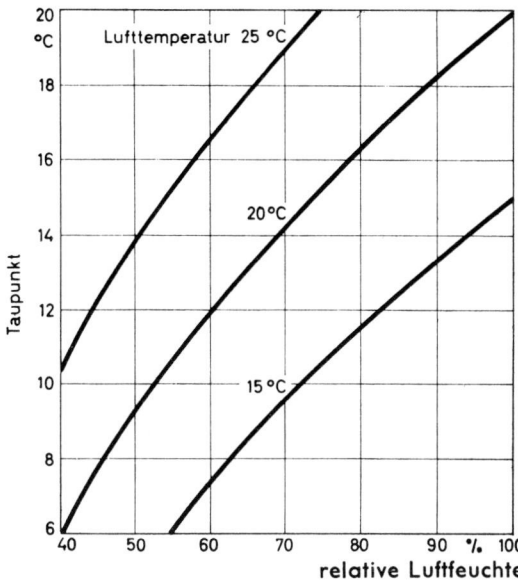

Abb. 121: Taupunktstemperatur (Taupunkt) von Luft von 15 °C, 20 °C und 25 °C, abhängig von der relativen Luftfeuchte.

Tafel 47: **Taupunktstemperatur von Luft verschiedener Temperatur und rel. Feuchte**

Lufttemperatur in ° C	Taupunktstemperatur in °C bei einer rel. Luftfeuchte von			
	30%	50%	70%	90%
0	—15,7	—9,3	—4,9	—1,5
10	—6,8	0	4,8	8,4
20	1,9	9,2	14,3	18,3
30	10,5	18,4	23,9	28,2
40	19,1	27,6	33,5	38

1.2 Baustoff und Feuchtigkeit

1.21 Feuchte der Baustoffe

Baustoffe besitzen in der Regel einen mehr oder weniger großen Wassergehalt. Zur Kennzeichnung der im Baustoff enthaltenen Wassermenge dient die massenbezogene oder die volumenbezogene Feuchte, die beide in Prozent angegeben werden. Die massenbezogene Feuchte u_m eines Stoffes in %, vielfach als Gew.-%

231

bezeichnet, ergibt sich aus dem Gewicht (Masse) G_F des Stoffes in feuchtem Zustande und dem Trockengewicht G_{tr} derselben Stoffprobe zu

$$u_m = \frac{G_F - G_{tr}}{G_{tr}} \cdot 100 \quad (^0/_0) \dots \tag{35}$$

Aus dem Wert u_m und der Rohdichte ϱ_R des Stoffes in kg/m³ ergibt sich die volumenbezogene Feuchte u_v (Vol.-%) zu:

$$u_v = \frac{u_m \cdot \varrho_R}{1000} \quad (^0/_0) \dots \tag{36}$$

Der Wassergehalt der Baustoffe, der sich im Laufe der Zeit in diesen einstellt, hängt von der Art und dem Aufbau des Stoffes, den Umgebungsverhältnissen (mittlere Lufttemperatur und rel. Luftfeuchte) und der Benützungsart der betreffenden Räume (Küchen, Wohnräume usw.), sowie der Orientierung der Bauteile (z. B. Wetterseite) ab. Umfangreiche Untersuchungen zu dieser Frage haben ergeben, daß man unter durchschnittlichen Verhältnissen mit ganz bestimmten „praktischen Feuchten"[97]) der Baustoffe rechnen kann. Dabei zeigte es sich, daß diese Feuchte bei anorganischen Stoffen zweckmäßig als volumenbezogener Wassergehalt (Vol.-%), bei organischen Stoffen aber als massenbezogener Wassergehalt (Gew.-%) angegeben wird, da dann die praktischen Feuchten der Stoffe ganzer Materialgruppen jeweils annähernd gleiche Werte aufweisen. Diese Werte sind in Tafel 48 zusammengestellt. Bei der Ermittlung der volumenbezogenen Feuchten von Lochsteinen, Hohlblocksteinen und dgl. ist die Scherben- bzw. Betonrohdichte der Steine zugrunde zu legen, da die Feuchtigkeit bei solchen Stoffen im festen Material und nicht in den verhältnismäßig großen Lufträumen enthalten ist.

1.22 Tauwasserbildung auf Bauteilen

Liegt die Oberflächentemperatur auf der Innenseite von Bauteilen (Wände, Decken, Fenster usw.) unter der Taupunktstemperatur der Raumluft, so tritt auf diesen Flächen Tauwasser auf. Dies kann vorkommen bei wärmetechnisch ungenügend bemessenen Außenbauteilen im Dauerzustand der Beheizung, beim Anheizen von Räumen, deren Wände ausreichend bemessen sind, aber sich nicht genügend schnell erwärmen, sowie wenn die Luftfeuchtigkeit in den betreffenden Räumen zu hoch ist. Diese drei Fälle sollen im folgenden eingehender behandelt werden.

1.221 Wärmedämmung von Bauteilen und Tauwasserbildung

Im Dauerzustand der Beheizung ist die Oberflächentemperatur eines Bauteils durch seine Wärmedämmung (Wärmedurchlaßwiderstand $1/\Lambda$ bzw. Wärmedurch-

---

[97]) Unter praktischer Feuchte versteht man nach einem Vorschlag von J. S. Cammerer den Wassergehalt, der bei der Untersuchung genügend ausgetrockneter Bauten, die zum dauernden Aufenthalt von Menschen dienen, in 90 % aller Fälle nicht überschritten wurde.

Tafel 48: Praktische Feuchte von Bau- und Dämmstoffen nach DIN 52612, Blatt 1 (Entwurf 1970)

Stoff	Praktische Feuchte%	
	volumen-bezogen	massebe-zogen
Ziegel	2	—
Beton mit geschlossenem oder haufwerks-porigem Gefüge mit Zuschlagstoffen aus: z.B. Kies, Schlacke, Bims, Hüttenbims, Ziegelsplitt, Blähton, Blähschiefer, expandiertem Gesteinsglas Kalksandsteine	5	—
Gas- und Schaumbeton	3,5	
Gips, Anhydrit	2	—
Mineralische Faserdämmstoffe	—	5
Holz, Holzspanplatten, Holzfaserplatten, Holzwolleleichtbauplatten, Schilfrohrplatten und -matten; Organische Faserdämmstoffe	—	20
Korkerzeugnisse	—	10
Schaumkunststoffe aus Polystyrol und Polyurethan (hart)	—	5

gangskoeffizient k) und die Lufttemperaturen zu beiden Seiten bestimmt (s. Teil B, Abschnitt 1.32).

Auf Grund der nach dem genannten Abschnitt zu berechnenden Oberflächentemperatur und dem Vergleich mit der Taupunktstemperatur der Raumluft kann festgestellt werden, ob in dem betreffenden Fall mit Tauwasserbildung auf der Oberfläche zu rechnen ist.

Andererseits läßt sich die notwendige Mindest-Wärmedämmung eines Bauteils ohne Schwierigkeit errechnen, die notwendig ist, um bei bestimmten Temperatur- und Feuchtigkeitsverhältnissen Tauwasserbildung zu vermeiden.

Bezeichnet man mit ϑ_{La} und ϑ_{Li} die Lufttemperaturen zu beiden Seiten des Bauteils, mit ϑ_s die Taupunktstemperatur der Raumluft, so ergibt sich der höchstzulässige Wärmedurchgangskoeffizient k_{zul} bzw. der Mindestwert des Wärmedurchlaßwiderstandes $1/\Lambda_{min}$ zu:

$$k_{zul} = \frac{5\,(\vartheta_{Li} - \vartheta_s)}{\vartheta_{Li} - \vartheta_{La}} \tag{37}$$

233

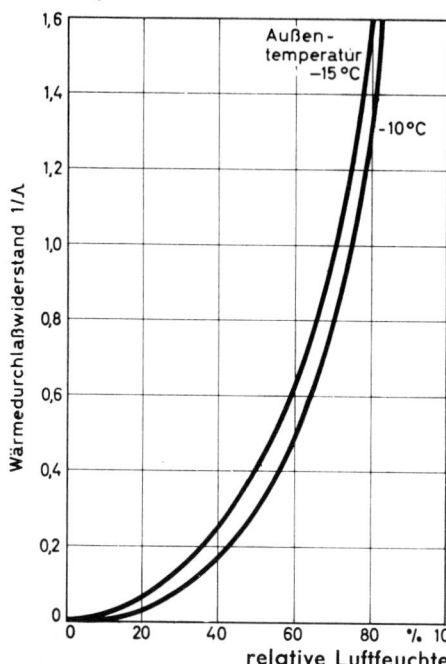

m² h °C/kcal

Außen-
temperatur
−15 °C

−10 °C

Wärmedurchlaßwiderstand 1/Λ

relative Luftfeuchte

Abb. 122: Notwendiger Mindest-
wärmedurchlaßwiderstand 1/Λ von
Außenwänden zur Vermeidung
von Tauwasser auf der Innenoberfläche der Wände, abhängig von
der relativen Luftfeuchte im Raum
bei verschiedenen Außentemperaturen und einer Raumlufttemperatur von 20 °C.

$$1/\Lambda_{min} = \frac{\vartheta_{Li} - \vartheta_{La}}{5\,(\vartheta_{Li} - \vartheta_{Ls})} - 0{,}25 \qquad (38)$$

Bei der Aufstellung dieser beiden Gruppen wurde der Wärmeübergangskoeffizient auf der Innenseite des Bauteil mit 5 kcal/m² h °C, auf der Außenseite mit
20 kcal/m² h°C angenommen.

Der notwendige Wärmedurchlaßwiderstand von Außenwänden zur Vermeidung
von Tauwasserbildung auf der Innenoberfläche ist in Abb. 122 abhängig von der
rel. Luftfeuchte im Raum, für Außentemperaturen von −10 °C und −15 °C
und eine Innentemperatur von 20 °C dargestellt.

Die anfallende Tauwassermenge auf Oberflächen, deren Temperatur unter dem
Taupunkt der Raumluft liegt, ist um so größer, je höher die rel. Luftfeuchte im
Raume und je niedriger die Temperatur der betreffenden Oberfläche ist. Abb. 123
zeigt diese Zusammenhänge für eine Lufttemperatur von 20 °C in den bei Wohnungen hauptsächlich vorkommenden Bereichen der rel. Luftfeuchtigkeit.

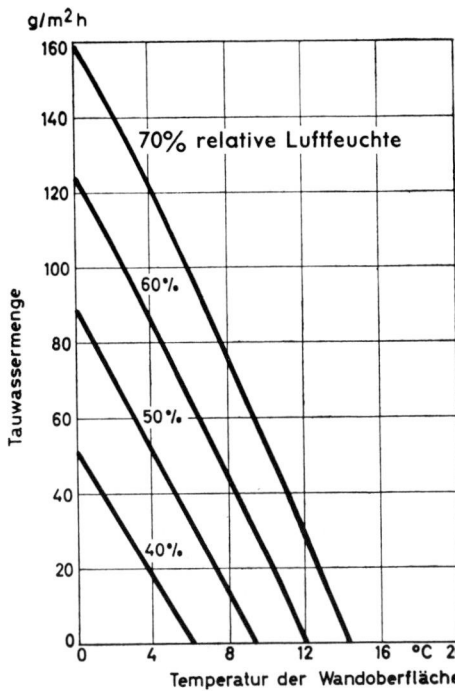

g/m²h

Abb. 123: Anfallende Tauwassermenge auf Wandoberflächen abhängig von der Oberflächentemperatur, bei einer Lufttemperatur von 20 °C und verschiedenen relativen Luftfeuchten.

1.222 Tauwasserbildung auf Bauteilen beim Anheizen der Räume

Wird ein ausgekühlter Raum wieder beheizt, so steigt in der Regel die Lufttemperatur im Raume ziemlich schnell an. Die Oberflächen der Wände, Decken usw. erwärmen sich aber im allgemeinen wesentlich langsamer. Es kann also vorkommen, daß die Temperatur der Wand- oder Deckenoberfläche eine gewisse Zeit unter der Taupunktstemperatur der Raumluft liegt, so daß auf diesen Flächen Tauwasser anfällt. Erst einige Zeit nach Beginn des Heizens, wenn die Flächen genügend warm geworden sind, hört der Tauwasseranfall auf. Dabei ist vorausgesetzt, daß die Bauteile eine so große Wärmedämmung aufweisen, daß bei dem sich schließlich einstellenden Dauerzustand der Beheizung kein Tauwasserniederschlag auf den Oberflächen der Bauteile erfolgt.

Zeitweiliger Anfall von Tauwasser auf den Oberflächen der Bauteile ist dann unbedenklich, wenn diese Flächen die Fähigkeit haben, das anfallende Wasser ohne Tropfenbildung aufzunehmen und über eine gewisse Zeit zu speichern. Diese Eigenschaft weisen Putzflächen, Holz und dgl. auf. Bei weitergehender Erwärmung der Flächen wird das aufgenommene Wasser wieder an den Raum abgegeben, bzw. durch den Bauteil hindurch ins Freie gleitet, so daß keine Feuchtigkeitsschäden auftreten.

1.223 Tauwasserbildung bei hoher Raumluftfeuchte

Ebenso, wie eine zu niedrige Oberflächentemperatur auf Bauteilen, Einrichtungsgegenständen und dgl. bei normalen rel. Luftfeuchten im Raum zu Tauwasserbildung auf diesen Flächen führt, kann dies auch auftreten, wenn die Luftfeuchte in den betreffenden Räumen allzu hoch ist. Damit muß in Küchen und Bädern gerechnet werden; aber auch in stark belegten Schlafräumen tritt dies zeitweilig auf. In solchen Fällen muß durch ausreichende Lüftung dafür gesorgt werden, daß die Feuchtigkeit in den Räumen nicht zu hoch ansteigt (Näheres s. Abschnitt 3.5).

1.23 Wasserdampfdiffusion durch Baustoffe und innere Kondensation

Trennt eine Baustoffschicht bzw. ein Bauteil zwei Räume verschiedener Temperatur und Luftfeuchte, so liegen in der Regel zu beiden Seiten der Trennschicht verschiedene Teildrücke des Wasserdampfes vor. Unter diesem Druckunterschied bewegt sich der Wasserdampf durch poröse Baustoffe hindurch. Dieser Vorgang, die Wasserdampfdiffusion, die in den luftgefüllten Poren des Stoffes erfolgt, wird in vielen Fällen von einer Wasserbewegung in den wassergefüllten kleinsten, miteinander durch enge Kapillaren verbundenen Poren begleitet. Diese beiden gleichzeitig erfolgenden Vorgänge erschweren die Behandlung des Problems der Feuchtigkeitsbewegung in einem porösen Stoff. In vielen Fällen genügt aber die Betrachtung des Diffusionsvorganges allein, um Aufschluß über das Verhalten eines Bauteils beim Vorliegen von Wasserdampfdruckunterschieden zu seinen beiden Seiten zu gewinnen. Vor allem interessiert die Frage nach innerer Kondensation, d. h. des Ausfallens des Wassers im Inneren von Bauteilen, das durch Diffusion in diese eingedrungen ist.

1.231 Grundgleichungen für die Dampfdiffusion durch Bauteile

In dem im Bauwesen vorwiegend interessierenden Temperaturgebiet bis zu etwa 30° C kann die Dampfdiffusion durch einen ebenen Bauteil (Decke, Wand oder dgl.) nach einer Gleichung berechnet werden, die in ihrem Aufbau formal der Gleichung für den Wärmedurchgang durch einen Bauteil entspricht (s. Teil B, Abschnitt 1.14).
Benützt man folgende Bezeichnungen:

G = durch Diffusion transportierte Wassermenge in kg
F = Fläche in m²
z = Zeit in h
p_1, p_2 = Teildampfdrücke zu beiden Seiten des Bauteils in kp/m² (mm WS)
k_D = Wasserdampfdurchgangskoeffizient des Bauteils in kg/m² · h · mm WS,

so gilt die Gleichung:

$$G = k_D \, F \, (p_1 - p_2) \cdot z \ldots \tag{39}$$

bzw.

$$I = \frac{G}{z} = k_D \, F \, (p_1 - p_2) \ldots \tag{40}$$

Der Wasserdampfdiffusionsdurchgangskoeffizient k_D läßt sich aus den Wasserdampfdiffusionsleitkoeffizienten $\delta_1, \delta_2 \ldots \delta_n$ in kg/m·h·mm WS, den Dicken $s_1, s_2 \ldots s_n$ in m, der im Sinne des Dampfstromes hintereinanderliegenden Stoffschichten und den Wasserdampfdiffusionsübergangskoeffizienten β_1 und β_2 zu den beiden Seiten des Bauteils in kg/m² h mm WS wie folgt errechnen

$$k_D = \frac{1}{1/\beta_1 + s_1/\delta_1 + s_2/\delta_2 + \ldots + s_n/\delta_n + 1/\beta_2} \tag{41}$$

Die Ausdrücke s/δ in dieser Gleichung stellen Wasserdampfdiffusionsdurchlaßwiderstände dar, die analog zum obigen mit $1/\Delta$ bezeichnet werden:

$$1/\Delta = s_1/\delta_1 + s_2/\delta_2 + \ldots s_n/\delta_n \tag{42}$$

Bei der Mehrzahl der praktischen Rechnungen über den Dampfdurchgang durch Baustoffe und Bauteile kann man die Wasserdampfdiffusionsübergangswiderstände $1/\beta_1$ und $1/\beta_2$ wegen ihrer Kleinheit gegenüber den Dampfwiderständen der festen Stoffe vernachlässigen, so daß dann anstelle des Dampfdiffusionsdurchgangskoeffizienten k_D der Dampfdiffusionsdurchlaßkoeffizient Δ tritt.

Zur exakten physikalischen Kennzeichnung eines Stoffes hinsichtlich seines Verhaltens bei Dampfdiffusion dient die Diffusionswiderstandszahl μ. Diese Größe gibt an, um wieviel mal größer der Diffussionswiderstand einer Stoffschicht ist als der einer gleich dicken Luftschicht unter denselben Bedingungen. Die Diffusionswiderstandszahl μ ist bei trockenen, grobporigen Stoffen eine reine Materialeigenschaft, die nicht, wie die in der obigen Gleichung benutzten Größen k_D, δ und Δ von Temperatur und Druck beeinflußt wird. In der Praxis kann man aber im Temperaturbereich zwischen —20 und +20° C den Einfluß des Druckes außer acht lassen. Bei dieser Vereinfachung läßt sich der Dampfdiffusionsleitkoeffizient δ aus der Diffusionswiderstandszahl μ nach folgender Formel errechnen[98]):

$$\delta = \frac{6,25 \cdot 10^{-6}}{\mu} \, (kg/m \cdot h \cdot mm \; WS) \tag{43}$$

Der Wasserdampfdiffusionsdurchlaßwiderstand $1/\Delta$ ergibt sich zu:

$$1/\Delta = \frac{\mu \cdot s}{6,25 \cdot 10^{-6}} \, (m^2 \, h \, mm \; WS/kg) \tag{44}$$

[98]) Cammerer, J. S. ,,Die Berechnung der Wasserdampfdiffusion in den Wänden". Ges.-Ing. 73 (1952), S. 393

Gibt man die durch Diffusion bewegte Dampfmenge nicht in kg, sondern in g an und verwendet für den Dampfdruck nicht mm WS bzw. kp/m², sondern mm QS (Torr), so lauten die vorstehenden Gleichungen:

$$\delta = \frac{0{,}085}{\mu} \ (g/m \cdot h \ mm \ QS) \tag{45}$$

$$1/\Delta = \frac{\mu \cdot s}{0{,}085} \ (m^2 \ h \ mm \ QS/g) \tag{46}$$

Eine weitere Größe zur Kennzeichnung der Diffusionseigenschaft einer Stoffschicht ist die diffusionsäquivalente Luftschichtdicke $\mu \cdot s$ in m. Es ist dies die Dicke einer Luftschicht in m, die denselben Diffusionswiderstand aufweist, wie die Stoffschicht der Dicke s mit der Diffusionswiderstandzahl μ.

1.232 Zahlenwerte

Zur Durchführung von Rechnungen über den Dampfdurchgang durch Bauteile und zur Ermittlung der Dampfdruckverhältnisse in diesen, benötigt man Zahlenwerte über die Diffusionswiderstandszahlen μ der Stoffe, sowie die Dampfübergangszahlen β.

1.2321 *Diffusionswiderstandszahlen von Baustoffen*

In Tafel 49 sind die Diffusionswiderstandszahlen von Bau- und Dämmstoffen zusammengestellt.

Bei sehr dünnen Schichten, wie z. B. Anstrichen, Farben und dgl., ist die Angabe der Diffusionswiderstandszahl μ als Kenngröße für das Verhalten bei Dampfdurchgang durch den Stoff oft nicht möglich, da die Dicke der betreffenden Schicht nicht bekannt ist und auch oft nur schwer oder überhaupt nicht ermittelt werden kann. In solchen Fällen muß der betreffende Stoff durch seinen Wasserdampfdiffusionsdurchlaßwiderstand $1/\Delta$ bzw. den Wasserdampfdurchlaßkoeffizienten Δ oder die diffusionsäquivalente Luftschichtdichte $\mu \cdot s$ gekennzeichnet werden, die bei einer Bestimmung des Dampfdurchganges durch eine Schicht, auch ohne Kenntnis der Schichtdicke ermittelt werden können.[99]

In Tafel 50 sind die Dampfdurchlaßkoeffizienten einiger Anstriche[100] zusammengestellt. Die angegebenen Werte wurden an Anstrichen gemessen, die entsprechend den Anweisungen der Hersteller und aus meßtechnischen Gründen auf einem Papieruntergrund hergestellt worden waren. Durch andere Untergründe, vor allem Putze und dgl., wird die Dampfdurchlässigkeit des Anstriches wegen der Rauhigkeit und Saugfähigkeit stark beeinflußt, da bei diesen Untergründen die Ausbildung eines gleichmäßigen Anstrichfilms erschwert ist.

[99]) Schüle, W. „Die Prüfung der Wasserdampfdurchlässigkeit von Baustoffen" im Handbuch der Werkstoffprüfung, 3. Band, S. 773. Berlin/Heidelberg 1957.
[100]) Frank, W. „Untersuchungen über die Wasserdampfdurchlässigkeit von Anstrichen". Ges.-Ing. 80 (1959) S. 360, sowie Schriftenreihe der Forschungsgemeinschaft Bauen und Wohnen, Bericht 61/1959.

Tafel 49: Diffusionswiderstandszahlen μ von Bau- und Dämmstoffen.

Stoff	Diffusionswiderstandszahl μ
Kalkzementmörtel	35
Kalk-Gips-Mörtel	10
Ortbeton (Kiesbeton)	50
Beton-Fertigteile	100
Bimsbeton	10
Gas- und Schaumbeton	5
Gipskartonplatten	8
Asbestzementplatten	50
Mauerwerk aus: Kalksandsteinen	15
Hochbauklinkern	100
Hochlochklinkern	100
Vollziegeln, Vormauerziegeln, Lochziegeln	10
Außenwandbekleidung aus Glasmosaik oder Spaltklinkern	200
Holzwolle-Leichtbauplatten Dicke 15 mm	5
Dicke > 15 mm	2
Korkplatten	10
Holz: Eiche, Buche, Fichte, Kiefer, Tanne	50
Sperrholz	50 bis 200
poröse Holzfaserplatten	5
harte Holzfaserplatten	70
Holzspanplatten V 20	50
V 100	100
Mineralische und pflanzliche Faserdämmstoffe	1
Schaumkunststoffe: Polystyrol-Partikelschaum, je nach Rohdichte	30 bis 70
Polystyrol, extrudiert, je nach Rohdichte	100 bis 300
Polyurethan, je nach Rohdichte	50 bis 100
Bitumenpappe, nackt, nach DIN 52129	2 500
Dachpappe nach DIN 52128	50 000
Polyvinylchlorid-Folie	50 000
Polyäthylen-Folie	100 000
Aluminiumfolie mit einem Flächengewicht $\geq$ 125 g/m²	∞

Tafel 50: Dampfdurchlaßkoeffizienten von Anstrichen

Anstrich	Dampfdurchlaßkoeffizient Δ g/m² h mm QS
Chlorkautschuklacke .... Polyvinylchloridlacke................. Öl-Lacke	0,011 bis 0,036 0,017 bis 0,034 0,031 bis 0,043
Ölfarben	0,035 bis 0,087
Binderfarben, ölfrei .... ölhaltig	0,164 bis 1,59 1,39 bis 2,54
Leimfarben .... Mineralfarben...................... Kalkanstriche	2,5 bis 2,8 ca. 2,5 ca. 2,6

1.2322 *Wasserdampfdiffusionsübergangskoeffizienten*

Die Wasserdampfdiffusionsübergangskoeffizienten β sind von den jeweiligen Temperaturverhältnissen (Luft- und Wandtemperatur) in den Räumen, sowie von der Luftbewegung abhängig. Nach den von Illig[101]) für die Praxis zusammengestellten Werten kann man — sofern bei einer Rechnung die Wasserdampfübergangskoeffizienten überhaupt berücksichtigt werden müssen — mit den Werten der Tafel 51 rechnen. In dieser Tabelle sind auch die Kehrwerte der Wasserdampfübergangskoeffizienten, also die Übergangswiderstände, angegeben.

Tafel 51: Wasserdampfübergangskoeffizienten β und Wasserdampfübergangswiderstände 1/β für praktische Rechnungen

In Räumen bei einer Lufttemperatur von 10 bis 20 °C und einer Temperaturdifferenz zwischen Luft und Wand von 5 bis 10 °C:

Wasserdampfübergangskoeffizient β		Wasserdampfübergangswiderstand 1/β	
kg/m² h mm WS	g/m² h mm QS	m² h mm WS/kg	m² h mm QS/g
0,0012	16	830	0,06

[101]) Illig, W. ,,Die Größe der Wasserdampfübergangszahl bei Diffusionsvorgängen in Wänden von Wohnungen, Stallungen und Kühlräumen". Ges.-Ing. (1952), S. 124.

Im Freien bei Lufttemperaturen zwischen —20 und 30° C

Luftverhältnisse	Wasserdampf-übergangskoeffizient β		Wasserdampf-übergangswiderstand $1/\beta$	
	kg/m² h mm WS	g/m² h mm QS	m² h mmWS/ kg	m² h mm QS | g
Windstille	0,0033	45	300	0,02
durchschnittliche Luftbewegung (5 m/s)	0,0063	85	160	0,01
Sturm (25 m/s)	0,025	340	40	0,003

1.233 Durchführung feuchtigkeitstechnischer Rechnungen

Im folgenden wird die Durchführung feuchtigkeitstechnischer Rechnungen, wie Ermittlung der notwendigen Wärmedämmung von Bauteilen zur Vermeidung von Tauwasserbildung, Ermittlung der Dampfdruckverhältnisse in Bauteilen im Hinblick auf etwa zu erwartende innere Kondensation und dgl., an Beispielen behandelt und erläutert.

1.2331 Erforderliche Wärmedämmung zur Vermeidung von Tauwasserbildung

Beispiel: Ein vollklimatisierter Fabrikationsraum wird ständig auf einer Temperatur von 25° C bei einer rel. Luftfeuchtigkeit im Raum von 70% gehalten. Eine Tauwasserbildung auf den Wandoberflächen im Raum muß bis zu Außentemperaturen bis —20° C vermieden werden. Welche Wärmedämmung (Wärmedurchlaßwiderstand $1/\Lambda$ bzw. Wärmedurchgangskoeffizient k) müssen die Außenwände des Raumes besitzen? Aus dem Diagramm der Abb. 104 wird der Taupunkt ϑ_s der Raumluft entnommen:
$$\vartheta_s = 19,1 \ °C$$

Nach den Gleichungen (37) bzw. (38) ergeben sich der höchstzulässige Wärmedurchgangskoeffizient k_{zul} bzw. der Mindestwert des Wärmedurchlaßwiderstandes $1/\Lambda_{min}$ zu:

$$k_{zul} = \frac{5\,(25 - 19,1)}{25 + 20} = 0,65_5 \ kcal/m² \ h \ °C$$

$$1/\Lambda_{min} = \frac{25 + 20}{5\,(25 - 19,1)} - 0,25 = 1,28 \ m² \ h \ °C \ kcal$$

1.2332 Wasserdampfdurchgang durch Bauteile

Beispiel: 15 cm dicke Schwerbetonwand, auf der Außenseite 3,5 cm Holzwolle-Leichtbauplatten, beiderseits je 2 cm Putz (Abb. 124). Auf der Innenseite der Wand wird ein beheizter Raum mit einer Lufttemperatur von 20 °C und einer rel. Luftfeuchte von 50% angenommen. Die Lufttemperatur auf der Außenseite betrage —10 °C, die rel. Luftfeuchte 80%.

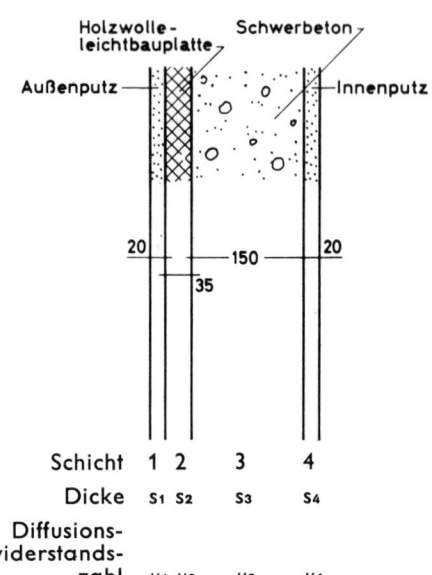

Abb. 124: Wandaufbau (Beispiel Abschnitt 2.332).

Schicht	1 2	3	4
Dicke	s_1 s_2	s_3	s_4
Diffusions-widerstands-zahl	μ_1 μ_2	μ_3	μ_4

1.23321 Dampfdurchlaßwiderstand und Dampfdurchlaßkoeffizient

Für die Materialien des Beispiels ergeben sich nach Tafel 49 die in Tafel 52 zusammengestellten Werte der Diffusionswiderstandsfaktoren μ, Dampfleitkoeffizienten δ und Dampfdurchlaßwiderstände $1/\Delta$.

Tafel 52:   Berechnung des Dampfdurchlaßwiderstandes einer Wand

Wandaufbau		Dicke s_n	Diffusions-wider-standszahl μ_n	Dampf-leit koeffizient δ	Dampf-durchlaß-widerstand $1/\Delta = s_n/\delta_n$
Schicht	Material				
		m		g/m h mm QS	m² h mm QS/g
1	Kalkputz	0,02	10	0,0085	2,4
2	Holzwolle-Leichtbauplatten	0,035	2	0,043	0,8
3	Beton	0,15	50	0,002	8,8
4	Gipsputz	0,02	10	0,0085	2,4

242

Der Dampfdurchlaßwiderstand der gesamten Wand beträgt $1/\Delta = 93,6$ m² h mm QS/g, der Dampfdurchlaßkoeffizient $\Delta = 0,0107$ g/m² h mm QS.

Nach Tafel 51 werden für die Dampfübergangskoeffizienten folgende Werte angenommen:

$$\text{außen: } \beta_a = 85 \text{ g/m}^2 \text{ h mm QS}$$
$$\text{innen: } \beta_i = 16 \text{ g/m}^2 \text{ h mm QS.}$$

Der Dampfdurchgangskoeffizient k_D der Wand ergibt sich dann zu:

$$\underline{k_D} = \frac{1}{1/85 + 93,6 + 1/16} = \frac{1}{0,01 + 93,6 + 0,06}$$

$$= \frac{1}{93,67} = \underline{0,0107 \; g/m^2 \; h \; mm \; QS}$$

Der Dampfdurchgangskoeffizient k_D unterscheidet sich praktisch nicht von dem Dampfdurchlaßkoeffizienten Δ. Wie schon erwähnt, können daher bei solchen Rechnungen die Dampfübergangskoeffizienten β_a und β_i unberücksichtigt bleiben.

1.23322 Dampfdurchgang

Die durch die Wand strömende Wasserdampfmenge ergibt sich aus dem Dampfdurchgangskoeffizienten und der Dampfdruckdifferenz zu beiden Seiten der Wand (Gleichung (39), Abschnitt 2.31).

Aus Tafel 46 ergeben sich die Sättigungsdampfdrücke p_s für die Temperaturen zu beiden Seiten der Wand. Entsprechend der Definition der rel. Luftfeuchte (Abschnitt 1, Gleichung 34) ergeben sich zu beiden Seiten der Wand die Dampfdrücke:

$$\text{außen: } p_a = \frac{80}{100} \cdot 1,95 = 1,56 \; mm \cdot QS$$

$$\text{innen: } p_i = \frac{50}{100} \cdot 1 \, 7,5 = 8,75 \; mm \; QS$$

Der stündliche Wasserdampfdurchgang durch 1 m² der Wand, die Diffusionsstromdichte i beträgt:

$$i = 0,0107 \, (8,75 - 1,56) = \underline{0,077 \; g/m^2 \; h}$$

1.2333 *Kondensation im Innern von Bauteilen*

Die in Abschnitt 1.231 angegebene Gleichung (40) zur Berechnung des Diffusionsstroms I gilt nur für Konstruktionen, sofern in diesen der Wasserdampf nicht kondensiert. Eine Kondensation im Innern des Bauteils tritt dann ein, wenn der Dampfteildruck den Sättigungsdruck erreicht. Um entscheiden zu können, ob in einem Bauteil mit Wasserdampfkondensation infolge von Dampfdiffusion gerechnet werden muß, muß der Verlauf des Dampfdruckes (Dampfteildruck und Sättigungsdruck) in dem Bauteil ermittelt werden.

1.23331 Dampfdruckverteilung in Bauteilen

Bei der Berechnung der Dampfdruckverteilung in der Wand (Abb. 124) werden die Dampfübergangskoeffizienten β_i und β_a nicht berücksichtigt.

1.23332 Sättigungsdampfdrücke

Die Sättigungsdampfdrücke in der Wand werden auf Grund der Temperaturverteilung in dieser (s. Teil B, Abschnitt 1.32: Tafel 28 und Abb. 105) aus Tafel 46 entnommen (s. Tafel 53 und Abb. 125).

1.23333 Dampfdruckverlauf im Bauteil

Der Dampfdruckabfall Δp_n an den Schichten des Bauteils ergibt sich aus dem Verhältnis des jeweiligen Dampfdurchlaßwiderstandes $1/\Delta_n$ und dem Gesamt-durchlaßwiderstand $1/\Delta$ zu

$$\Delta p_n = \frac{1/\Delta_n}{1/\Delta} \, (p_i - p_a) \ldots \tag{47}$$

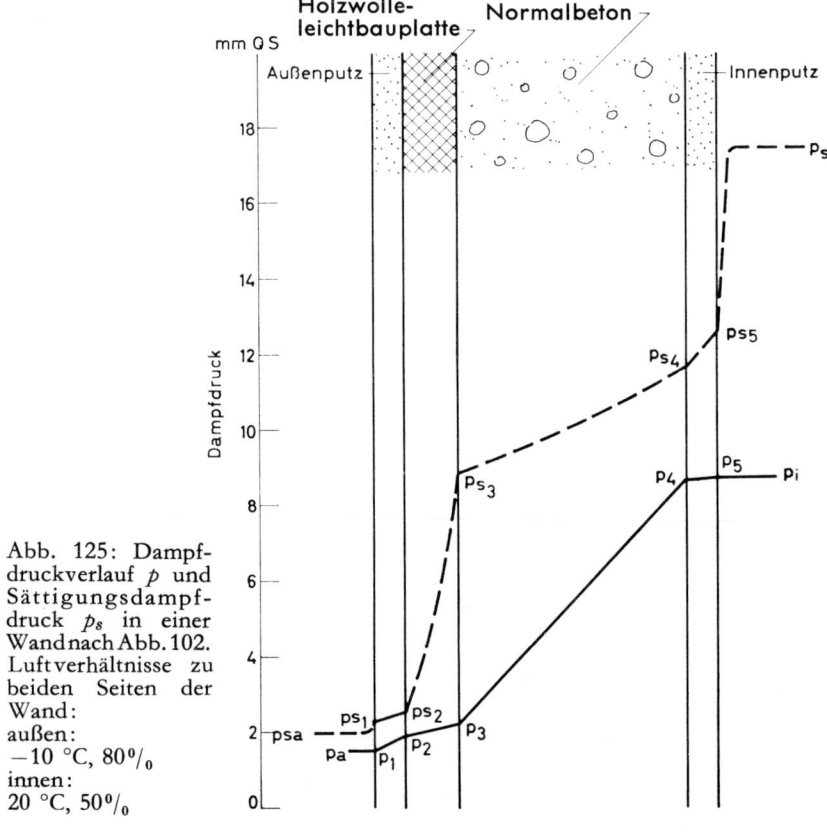

Abb. 125: Dampf-druckverlauf p und Sättigungsdampf-druck p_s in einer Wand nach Abb. 102. Luftverhältnisse zu beiden Seiten der Wand:
außen:
$-10\ °C$, 80%
innen:
$20\ °C$, 50%

Für das behandelte Beispiel ergeben sich die in Tafel 53 zusammengestellten Werte Δp_n und schließlich die zu erwartenden Dampfdrücke p_n an den jeweiligen Oberflächen der Schichten (s. Abb. 125).

Tafel 53:   Dampfdruckverhältnisse in einer Wand (s. Abb. 125)

Schicht	Wandaufbau Material	Sättigungs- dampfdruck p_s mm QS	Dampfdruck- abfall Δp_n mm QS	Dampfdruck p_n mm QS
—	Außenluft	1,95	—	p_a:1,56
1	Kalkputz	p_{s1}:2,3 p_{s2}:2,5	0,18	p_a:1,56 p_2:1,74
2	Holzwolle- Leichtbauplatten	p_{s2}:2,5 p_{s3}:8,8	0,06	p_2:1,74 p_3:1,80
3	Beton	p_{s3}:8,8 p_{s4}:11,6	6,74	p_3:1,80 p_4:8,57
4	Gipsputz	p_{s4}:11,6 p_{s5}:12,6	0,18	p_4:8,57 p_5:8,75
—	Innenluft	17,5	—	p_i:8,75

Unter den der Rechnung zugrunde gelegten Verhältnissen ist eine Wasserdampf-kondensation im Innern der Wand nicht zu erwarten, da der errechnete Dampf-druck p_n an keiner Stelle sich gleich oder größer als der Sättigungsdampfdruck ergibt.

Bei einer Wandausführung bei der die Holzwolle-Leichtbauplatte zwischen Innen-putz und Betonschicht angeordnet wird, ergeben sich die in Abb. 126 gezeichneten Dampfdruckverläufe. Man erkennt, daß in diesem Falle der errechnete Dampf-druck in der Holzwolle-Leichtbauplatte den Sättigungsdampfdruck erreicht. In diesem Falle wird daher mit innerer Kondensation zu rechnen sein.

Die Stelle, an der Kondensation auftritt und die zu erwartende Kondensatmenge läßt sich aus dem Diagramm der Abb. 126 nicht entnehmen. Eine Methode, die es gestattet, die Kondensationsstelle anzugeben und die Kondensatmenge zu er-rechnen, hat Glaser[102]) angegeben. Dabei wird die Tatsache berücksichtigt, daß der nach dem Vorigen berechnete Dampfdruckverlauf in einer Konstruktion nur dann zutrifft, wenn keine Kondensation im Innern des Bauteils auftritt (Abb. 125). In den Wandbereichen, in denen sich die Feuchtigkeit abscheidet, folgt der

[102]) Glaser, H. „Graphisches Verfahren zur Untersuchung von Diffusionsvorgängen". Kältetechnik 11 (1959), S. 345/349.

Dampfdruck dem Verlauf des örtlichen Sättigungsdruckes. Der Dampfdruck kann an keiner Stelle größer als der Sättigungsdruck sein. Scheidet sich Feuchtigkeit in einer Schicht aus, so verläuft der wahre Dampfdruck im Gegensatz zu Abb. 126 in der Weise, daß der lineare Teil des Dampfdruckverlaufes im trockenen Bereich sich tangential an die Linie des Sättigungsdampfdruckes anschließt. Dadurch ergibt sich ein wesentlich kleinerer Durchfeuchtungsbereich als nach Abb. 126 zu erwarten war.

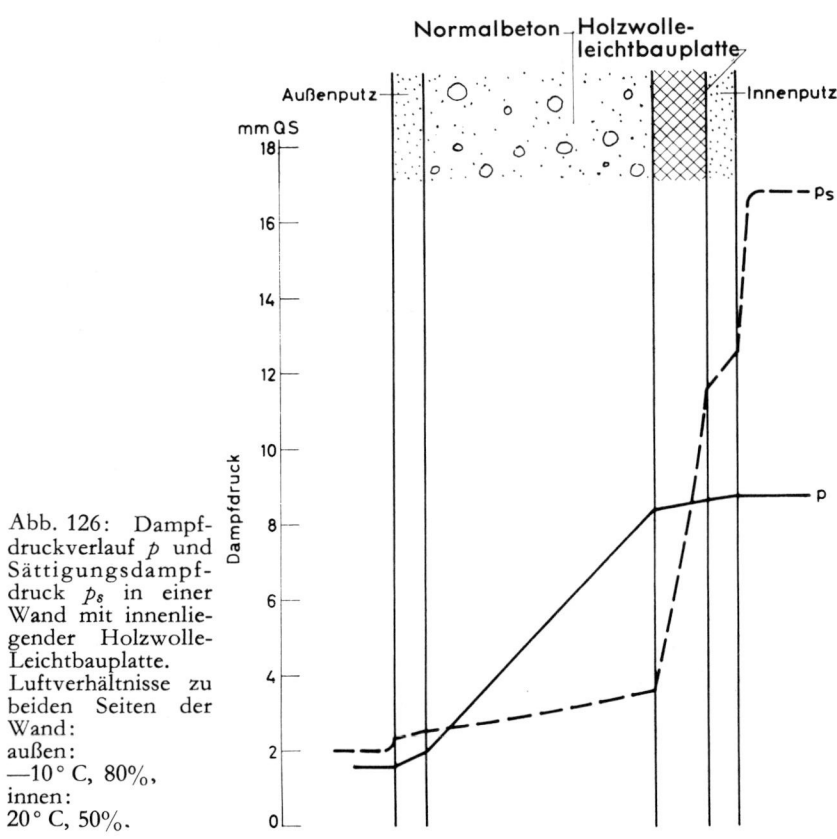

Abb. 126: Dampfdruckverlauf p und Sättigungsdampfdruck p_s in einer Wand mit innenliegender Holzwolle-Leichtbauplatte. Luftverhältnisse zu beiden Seiten der Wand:
außen:
—10° C, 80%,
innen:
20° C, 50%.

Das von Glaser angegebene Verfahren zur Untersuchung von Bauteilen auf Kondensation infolge Wasserdampfdiffusion soll am Beispiel der Wand mit innenliegender Holzwolle-Leichtbauplatte entsprechend Abb. 126 geschildert werden. Man zeichnet den Verlauf des Sättigungsdruckes p_s in der Wand, sowie den des

246

Teildampfdruckes p_{tr}, der zu erwarten wäre, wenn keine Kondensation auftreten würde, in einem Diagramm auf, bei dem als Abszisse nicht die Dicke der Stoffschichten (wie in Abb.126), sondern deren Dampfdurchlaßwiderstand $1/\Delta$ (nach Tafel 52) gewählt wird (Abb.127). Der Verlauf von p_{tr} ergibt sich in diesem Diagramm als gerade Verbindungslinie zwischen dem Dampfdruck p_{ok} auf der kalten und p_{ow} auf der warmen Oberfläche der Wand. Der Sättigungsdampfdruck ergibt auch in diesem Diagramm eine gebrochene Linie. Man zeichnet nun von den Punkten p_{ow} und p_{ok} ausgehend jeweils eine Tangente an die Kurve des Sättigungsdampfdruckes p_s (im vorliegenden Fall sind dies praktisch die Verbindungslinien p_{ow}-A und p_{ok}-A). Der Punkt A kennzeichnet nun das Kondensationsgebiet, d. h. die Kondensation erfolgt in diesem Falle praktisch an der Trennfläche zwischen Holzwolle-Leichtbauplatte und Betonschicht.

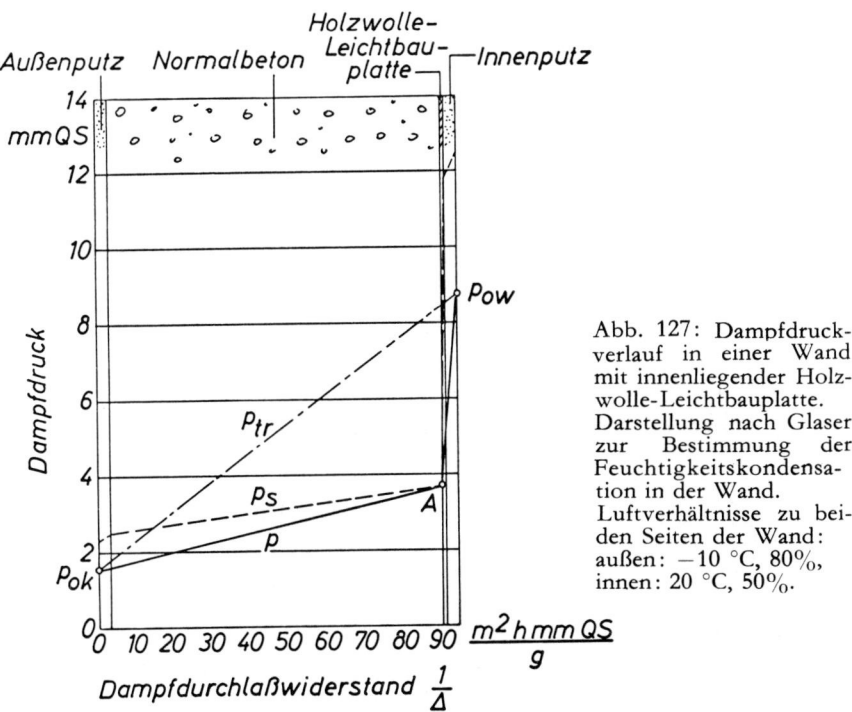

Abb. 127: Dampfdruck-verlauf in einer Wand mit innenliegender Holzwolle-Leichtbauplatte. Darstellung nach Glaser zur Bestimmung der Feuchtigkeitskondensation in der Wand. Luftverhältnisse zu beiden Seiten der Wand: außen: -10 °C, 80%, innen: 20 °C, 50%.

Der Feuchtigkeitsanfall g_k im Kondensationsbereich ergibt sich als Differenz des in diesen Bereich von der Warmseite her eindiffundierenden Dampfstromes i_w und des von dort nach der Kaltseite diffundierenden Dampfstromes i_k.

$$g_k = i_w - i_k \qquad (48)$$

Die Dampfströme i_w und g_k ergeben sich aus den Dampfdrücken p_{ow}, p_{ok} und dem Dampfdruck p_A an der Stelle A, sowie den Dampfdurchlaßwiderständen $1/\Delta_w$ und $1/\Delta_k$ zwischen der Stelle A und der warmen bzw. kalten Oberfläche der Wand:

$$i_w = \frac{p_{ow} - p_A}{1/\Delta_w} \ldots \qquad (49\,a)$$

$$i_k = \frac{p_A - p_{ok}}{1/\Delta_k} \ldots \qquad (49\,b)$$

Mit den Zahlenwerten des behandelten Beispiels ergibt sich der Feuchtigkeitsanfall g_k in der Wand zu:

$$g_k = \frac{8{,}75 - 3{,}7}{3{,}2} - \frac{3{,}7 - 1{,}56}{90{,}4} = 1{,}55\ g/m^2 \cdot h.$$

1.2334 *Beurteilung des klimabedingten Feuchtigkeitsschutzes von Bauteilen*

Zur Beurteilung des klimabedingten Feuchtigkeitsschutzes von Bauteilen (Kondensation und Austrocknung infolge von Wasserdampfdiffusion) werden zur Zeit zwei Verfahren praktiziert. Das zur Untersuchung der Bauteile von Fertighäusern festgelegte Verfahren[103]) und ein von J e n i s c h angegebenes modifiziertes Verfahren[104]).

Im Hinblick auf die Wasserdampfdiffusion bei Bauteilen sind die folgenden Forderungen zu stellen:

— es dürfen keine Schäden durch den Wasserdampf und seine Kondensation an den Bauteilen auftreten,

— der Wärmeschutz des Bauteils darf durch die Kondensation nicht soweit erniedrigt werden, daß er den gestellten Forderungen nach DIN 4108 oder anderen Mindestanforderungen (z. B. hinsichtlich der Kondensation auf der raumseitigen Oberfläche bei bestimmten Betriebsverhältnissen der angrenzenden Räume) nicht mehr entspricht.

Dies führt zu folgenden Bedingungen:

— läßt man Kondensat im Bauteil zu, so muß die Kondensatmenge, die unter Winterverhältnissen innerhalb des Bauteils anfällt, im Laufe der anschließenden Sommerperiode wieder völlig aus dem Bauteil ausdiffundieren („positive Jahresbilanz" der Feuchtebewegung),

[103]) Cämmerer, W. Berechnung der Wasserdampfdurchlässigkeit und Bemessung des Feuchtigkeitsschutzes von Bauteilen. Berichte aus der Bauforschung, Heft 51 (1968), S. 55/77.
[104]) Jenisch, R. Berechnung der Feuchtigkeitskondensation in Außenbauteilen und die Austrocknung, abhängig vom Außenklima. Ges.-Ing. 97 (1971), S. 257/262 und 299/307.

— die unter Winterverhältnissen anfallende Kondensatmenge darf ein bestimmtes Maß nicht überschreiten.

1.23341 Fertighaus-Rechenverfahren

Bei diesem Verfahren wird die Untersuchung unter Annahme bestimmter, unabhängig vom Standort des Gebäudes und seiner Nutzung, festgelegter Temperatur- und Feuchteverhältnisse bei bestimmten Winter- und Sommerbedingungen nach dem Verfahren von Glaser durchgeführt[102]). Dabei werden die nachstehenden Randbedingungen zugrunde gelegt:

Winterverhältnisse

Außenklima:	Lufttemperatur	$-10\ °C$,
	rel. Luftfeuchte	80%,
Innenklima:	Lufttemperatur	$20\ °C$,
	rel. Luftfeuchte	50%.
Dauer:	1440 Stunden (60 Tage).	

Sommerverhältnisse

Außenklima:	Lufttemperatur	$12\ °C$,
	rel. Luftfeuchte	70%,
Innenklima:	Lufttemperatur	$12\ °C$,
	rel. Luftfeuchte	70%.
Dauer:	2160 Stunden (90 Tage).	

Bei Dachdecken ist deren außenseitige Oberflächentemperatur mit $20\ °C$ anzunehmen.

Unter den genannten Bedingungen kann eine Kondensation im Innern des betreffenden Bauteils zugelassen werden, wenn sich durch diese der Wärmedurchlaßwiderstand des Bauteils um nicht mehr als 10% verringert. Bei Holz und Holzwerkstoffen ist eine Erhöhung der massebezogenen Feuchte durch das Kondensat um mehr als 3% unzulässig. An Grenzflächen zwischen nicht saugfähigen Schichten und Luftschichten bzw. wasserdurchlässigen Schichten darf die Kondensatmenge $500\ g/m^2$ nicht überschreiten. Das Fertighaus-Rechenverfahren darf bei schärferen Klimabedingungen als den festgelegten nicht angewendet werden, da es dann zu Fehlurteilen führen kann.

1.23342 Modifiziertes Rechenverfahren

Das modifizierte Rechenverfahren gestattet die Beurteilung der Bauteile unter beliebigen, konstanten raumklimatischen Bedingungen unter Berücksichtigung der außenklimatischen Verhältnisse am Standort des betreffenden Gebäude.

Das Verfahren benutzt ebenfalls die von Glaser angegebene Methode und gestattet in einem Arbeitsgang zu entscheiden, ob unter den zugrunde gelegten konstruktiven und raumklimatischen Verhältnissen mit einer Wiederaustrocknung der während des Jahres möglicherweise innerhalb des Bauteils kondensierenden Wassermenge im selben Jahr gerechnet werden kann. Ergibt sich bei der Untersuchung nach dem Glaser'schen Verfahren unter Zugrundelegung der Jahresmitteltemperatur des Standortes (s. Tafel 54) des betreffenden Gebäudes als Außentemperatur keine Kondensation im Innern des Bauteils, so kann eine Wiederaustrocknung des bei tieferen Außentemperaturen anfallenden Kondensates im Laufe des Jahres erwartet werden. Die jährliche Kondensatmenge läßt sich errechnen, wenn die Außentemperatur, bei deren Unterschreiten eine Kondensation innerhalb des Bauteils einsetzt („Grenztemperatur"), sowie die Kondensationsdauer und die mittlere Außentemperatur während dieser Zeit bekannt sind.

Die Grenztemperatur kann rechnerisch bestimmt werden. Die Kondensationsdauer und die mittlere Außentemperatur während dieser Zeit können aus der Häufigkeitssummenkurve der Tagesmittel der Außenlufttemperaturen des Standortes errechnet werden[105]). In Tafel 55 sind die Ergebnisse dieser Rechnung für einige Standorte zusammengestellt.

---

[105]) Reidat, R. Klimadaten für Bauwesen und Technik (Lufttemperatur). Berichte des deutschen Wetterdienstes Nr. 64 (Band 9), 1960.

Tafel 54:   Mittlere Jahresmittel der Außenlufttemperatur einiger Orte

Ort	Jahresmittel der Außentemperatur
Aachen	9,2 °C
Augsburg	8,2 °C
Berlin	8,4 °C
Braunschweig	8,8 °C
Bremen	8,9 °C
Clausthal	5,8 °C
Essen	9,3 °C
Frankfurt/M.	9,6 °C
Freiburg	9,5 °C
Hamburg	8,5 °C
Hannover	8,7 °C
Kaiserslautern	8,9 °C
Karlsruhe	9,9 °C
Kassel	8,4 °C
Kiel	7,6 °C
Köln	9,5 °C
München	7,4 °C
Nürnberg	8,7 °C
Oberstdorf	6,0 °C
Regensburg	7,7 °C
Stuttgart	10,0 °C

Tafel 55: Anzahl der Stunden z_k, in denen ein Tagesmittelwert der Außenlufttemperatur während eines Jahres unterschritten wird und Mittelwert t_{ak} der Außenlufttemperatur für diese Zeit

Temperaturbereich	Braunschweig		Bremen		Clausthal		Hamburg		Karlsruhe		München		Münster	
	z_k	t_{ak}	z_k	t_{ak}	z_k	t_{ak}	z_k	t_{ak}	z_k	t_{ak}	z_k	t_{ak}	z_k	t_{ak}
°C	h	°C	h	°C	h	°C	h	°C	h	°C	h	°C	h	°C
29,0 bis 29,9	—	—	—	—	—	—	—	—	—	—	—	—	—	—
28,0 bis 28,9	—	—	—	—	—	—	—	—	—	—	—	—	—	—
27,0 bis 27,9	—	—	—	—	—	—	—	—	8760	10,1	8760	8,2	—	—
26,0 bis 26,9	—	—	8760	9,0	—	—	—	—	8758	10,1	8758	8,2	8760	9,2
25,0 bis 25,9	8760	9,0	8753	9,0	—	—	8760	8,7	8741	10,0	8750	8,2	8758	9,1
24,0 bis 24,9	8753	8,9	8741	9,0	8760	6,0	8753	8,7	8712	10,0	8738	8,1	8738	9,1
23,0 bis 23,9	8726	8,9	8712	8,9	8753	6,0	8738	8,6	8664	9,9	8722	8,1	8712	9,1
22,0 bis 22,9	8669	8,8	8674	8,9	8741	6,0	8712	8,6	8580	9,8	8690	8,0	8671	9,0
21,0 bis 21,9	8597	8,6	8616	8,8	8719	5,9	8662	8,5	8450	9,6	8604	7,9	8594	8,9
20,0 bis 20,9	8486	8,5	8518	8,6	8681	5,8	8594	8,4	8263	9,3	8486	7,7	8494	8,7
19,0 bis 19,9	8318	8,2	8374	8,4	8630	5,8	8486	8,3	8018	9,0	8309	7,4	8354	8,5
18,0 bis 18,9	8105	7,9	8196	8,2	8546	5,6	8302	8,0	7709	8,5	8057	7,1	8174	8,3
17,0 bis 17,9	7826	7,6	7951	7,9	8426	5,4	8071	7,7	7349	8,0	7771	6,6	7934	8,0
16,0 bis 16,9	7500	7,1	7651	7,5	8268	5,2	7759	7,3	6938	7,5	7423	6,1	7610	7,6
15,0 bis 15,9	7118	6,6	7274	7,0	8083	5,0	7368	6,8	6547	7,0	7054	5,6	7241	7,1
14,0 bis 14,9	6684	6,1	6814	6,4	7824	4,6	6895	6,3	6144	6,4	6694	5,1	6802	6,6
13,0 bis 13,9	6233	5,4	6310	5,8	7524	4,2	6372	5,6	5746	5,8	6329	4,5	6324	6,0
12,0 bis 12,9	5803	4,8	5858	5,2	7183	3,8	5904	5,0	5381	5,3	5940	3,9	5861	5,4
11,0 bis 11,9	5431	4,3	5462	4,7	6768	3,2	5498	4,4	5026	4,8	5542	3,3	5446	4,8
10,0 bis 10,9	5074	3,8	5083	4,2	6338	2,7	5150	3,9	4668	4,3	5218	2,8	5066	4,3

Bereich	G1		G2		G3		G4		G5		G6		G7	
9,0 bis 9,9	3,4	4754	3,7	4728	2,1	5878	3,5	4831	3,8	4325	2,3	4894	3,8	4682
8,0 bis 8,9	2,8	4375	3,2	4385	1,5	5474	3,0	4498	3,3	3955	1,8	4586	3,4	4325
7,0 bis 7,9	2,4	4039	2,7	4003	1,0	5107	2,6	4142	2,7	3554	1,3	4277	2,9	3938
6,0 bis 6,9	1,8	3619	2,2	3583	0,6	4776	2,1	3761	2,1	3170	0,8	3936	2,3	3509
5,0 bis 5,9	1,2	3230	1,5	3118	0,1	4423	1,5	3324	1,5	2777	0,2	3598	1,7	3041
4,0 bis 4,9	0,6	2806	0,8	2652	—0,4	4063	0,9	2880	0,8	2378	—0,3	3250	1,0	2582
3,0 bis 3,9	—0,1	2378	—0,1	2227	—0,9	3691	—0,2	2424	—0,1	2006	—0,9	2880	—0,2	2124
2,0 bis 2,9	—0,8	1994	—0,6	1812	—1,4	3269	—0,5	2018	—0,7	1618	—1,6	2513	—0,5	1745
1,0 bis 1,9	—1,6	1603	—1,4	1435	—2,0	2839	—1,3	1574	—1,5	1303	—2,3	2143	—1,3	1385
0,0 bis 0,9	—2,6	1222	—2,3	1102	—2,7	2366	—2,2	1207	—2,4	1003	—3,1	1757	—2,2	1039
—0,0 bis —0,9	—3,6	926	—3,4	809	—3,5	1922	—3,2	886	—3,3	761	—4,0	1402	—3,2	766
—1,0 bis —1,9	—4,6	713	—4,2	614	—4,3	1502	—4,0	670	—4,3	564	—4,9	1126	—4,0	574
—2,0 bis —2,9	—5,5	545	—5,2	461	—5,1	1162	—5,0	482	—5,2	418	—5,8	886	—5,1	410
—3,0 bis —3,9	—6,4	425	—6,1	338	—6,1	857	—5,8	362	—6,1	314	—6,7	694	—6,0	305
—4,0 bis —4,9	—7,2	334	—7,1	245	—7,0	636	—6,8	259	—7,0	238	—7,6	540	—6,9	221
—5,0 bis —5,9	—8,0	250	—8,1	178	—7,8	473	—7,6	190	—7,8	178	—8,6	415	—7,6	173
—6,0 bis —6,9	—9,0	182	—9,0	134	—8,7	346	—8,5	132	—8,7	130	—9,5	324	—8,5	118
—7,0 bis —7,9	—10,0	130	—9,9	98	—9,7	240	—9,4	91	—9,5	96	—10,3	250	—9,3	84
—8,0 bis —8,9	—10,8	98	—10,8	72	—10,4	175	—10,4	60	—10,6	62	—11,2	194	—10,5	50
—9,0 bis —9,9	—11,7	72	—11,6	53	—11,7	108	—11,0	46	—11,3	46	—11,9	151	—11,4	36
—10,0 bis —10,9	—12,3	55	—12,4	38	—12,6	77	—11,6	34	—12,2	31	—12,8	110	—12,3	24
—11,0 bis —11,9	—12,8	43	—13,1	29	—13,2	58	—12,4	19	—13,6	17	—13,5	84	—13,1	17
—12,0 bis —12,9	—13,5	29	—13,9	19	—13,8	43	—13,2	10	—14,5	12	—14,6	55	—13,7	12
—13,0 bis —13,9	—14,2	17	—14,7	12	—14,7	26	—15,5	2	—15,0	10	—15,5	38	—15,5	5
—14,0 bis —14,9	—14,8	9	—15,5	7	—15,7	14	—15,5	2	—15,5	7	—16,4	26	—15,5	5
—15,0 bis —15,9	—15,5	2	—16,0	5	—16,8	7	—15,5	2	—16,0	5	—17,1	19	—16,5	2
—16,0 bis —16,9	—	—	—16,5	2	—19,5	2	—	—	—16,5	2	—17,7	14	—16,5	2
—17,0 bis —17,9	—	—	—	—	—19,5	2	—	—	—	—	—18,8	7	—	—
—18,0 bis —18,9	—	—	—	—	—19,5	2	—	—	—	—	—19,5	5	—	—
—19,0 bis —19,9	—	—	—	—	—19,5	2	—	—	—	—	—20,5	2	—	—
—20,0 bis —20,9	—	—	—	—	—	—	—	—	—	—	—20,5	2	—	—

2. Praktischer Feuchtigkeitsschutz

Beim Aufbau eines Hauses werden — vor allem durch Mörtel und Verputz, zum Teil auch durch feuchte Mauersteine — mehr oder weniger große Feuchtigkeitsmengen in das Mauerwerk gebracht. Diese Feuchtigkeit verschwindet im Laufe der Zeit während der Austrocknung des Baues mehr und mehr, doch kann auch ein Wiederfeuchtwerden der Bauteile erfolgen, das durch folgende Ursachen bedingt ist:

Aufsteigende Feuchtigkeit aus dem Baugrund;

Durchfeuchtung von außen her, infolge von Schlagregen;

Kondenswasserbildung auf den Innenoberflächen der Bauteile;

Diffusion von Wasserdampf ins Innere der Bauteile und Kondensation in den Bauteilen.

Die durch die vorstehenden Ursachen hervorgerufenen Feuchtigkeitsschäden, sowie die erforderlichen Abhilfemaßnahmen, sollen im folgenden im Zusammenhang mit den wichtigsten Bauelementen behandelt werden.

2.1 Fundamente, Bodenfeuchtigkeit und Grundwasser

Die Bodenfeuchtigkeit steigt durch Kapillarwirkung in Fundamenten und Mauern hoch, bis Gleichgewicht zwischen dem nachgelieferten und dem von den Wandoberflächen verdunstenden Wasser besteht. Die Durchfeuchtungshöhe der Wände hängt daher vom Kapillarleitvermögen der Baustoffe, dem Grundwasserspiegel und den darüberliegenden Bodenschichten ab.

Soweit die Fundamente nicht über dem Grundwasserspiegel liegen, ist dieser in der Umgebung des Bauwerks zu senken. Die Umfassungs- und Innenwände des Bauwerks sind gegen das seitliche Eindringen der Bodenfeuchtigkeit und gegen aufsteigende Feuchtigkeit durch Sperranstriche auf der Außenseite der Fundamente bzw. des Mauerwerks, sowie durch Sperrschichten zwischen Fundament und Mauerwerk abzusperren. Ausführliche Angaben hierüber finden sich in DIN 4117 „Sperrschichten gegen Bodenfeuchtigkeit für Hochbauten, Richtlinien für die Ausführung", sowie bei Begge[106]).

2.2 Außenwände

Außenwände können durch Regen, Tauwasserbildung auf den Innenoberflächen und Kondensation infolge Dampfdiffusion mehr oder weniger stark durchfeuchtet werden.

2.21 Schlagregen und Außenwände

In wind- und regenreichen Gegenden, vor allem in Küstennähe, aber auch in besonders exponierten Lagen, wird oft eine mehr oder weniger starke Durchfeuchtung der Wetterseiten durch eindringendes Regenwasser beobachtet. Hierdurch kann der Feuchtigkeitsgehalt einer Wand so stark erhöht werden, daß schließlich auf der Wandinnenseite feuchte Stellen auftreten (Feuchtigkeitsdurchschlag) oder gar die Wand auf ihrer ganzen Fläche durchnäßt wird.

---

[106]) Begge, H. E. „Abdichtungen gegen Grundwasser und Feuchtigkeit im Hochbau". Karlsruhe 1951.

Für die Durchfeuchtung einer Wand infolge Schlagregens spielt naturgemäß die Wasserdichtheit des Mauerwerks (Steine, einschließlich der Lager- und Stoß- fugen) eine wesentliche Rolle. Unverputzte Mauern sind im Hinblick auf die Regendurchlässigkeit besonders empfindlich. Hier ist vor allem die exakte hand- werkliche Ausführung (volle Lager- und Stoßfugen, sorgfältiger Fugenverstrich usw.) entscheidend. Bei solchen Wänden erfolgt häufig der Wasserdurchtritt ent- lang der Lagerfugen schon zu einem Zeitpunkt, an dem die Steine selbst erst wenige Zentimeter tief durchfeuchtet sind.

Bei verputzten Wänden bestimmt die Wasserdurchlässigkeit des Außenputzes weitgehend die Durchfeuchtung der Mauern bei Schlagregen. Risse in Putz und Wandmaterial begünstigen den Wasserdurchtritt. Die Wasserdurchlässigkeit des Außenputzes entscheidet über die Ausdehnung einer Durchfeuchtung ins Wand- innere hinein. Die kapillaren Eigenschaften des Wandmaterials machen sich vor allem in dem Verhalten unmittelbar nach der Beregnung und beim Wiederaus- trocknen bemerkbar. So zeigen Stoffe mit starker Kapillarleitfähigkeit im allge- meinen eine Verlagerung der eingedrungenen Feuchtigkeit ins Wandinnere, also eine Verbreiterung des durchfeuchteten Wandgebietes nach der Beregnung und im Laufe der Wiederaustrocknung, während bei Wänden aus Materialien geringer Kapillarleitfähigkeit diese Verlagerung der eingedrungenen Feuchtigkeit nicht zu beobachten ist.

Die naheliegendste Abhilfemaßnahme gegen Schlagregen ist die außenseitige Be- kleidung der Wände. In vielen Fällen werden die Wetterseiten der Gebäude durch Schindeln oder Blech, wasserdichte Anstriche oder dgl., geschützt. Da diese Maß- nahmen oft ästhetisch nicht befriedigen, verwendet man vor allem in Norddeutsch- land zweischalige Hohlwände, bei denen die äußere Wandschale den Wetterschutz zu übernehmen hat, während die Innenschale zusammen mit dem Luftraum als Wärmeschutz dient. Diese Maßnahme hat sich gut bewährt. Die Außenschale solcher Wände zeigt — vor allem bei Wetterseiten — erhebliche Feuchtigkeits- gehalte, während die Innenschale praktisch trocken bleibt.

Kommt weder eine Außenverkleidung, noch eine Zweischalenbauart in Frage, so kann bei genügender Wanddicke wenigstens das „Durchschlagen" der Wände bei Schlagregen vermieden werden. Wände auf Wetterseiten, die keinen besonderen Regenschutz aufweisen, sollen keinesfalls unter 30 cm dick ausgeführt werden.

Alle Maßnahmen mit dem Ziel, das Eindringen von Schlagregen in Wände zu verhindern, müssen so gewählt werden, daß die „Atmungsfähigkeit" der Wände nicht wesentlich behindert wird, d. h. die Wände müssen in der Lage sein, Feuch- tigkeit hindurchwandern zu lassen und auf der Außenseite an die Luft abzugeben. Ist diese Eigenschaft — infolge dichten Außenputzes, eines porenverschließenden und wasserdampfdichten Anstriches auf der Wandaußenseite — nicht mehr vor- handen, so kann die Wand nur noch ungenügend austrocknen und die vom Haus- innern her eindringende Feuchtigkeit nur schwer wieder abgeben. Daher müssen Anstriche auf Wandaußenseiten, sowie Außenputze mit wasserabweichenden Zusatzmitteln eine genügende Durchlässigkeit für Wasserdampf aufweisen, dürfen also die bestehenden Poren nicht völlig verschließen. Um trotzdem ein Eindringen von Regen in die Wände zu verhindern, müssen diese Zusatz- bzw. Anstrichstoffe die Benetzungseigenschaften der Wandbaustoffe in der Weise ändern, daß etwa auftreffendes Wasser abläuft und nicht in die Poren des Putzes bzw. der Mauersteine eingesogen wird.

Zur Kennzeichnung von Baustoffoberflächen (z. B. Außenputz, Beschichtungen, Mauersteine) im Hinblick auf ihr Verhalten bei Beregnung, ist der Wasseraufnahmekoeffizient w bestimmend[107]). Als Materialwert kennzeichnet er den zeitlichen Verlauf der Wasseraufnahme eines Materials vom trockenen Zustand bis zur Durchfeuchtung unter der Voraussetzung, daß an der Saugfläche ständig ein Wasserüberschuß vorhanden ist.

Für die Wasserabgabe während Trocknungsperioden ist bei wasserhemmenden und wasserabweisenden Oberflächenschichten, deren diffusionsäquivalente Luftschichtdicke s_d maßgebend. Beide Größen bestimmen zusammen das Verhalten einer Schicht im Hinblick auf den Regenschutz.

Als wasserhemmend gelten Schichten, wenn $w \leq 0,04$ kg/(m² · $s^{0,5}$) und $s_d \leq 2$ m ist.

Wasserabweisend sind Schichten, wenn das Produkt $w \cdot s_D$ einen Wert von höchstens $2 \cdot 10^{-3}$ kg/(m² · $s^{0,5}$) aufweist, $w \leq 0,01$ kg/(m² · $s^{0,5}$) und $s_d \leq 2$ m ist.

Wasserdicht sind Schichten, wenn $w \leq 2 \cdot 10^{-5}$ kg/(m² · $s^{0,5}$) ist.

In Tafel 56 sind die Wasseraufnahmekoeffizienten w einiger Stoffe zusammengestellt[107]).

Tafel 56: Wasseraufnahmekoeffizienten w einiger Stoffe

Material	Wasseraufnahmekoeffizient w	
	kg/(m² h^{0,5})	kg/(m² s^{0,5})
Vollziegel	20 bis 30	0,33 bis 0,50
Kalksandvollstein	4 bis 8	0,07 bis 0,13
Bimsbeton	1,5 bis 2,5	0,03 bis 0,04
Gasbeton	4 bis 8	0,07 bis 0,13
Gipsbauplatten	35 bis 70	0,58 bis 1,17
Weißkalkputz	7	0,12
Kalkzementputz	2 bis 4	0,03 bis 0,07
Zementputz	2 bis 3	0,03 bis 0,05
Kunststoffdispersions-beschichtung	0,05 bis 0,2	$8,35 \cdot 10^{-4}$ bis $33,4 \cdot 10^{-4}$

[107]) Künzel, H. und Schwarz, B. Die Feuchtigkeitsaufnahme von Baustoffen bei Beregnung. Berichte aus der Bauforschung H. 51 (1968), S. 99/113.
Schwarz, B. Die kapillare Wasseraufnahme von Baustoffen. Ges.-Ing. 93 (1972), S. 206/211.

2.22 Tauwasserbildung auf Wandoberflächen

Bei wärmetechnisch ungenügend bemessenen Außenbauteilen, sowie bei übermäßig hoher Luftfeuchtigkeit in Räumen, kann auf den Innenoberflächen der Bauteile Tauwasser auftreten. Diese Erscheinung tritt dann auf, wenn die Temperatur der betreffenden Fläche unter der Taupunktstemperatur der Raumluft liegt (s. Abschnitt 2.2).

Durch die Wahl genügend wärmedämmender Außenbauteile (Bemessung nach DIN 4108, Wärmeschutz im Hochbau) läßt sich bei normalem Wohnbetrieb, d. h. genügender Beheizung und Vermeidung übermäßiger Feuchtigkeitserzeugung in den Räumen, Tauwasserbildung auf den Wandflächen vermeiden. In Räumen mit großem Wasserdampfanfall (Küchen, Bäder, stark belegte Schlafräume) ist durch ausreichende Lüftung für Abführung der Feuchtigkeit zu sorgen, da sonst die Außenwände dieser Räume im Laufe der Zeit übermäßig durchfeuchten (s. Abschnitt 3.5).

2.221 Wärmebrücken in Wänden

Bei Bauten werden häufig Stoffe verschiedener Wärmedämmung in den Bauteilen nebeneinander angeordnet, z. B. Betonstützen neben Ziegelmauerwerk. Auch wenn der mittlere Wärmedurchlaßwiderstand solcher Bauteile den gestellten Forderungen genügt, besteht doch die Möglichkeit, daß der Wärmeschutz an einzelnen Stellen zu gering ist und sich infolgedessen dort auch bei normalem Wohnbetrieb Tauwasser niederschlagen wird. Diese begrenzten Stellen ungenügenden Wärmedurchlaßwiderstandes werden als Wärme- bzw. Kältebrücken bezeichnet. An diesen Stellen schlägt sich die Feuchtigkeit aus der Raumluft bevorzugt nieder und führt dort häufig zu einer örtlich begrenzten Schimmel- und Sporenbildung.

Als Wärmebrücken können Mörtelfugen zwischen Mauersteinen geringer Wärmeleitfähigkeit (Abb.128), Fensterstürze, Ringanker in Außenwänden (Abb.129) und dgl., wirken. Diese Stellen zeigen während der kalten Jahreszeit durch den häufigen Feuchtigkeitsniederschlag und die dadurch erhöhte Staubhaftung eine dunkle Färbung und sind ein guter Nährboden für Schimmelpilze.

Eine Wärmebrücke wirkt sich um so mehr aus, je größer der Unterschied in der Wärmedämmung des gut wärmeleitenden Materials und der umgebenden Baustoffe ist. Die Feuchtigkeitsschäden durch Wärmebrücken sind um so ausgeprägter, je höher die Luftfeuchtigkeit in den betreffenden Räumen ist. Aus diesem Grunde finden sich solche Schäden besonders häufig in mangelhaft gelüfteten Küchen, sowie in Schlafzimmern besonders dann, wenn diese stark belegt sind und wenig gelüftet werden.

Bei Wärmebrücken, die durch ungedämmte oder nicht genügend gedämmte Bauteile, wie Fensterstürze, Ringanker und dgl., verursacht werden, sind zusätzliche Dämmungen — z. B. durch Leichtbauplatten oder dgl. — notwendig. Die erforderliche Dicke der Dämmstoffe hierfür hängt von der jeweiligen Wanddicke ab, da der Beton der Wärmebrücke auch einen Anteil am nötigen Wärmedurchlaßwiderstand erbringt. Aus den Diagrammen in Abb. 130 sind die in den Wärme-

Abb. 128: Durchfeuchtung des Innenputzes an den Mörtelfugen. Das Wandmaterial besitzt einen höheren Wärmeschutz als das Mörtelmaterial. Auf der Wandoberfläche über den Mörtelfugen fällt daher bevorzugt Kondenswasser an.

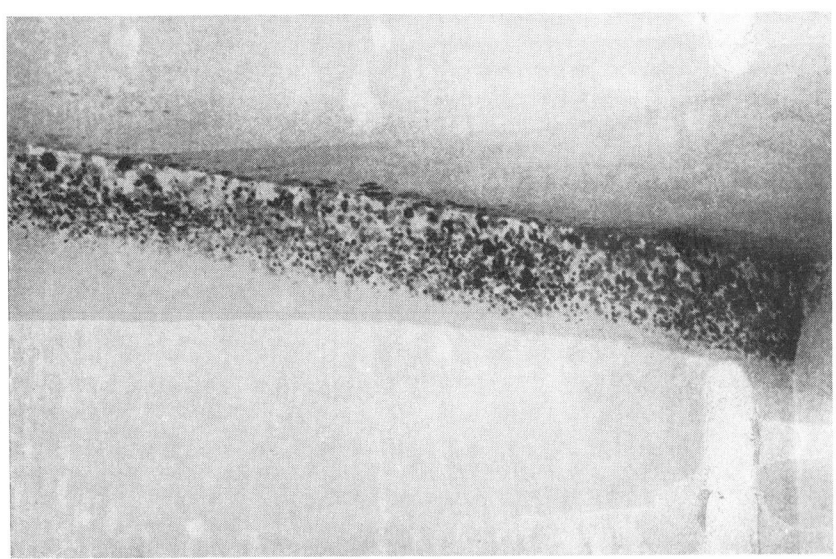

Abb. 129: Feuchtigkeitsniederschlag und Schimmelbildung auf der Wandfläche entlang dem nicht gedämmten Ringanker in der Außenwand eines Schlafraumes.

258

dämmgebieten nach DIN 4108 notwendigen Mindestdicken von Holzwolle-Leichtbauplatten unter Berücksichtigung der handelsüblichen Plattendicken — abhängig von der jeweiligen Wanddicke — für die Dämmung von Betonwärmebrücken in Außenwänden zu entnehmen. Die praktische Ausführung der Wärmedämmung bei einem Fenstersturz zeigt Abb. 131. Die Dämmplatten sind sowohl vor dem Ringanker als auch an der Unterseite des Sturzes bis zum Fensteranschlag anzubringen.

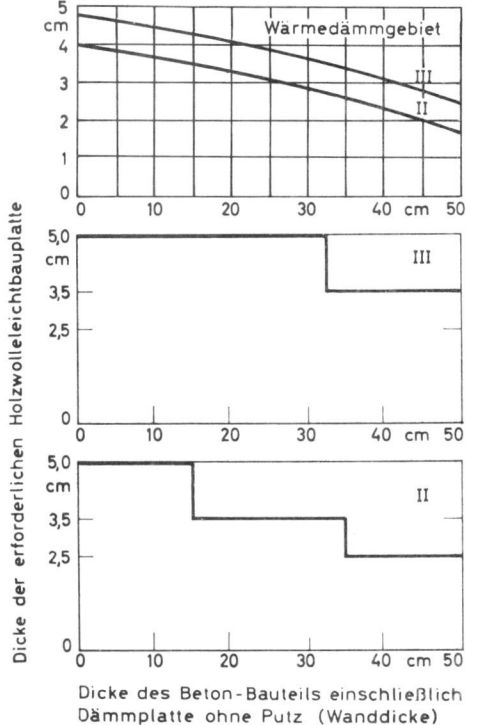

Abb. 130: Erforderliche Dicke von Holzwolle-Leichtbauplatten. (Wärmeleitfähigkeit 0,08 kcal/m h °C) auf Normalbetonteilen, um den notwendigen Wärmedurchlaßwiderstand nach DIN 4108 in den Wärmedämmgebieten II und III zu erzielen.
a: rechnerisch ermittelte Werte;
b und c: handelsübliche Plattendicken.

2.222 Fenster- und Türleibungen

Fenster und Türen in Außenwänden stellen in der Regel wärmeschutztechnisch besonders schwache Stellen dar und besitzen daher niedrigere Oberflächentemperaturen als die Wände. Hierdurch wird die an Fenstern und Türen angrenzende Luft abgekühlt und kühlt ihrerseits auch die Wand in der unmittelbaren Umgebung, also vor allem an den Leibungen, ab. Hierzu kommt noch, daß an den

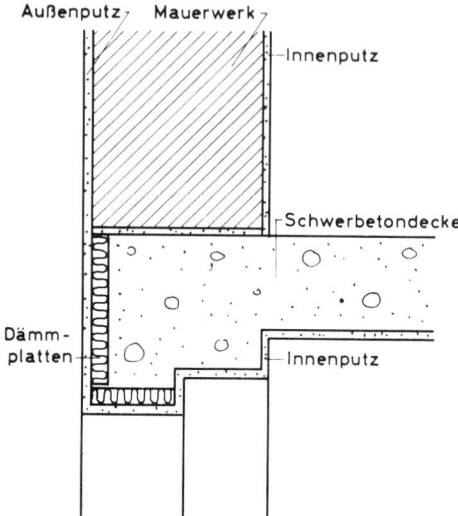

Abb. 131: Wärmedämmung eines
Fenstersturzes.

Leibungen wegen der geringen Bautiefe der Fenster und Türen, nicht die Wand
in ihrer ganzen Dicke als Wärmeschutz wirkt, sondern der Wärmedurchgang,
gewissermaßen über Eck, möglich ist und so die Oberflächentemperatur an der
Leibung und auf der Wandinnenfläche in Fenster- und Türnähe niedriger sein
wird, als an der übrigen Wandfläche. Verstärkter Tauwasseranfall, Schimmel- und
Sporenbildung an den Leibungen, sind daher in vielen Fällen die Folgen (Abb.
132). Solche Schäden treten naturgemäß besonders stark auf bei ungenügend beheizten Räumen und solchen mit dauernd hoher Luftfeuchtigkeit, wie Küchen und
stark belegten Schlafräumen. Sind Heizkörper unter den Fenstern angeordnet, so
kommen die beschriebenen Schäden praktisch nicht vor, da die vom Heizkörper
aufsteigende Warmluft die betreffenden Oberflächen ausreichend erwärmt.

2.223 Raumecken

Beim Wärmedurchgang durch einen ebenen Bauteil steht jeweils der wärmeaufnehmenden Oberfläche eine ihr gegenüberliegende, gleichgroße wärmeabgebende
Fläche gegenüber. Dies trifft bei einer Ecke aus zwei oder drei zusammenstoßen-
den, aufeinander senkrecht stehenden Wand- bzw. Deckenflächen nicht zu. Hier
tritt anstelle der wärmeaufnehmenden Fläche eine Linie oder gar nur ein Punkt,
während die Wärmeabgabe auf der kalten Seite auf einer Fläche endlicher Ausdehnung erfolgt. Aus diesem Grunde liegt die Oberflächentemperatur von Außenwänden in Raumecken und Raumwinkeln stets niedriger als auf den freien Wandflächen. Ferner kommt hinzu, daß in Ecken und Winkeln die Wärmeübergangs-

Abb. 132: Feuchtigkeitsniederschlag auf der Fensterleibung bei Außenwänden ausreichenden Wärmeschutzes.

verhältnisse zwischen Raumluft und Wandoberfläche wegen der dort geringeren Luftbewegung ungünstiger sind als auf der übrigen Wand. Dies führt zu niedrigeren Oberflächentemperaturen in den Ecken. Die Gefahr der Tauwasserbildung ist daher in den Raumecken wesentlich größer als auf den freien Wandflächen. Dies kann dazu führen, daß Tauwasser in den Ecken von Räumen auftritt, deren Wandflächen hiervon frei bleiben, da die Wärmedämmung der Wände ausreichend bemessen ist (s. Abb.133),wenn die betreffenden Räume ungenügend beheizt und, wie bei Schlafräumen häufig anzutreffen, stark belegt und wenig gelüftet werden.

Ist die Wärmedämmung der Außenwände selbst unzureichend und liegen hinsichtlich Beheizung und Feuchtigkeitsanfall im Raum ungünstige Verhältnisse vor, so kann bei tiefen Außentemperaturen sogar Eis auf den Wänden in den Zimmerecken auftreten (Abb. 134).

Um die geschilderten Schäden zu vermeiden, hat sich eine zusätzliche Wärmedämmung der Außenwände in den Raumecken wirksam erwiesen[108]. Man wird solche Maßnahmen wohl nur dann treffen, wenn es sich um Räume handelt, deren Außen-

---

[108] Künzel, H. „Wärme- und feuchtigkeitstechnische Untersuchungen an einem Versuchshaus mit zusätzlicher Wärmedämmung an den Ecken der Außenwände". Ges.-Ing. 80 (1959) S. 317.

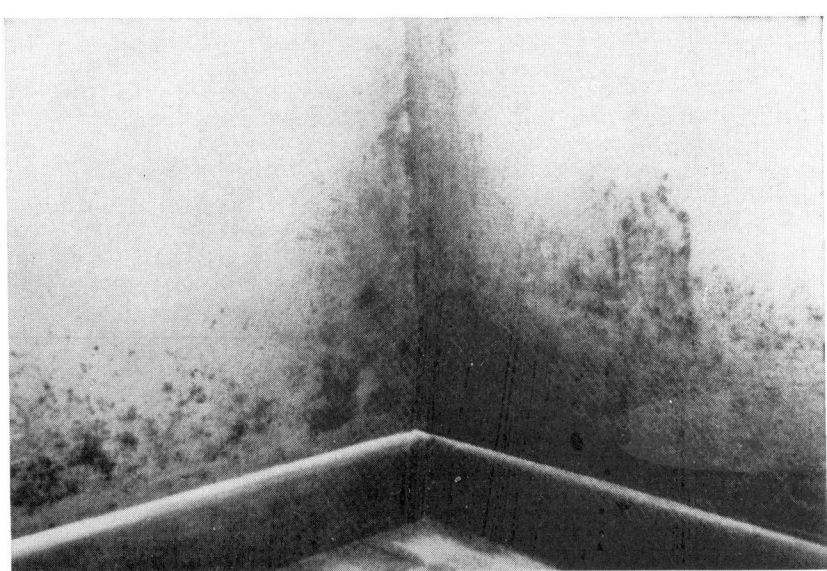

Abb. 133: Durchfeuchtung mit Schimmelbildung an Außenwänden von Schlafräumen; Wärmedämmung der Außenwände ausreichend nach DIN 4108.

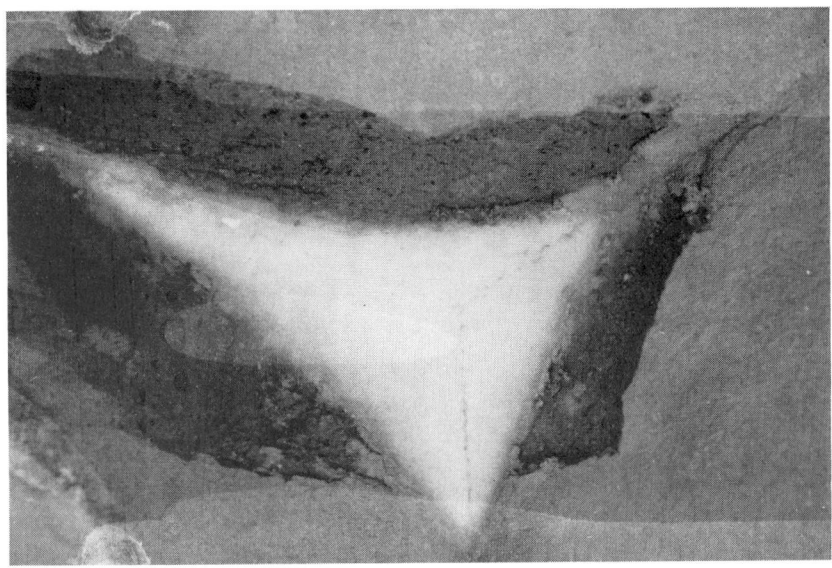

Abb. 134: Eisbildung in der Ecke eines Raumes mit Außenwänden ungenügender Wärmedämmung.

wände nur knapp den wärmetechnischen Forderungen der DIN 4108 genügen und in denen mit starker Feuchtigkeitsentwicklung und ungenügender Heizung gerechnet werden muß.

2.224 Tauwasserbildung auf Wänden hinter Möbeln

Werden Möbel an Außenwänden aufgestellt, so sind die betreffenden Wandflächen der Luftbewegung im Raum nur unvollkommen oder gar nicht zugänglich. Außerdem stellen die vor den Wänden befindlichen Gegenstände stets einen mehr oder weniger großen Wärmewiderstand dar. Beides führt zu einer Erniedrigung der Wandtemperatur an den verstellten Flächen und damit zu einem erhöhten Tauwasseranfall, da die feuchte Raumluft auch an die Wandstellen hinter den Möbeln gelangen kann.

2.23 Kondensation in Wänden

Bei Gebäuden besteht im Winter im allgemeinen ein merklicher Dampfdruckunterschied zwischen innen und außen. Dieser führt, sofern die Wandmaterialien dampfdurchlässig sind, zu einem Dampfstrom durch die Wand, was einen Feuchtigkeitstransport vom Innenraum her in die betreffenden Bauteile hinein bzw. durch diese hindurch zur Folge hat, und unter Umständen zu einer Feuchtigkeitskondensation im Innern des Bauteils führen kann (s. auch Abschnitt 2.3).

Die Erscheinung tritt vor allem bei Schichtwänden auf, in denen Teile hoher Wärmedämmung und großer Wasserdampfdurchlässigkeit (z. B. Dämmstoffe wie Matten, Platten aus Faserstoffen, Holzwolle-Leichtbauplatten und dgl.) mit mehr oder weniger dampfdichten Stoffen abwechseln und die wenig dampfdurchlässigen Materialien nahe der kalten Außenseite der Wände liegen und daher niedrige Temperaturen aufweisen. Liegt die wenig dampfdurchlässige Schicht auf der Warmseite der Konstruktion, so wird eine innere Kondensation infolge Wasserdampfdiffusion weitgehend oder ganz vermieden, da dann nur wenig Wasserdampf in den betreffenden Bauteil eindiffundieren kann und im Innern nur auf Schichten größerer Dampfdurchlässigkeit trifft. Ein „Wasserdampfstau" wird dadurch im allgemeinen vermieden.

Zur Vermeidung innerer Kondensation in Bauteilen gibt es also im Prinzip zwei Wege:

Verhinderung des Eindringens von Wasserdampf in den Bauteil auf der Warmseite;

Ermöglichung eines ausreichenden Wasserdampfdurchganges auf der Kaltseite.

Dies sei an den folgenden Beispielen gezeigt:

Beispiel 1:   a: 8 cm Kiesbetonplatte, warmseitig mit 8 cm dicker Porenbetonplatte gedämmt.

               b: 8 cm Kiesbetonplatte, auf der Kaltseite 8 cm Porenbetonplatte.

Beide Wände haben die gleiche Wärmedämmung. Sie verhalten sich also im Dauerzustand der Beheizung gleich hinsichtlich etwaiger Tauwasserbildung auf der inneren Oberfläche.

Da aber die Wasserdampfdurchlässigkeit des dichten Normalbetons wesentlich geringer ist als die des Porenbetons, weisen die beiden Wandausführungen bei Wasserdampfdiffusion vom Raume zum Freien entscheidende Unterschiede auf.

Errechnet man für die beiden Wände den Verlauf des Sättigungsdampfdruckes p_s, sowie die Dampfdruckverteilung auf Grund der Diffusionswiderstandzahlen der Stoffe (s. Abschnitt 2.332), so erhält man die in Abb. 135 dargestellten Verhältnisse. Dabei ist der Dampfdruck über der jeweiligen Dicke der Stoffschichten aufgetragen. Der Rechnung wurden hierbei verhältnismäßig starke Belastungen der Wand zugrunde gelegt (60% rel. Luftfeuchtigkeit und 20° C auf der Warmseite). Man ersieht aus den Diagrammen in Abb. 135, daß unter den gewählten Bedingungen bei warmseitiger Anbringung der Dämmschicht mit Wasserdampfkondensation im Innern der Wand zu rechnen ist. Die Darstellung dieses Falles nach dem Verfahren von Glaser[102] zeigt Abb. 136. Man erkennt, daß eine Kondensation praktisch nur im Gasbeton an der Trennfläche zum Normalbeton zu erwarten ist.[109] Wird dagegen die Dämmschicht auf der Kaltseite angebracht, so besteht auch bei starken feuchtigkeitstechnischen Belastungen keine Gefahr innerer Kondensation. Bei den viel verwendeten Wänden in Sichtbeton, also bei Verwendung eines auf der Kaltseite der Wand liegenden, in der Regel sehr dichten Betons, liegen die

---

[109] Kondensatmenge etwa 2,5 g/m² h.

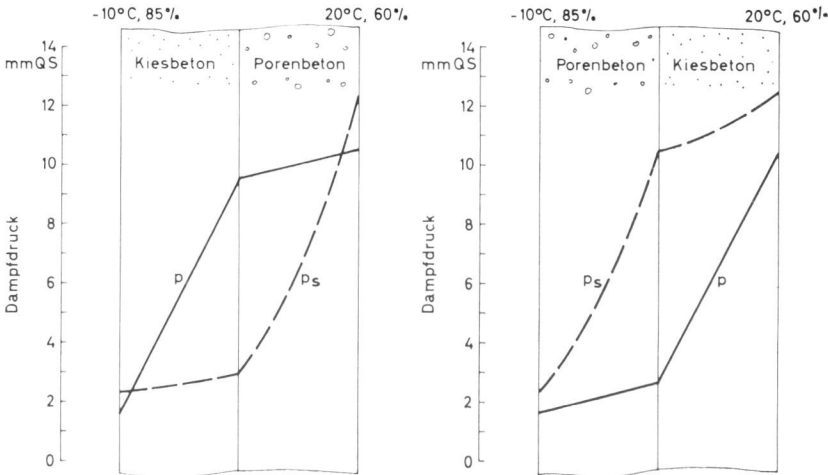

Abb. 135: Sättigungsdampfdruck p_s und Dampfdruckverlauf p in Schichtwänden (Beispiel 1, Abschnitt 3.23).
a: Stoff mit großer Feuchtigkeitsdurchlässigkeit auf der Warmseite (Gefahr der Wasserdampfkondensation in der Wand).
b: Stoff mit geringer Feuchtigkeitsdurchlässigkeit auf der Warmseite.

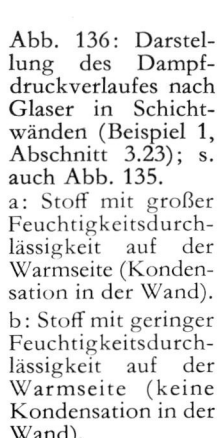

Abb. 136: Darstellung des Dampfdruckverlaufes nach Glaser in Schichtwänden (Beispiel 1, Abschnitt 3.23); s. auch Abb. 135.

a: Stoff mit großer Feuchtigkeitsdurchlässigkeit auf der Warmseite (Kondensation in der Wand).

b: Stoff mit geringer Feuchtigkeitsdurchlässigkeit auf der Warmseite (keine Kondensation in der Wand).

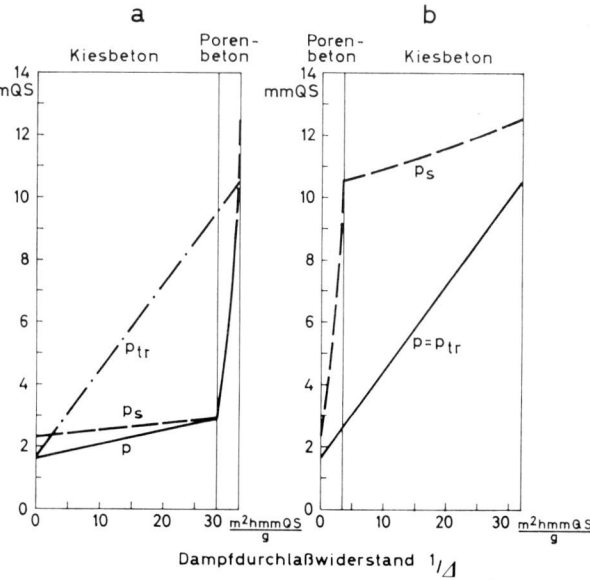

265

Abb. 137: Sichtbetonwände mit Wärme- und Feuchtigkeitsschutz.
a: Schaumglas als Wärmedämmschicht; keine Dampfsperre erforderlich.
b: Dämmplatten aus Kork, Polystyrolschaum und dgl. als Wärmedämmschicht. Dampfsperre und Putzträger erforderlich.

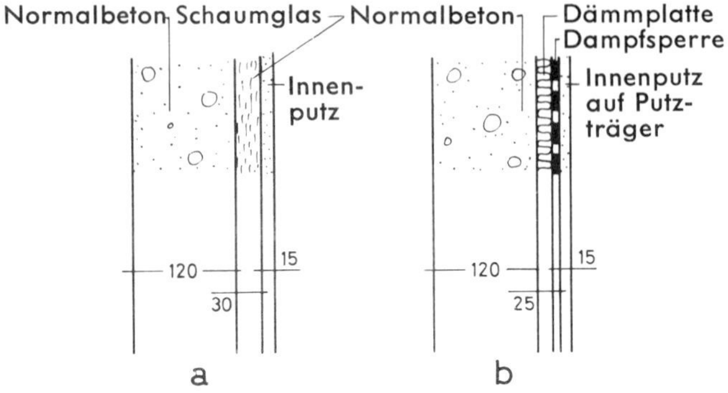

Verhältnisse des Beispiels 1a vor. Da die erforderliche Dämmschicht auf der Innenseite der Wand angebracht werden muß (Sichtbeton), besteht die Gefahr der inneren Kondensation.

Um dies zu vermeiden, kommen folgende Lösungen in Betracht (Abb. 137):
Verwendung eines wenig wasserdampfdurchlässigen Dämmstoffes (Abb. 137a).
Anordnen einer Dampfsperre (z. B. Bitumenpappe oder dgl.) zwischen Innenputz und Dämmstoff (Abb. 137b).
Die Verwendung von Schaumglas als Dämmstoff erübrigt eine Dampfsperre und erspart, da sich das Schaumglas unmittelbar verputzen läßt, einen besonderen Putzträger, der bei Anordnung einer Dampfsperre auf dem Dämmstoff notwendig ist. Die gleichen Gesichtspunkte für die Anordnung der Wärmedämmschicht gelten auch bei Sichtbetonpfeilern, Stützen und dgl.
Bei mäßigen Feuchtigkeitsbelastungen der Bauteile wird man eine gewisse Kondensation im Innern hinnehmen, wenn eine Wiederaustrocknung im Laufe des Jahres angenommen werden kann. Besteht die Wand aus Mauerwerk, das eine gewisse kapillare Saugfähigkeit besitzt, so wird das zwischen raumseitiger Wärmedämmschicht und Mauerwerk anfallende Kondensat vom Mauerwerk aufgesogen, so daß die Feuchtekonzentration an der Kondensationsstelle gesenkt und damit die Gefahr eines Schadens durch das Kondensat weitgehend gemildert bzw. verhindert wird. Eine Dampfsperre ist in diesen Fällen vielfach nicht erforderlich.

Beispiel 2: 2 cm Außenputz auf Draht-Ziegelgewebe,
6 cm Luftspalt, darin etwa 3 cm Mineralwollematte,
5 cm Innenputz auf Draht-Ziegelgewebe.

Die rechnerisch ermittelten Dampfdruckverhältnisse in einer solchen Wand bei tiefen Außentemperaturen (—10° C) und hoher rel. Luftfeuchtigkeit im Raum (75 % bei 20° C) sind in Abb. 138a gezeichnet. Man erkennt, daß die Gefahr einer

266

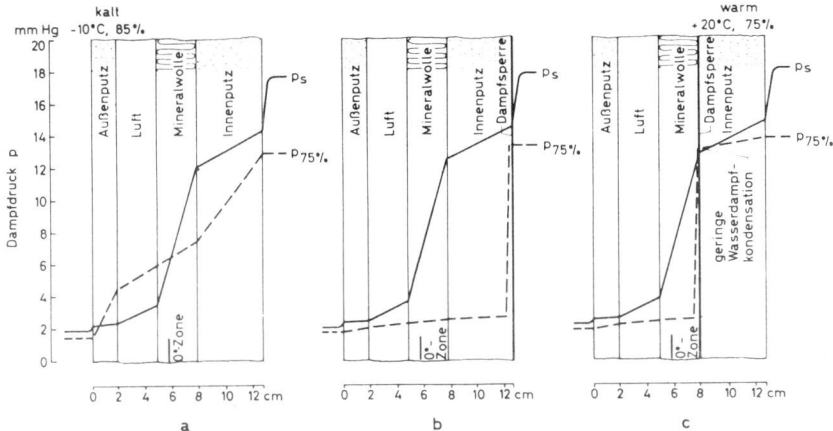

Abb. 138: Errechneter Dampfdruckverlauf in leichten Schichtwänden (Beispiel 2, Abschnitt 3.23).
a: ohne Dampfsperre: Gefahr der Feuchtigkeitserhöhung im Wandinnern.
b: mit Dampfsperrschicht auf dem Innenputz: keine Feuchtigkeitserhöhung im Wandinnern.
c: mit Dampfsperrschicht zwischen Innenputz und Mineralwollematte: geringe Feuchtigkeitserhöhung des Innenputzes. Bei kurzzeitigem Auftreten und nachfolgender Erholung (Lüften, niedrigere Raumluftfeuchtigkeit) nicht schädlich.

inneren Kondensation besteht[110]). Die experimentelle Untersuchung einer solchen Wand im Laboratorium[111]) unter den oben genannten Belastungen hat nach etwa 3wöchiger Versuchsdauer eine etwa 1 bis 1,5 cm dicke Eisschicht auf der Innenseite des Außenputzes der Wand ergeben (Abb. 139 a).
Ordnet man bei dieser Wand eine Dampfsperre auf der Innenseite an, so ergeben sich die in Abb. 138 b gezeichneten Dampfdruckverläufe. Eine innere Kondensation ist dann nicht mehr zu erwarten. Die Dampfsperrschicht auf der Innenoberfläche ist aber in vielen Fällen unerwünscht und auch unzweckmäßig. Vom bautechnischen Standpunkt aus gesehen, wird die Dampfsperre besser zwischen Innenputz und Dämmstoff gelegt. Bei der im vorliegenden Fall sehr dicken Putzschicht besteht dann zwar an der Sperrschicht in geringem Maße die Gefahr einer Kondensation (Abb. 138 c), doch dürften, dank der Feuchtigkeitsspeicherfähigkeit dieser

---

[110]) Die Behandlung dieses Falles nach Glaser zeigt, daß die Kondensation lediglich auf der Warmseite der außenliegenden Putzschale zu erwarten ist.
[111]) Schäcke, H. und W. Schüle „Untersuchungen über Feuchtigkeitsdurchgang und Wasserdampfkondensation bei Baustoffen und Bauteilen". Ges.-Ing. 72 (1951), S. 347 und 393, sowie Schriftenreihe der Forschungsgemeinschaft Bauen und Wohnen, Stuttgart, Bericht 18/1951.
Schäcke, H. „Die Durchfeuchtung von Baustoffen und Bauteilen auf Grund des Diffusionsvorganges und ihre rechnerische Abschätzung". Ges.-Ing. 74 (1953), S. 70 und 167, sowie Schriftenreihe der Forschungsgemeinschaft Bauen und Wohnen, Stuttgart, Bericht 23/1952.

a   b

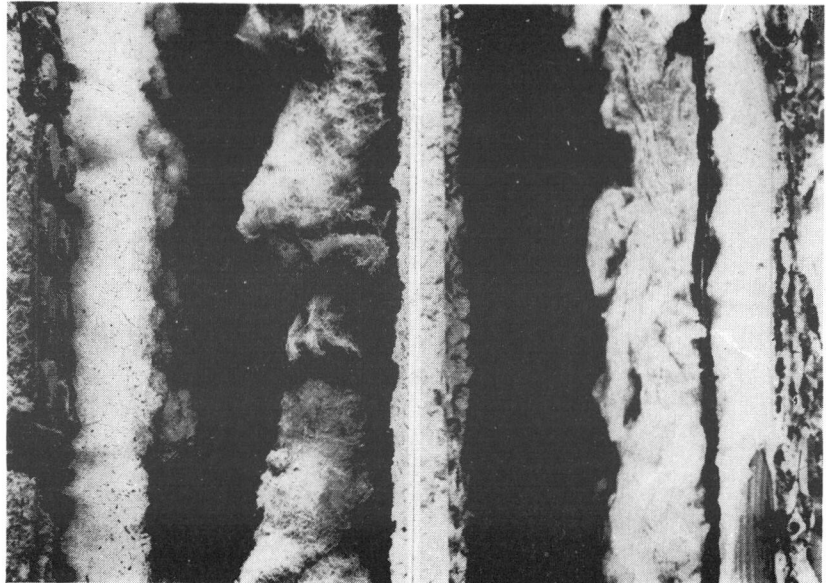

Abb. 139: Schichtwände (Beispiel 2, Abschnitt 3.23) ohne und mit Dampfsperre nach dreiwöchiger Belastung (außen: —10° C; innen: 20° C, 70 bis 75% rel. Feuchte).
a: starke Eisbildung im Innern der Wand ohne Dampfsperre;
b: keine Eisbildung im Innern der Wand mit Dampfsperre.
Aufbau der Wand a: 2 cm Außenputz (Kalk-Zement-Putz) auf Draht-Ziegelgewebe, Luftschicht mit etwa 3 cm dicker Mineralwollematte, 5 cm Innenputz (zweilagiger Gips-Kalk-Putz) auf Draht-Ziegelgewebe.
Aufbau der Wand b: wie a, jedoch mit Dampfsperrschicht (Bitumenpappe) zwischen Innenputz und Mineralwollematte.

Putzschicht etwaige Feuchtigkeitsniederschläge beim Lüften des Raumes wieder an die Raumluft abgegeben werden und somit nicht schädlich sein. Die experimentelle Untersuchung einer so aufgebauten Wand hat dies erwiesen (Abb. 139 b).
Bei massiven homogenen Wänden ist die Gefahr der Überfeuchtung durch innere Kondensation von Wasserdampf bei den Verhältnissen im Wohnungsbau gering, da in der Regel solche Wände ein so großes Feuchtigkeitsspeichervermögen aufweisen, daß die niedergeschlagenen Wassermengen im allgemeinen nur zu einer geringfügigen Feuchtigkeitserhöhung in der Wand führen. Ist aber, vor allem bei leichten Massivwänden, wie z. B. aus Gas- und Schaumbeton, die Außenseite wasserdampfdicht abgeschlossen (z. B. durch Fliesen), so können bei starker Feuchtigkeitsbelastung im Laufe der Zeit unzulässig hohe Feuchtigkeitsanreicherungen im Wandinnern auftreten.

Abb. 140: Durchfeuchtung einer zweischaligen Außenwand an den Stellen, an denen der Innenraum nicht beheizt war. Der aus einem Raum mit großem Feuchtigkeitsanfall durch die innere Wandschale diffundierte Wasserdampf kondensiert — da die Luftschicht ununterbrochen durchläuft — an der kalten Innenoberfläche der an unbeheizte Räume grenzenden Teile der Außenschale und durchfeuchtet diese.

Die im Küstengebiet häufig angewendeten Zweischalenwände sind ebenfalls Schichtwände, bei denen wegen der gut wasserdampfdurchlässigen und zugleich wärmedämmenden Luftschicht die Möglichkeit der Kondensation auf der Innenseite der Außenschale während der kalten Jahreszeit gegeben ist. Das hohe Feuchtigkeitsspeichervermögen der Wandschalen verhütet aber bei den Verhältnissen im Wohnungsbau übermäßige Durchfeuchtung der Wände und damit etwaige Schäden.

Bei Gebäuden in Zweischalenbauart, bei denen beheizte und unbeheizte Räume nebeneinanderliegen, kann der durch die innere Wandschale aus dem beheizten Raum in den Luftspalt diffundierende Wasserdampf, der sich bevorzugt auf der äußeren Wandschale am unbeheizten Raum niederschlägt, zu einer völligen Durchfeuchtung der Außenschale am kalten Raum führen.[112] Abb. 140 zeigt die bis in den Außenputz gehende Durchfeuchtung der äußeren Wandschale in einem solchen Falle. Um dies zu vermeiden, ist ein gegenseitiger Abschluß der Lufträume in den Außenwänden benachbarter Räume mit sehr verschiedenen Temperaturen notwendig.

[112] Reiher, H. „Der Stand der Bauphysik im heutigen Wohnungsbau". Revue Technique Luxembourgeoise, 46 (1954), H. 3.

Abb. 141: Feuchte Streifen auf dem Putz an den Schwerbetonbalken einer Decke unter einem Dachraum. Deckenausführung: Gasbetonplatten zwischen Normal-betonbalken.

2.3 Decken

Bei Decken treten feuchtigkeitstechnische Fragen dann auf, wenn durch diese Räume sehr verschiedener Temperatur getrennt werden, wie etwa bei Oberge-schoßdecken. Bei Wohnungstrenndecken können Schwierigkeiten entstehen, wenn diese über Feuchträumen liegen und oberseitig durch einen Fußbodenbelag dampfdicht abgeschlossen sind. Schließlich kann das Einbinden massiver Decken in die Wände unter Umständen zur Entstehung von Wärmebrücken führen.

2.31 Tauwasserbildung an Wärmebrücken bei Decken

Massivdecken mit Betonbalken weisen im allgemeinen am Balken geringere Wärmedurchlaßwiderstände auf als in den Feldern. Werden solche Decken ohne zusätzliche Wärmedämmung als Obergeschoßdecken unter nicht ausgebauten Dachgeschossen verwendet, so treten örtlich verschiedene Oberflächentempera-turen an der Decke auf, die zu Tauwasser und Fleckenbildung auf der Decken-unterseite an den Stellen mit geringerer Wärmedämmung führen können (s. Abb. 141).

Solche Schäden werden bei Stahlbetonbalkendecken vermieden, wenn die Decken unterseitig eine gesonderte Putzschale auf Putzträgern erhalten und oberseitig mit einer Wärmedämmschicht versehen werden.

Massivdecken über dem Keller, die unmittelbar auf dem Betonfundament aufliegen, wirken in der Nähe der Außenwand als Wärmebrücken, besonders dann,
wenn die Decke einen Fußbodenaufbau geringer Wärmedämmung besitzt und die
erforderliche Wärmedämmschicht auf der Deckenunterseite angebracht ist (Abb.
142a). Aus diesem Grunde kombiniert man zweckmäßig die Wärmedämmschicht
mit dem Fußboden (Abb. 142b) und verringert so die Wärmebrückenwirkung der
Schwerbetonteile weitgehend. Wird am Betonsockel außen eine Dämmplatte eingelegt, so ist die Lösung vom wärmetechnischen Standpunkt aus einwandfrei
(Abb. 142c).

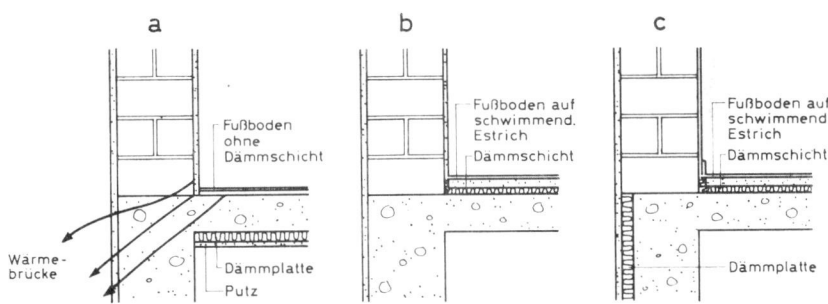

Abb. 142: Massivbetonplatten als Kellerdecken.
a: untenliegende Dämmschicht: Wärmebrückenwirkung an Decke und Wand in
Bodennähe;
b: obenliegende Dämmschicht: nur bei extrem tiefen Temperaturen geringe Wärmebrückenwirkung;
c: obenliegende Dämmschicht und Dämmplatte außenseitig am Betonsockel:
keine Wärmebrückenwirkung.

Liegen Teile von Decken oder die ganze Decke über Balkonen, Laubengängen
oder Durchfahrten und dgl., so müssen diese Deckenplatten außenseitig mit einer
Dämmschicht versehen werden, auch wenn die über der Decke liegende Fußboden-
konstruktion einen genügend hohen Wärmedurchlaßwiderstand aufweist, da
sonst an der Deckenunterseite, und in kleinerem Umfange auch an der Außenwand des Raumes unter der Decke in Fußbodennähe, Tauwasserbildung möglich
ist (s. Abb. 143a und b).
Durchbetonierte Balkonplatten können ebenfalls Anlaß zu Tauwasserbildung auf
der Unterseite der betreffenden Decke im angrenzenden Raume geben. Durch
Trennen der Balkonplatte von der Decke könnte dies vermieden werden. Kommt
diese Trennung nicht in Betracht, so ist die Decke im Raume auf ihrer Unterseite,
von der Außenwand ausgehend, in etwa 0,5 m Breite mit einer Dämmplatte zu
versehen (z. B. 1 cm dicke Kunstharz-Hartschaumplatten).

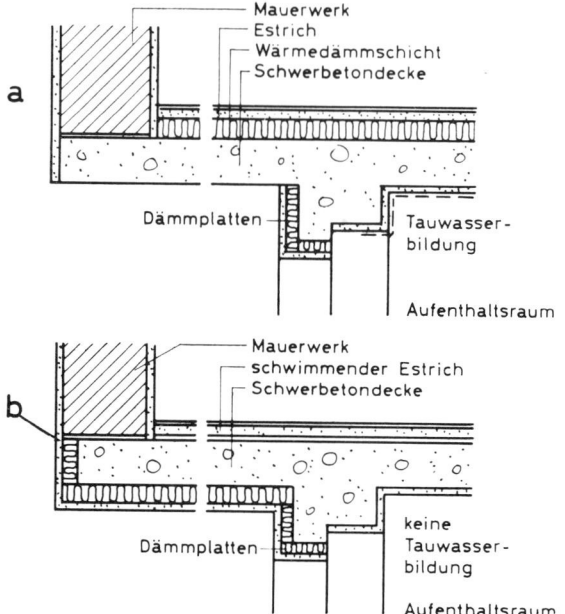

a

b

Mauerwerk
Estrich
Wärmedämmschicht
Schwerbetondecke

Dämmplatten

Tauwasser-
bildung

Aufenthaltsraum

Mauerwerk
schwimmender Estrich
Schwerbetondecke

Dämmplatten

keine
Tauwasser-
bildung

Aufenthaltsraum

Abb. 143: Ins Freie auskragende Massivdecken. a: Wärmedämmung über der Rohdecke kann zu Tauwasserbildung an der Decke des Aufenthaltraumes führen. b: Wärmedämmschicht an der Außenseite der Decke: Keine Gefahr der Tauwasserbildung.

Untersuchungen[113]) haben gezeigt, daß bei ausreichendem Luftwechsel der Räume die Gefahr der Tauwasserbildung auf der Unterseite durchbetonierter Decken verhältnismäßig gering ist. In zentralbeheizten Bauten mit Heizkörpern unter den Fenstern ist die Gefahr der Tauwasserbildung an den genannten Stellen weiterhin verringert.

2.32 Innere Kondensation bei Decken

Decken, die unbeheizte oder wenig beheizte Räume von ausgesprochenen Feuchträumen, z. B. Waschküchen, trennen, sind häufig einem erheblichen Wasserdampfdruckgefälle ausgesetzt. Dies hat zur Folge, daß vom Feuchtraum her Wasserdampf in die Decke eindiffundiert und in dieser kondensiert, wenn die Decke auf der kalten Seite durch einen Fußbodenbelag wasserdampfdicht abgeschlossen wird. Hierdurch sind vor allem sehr leichte Decken mit großen Lufträumen, in denen sich gut dampfdurchlässige Dämmstoffe, wie Mineralwolle und dgl. befinden, gefährdet. Bei Massivdecken aller Art treten keine Schäden auf, da die Dampfdurchlässigkeit solcher Decken in der Regel so gering ist, daß die durch Diffusion in die Decken eindringenden Wassermengen klein genug sind, um von dem Deckenmaterial ohne Schaden aufgenommen zu werden.

---

[113]) Schüle, W., R. Jenisch, und J. Reichardt, ,,Wirkung von Wärmebrücken im Wohnungsbau". FBW-Blätter, Folge 4, 1970.

272

2.4 Dächer

Die Dächer der Gebäude dienen dem Schutz gegen Regen, Schnee und dgl. und dem Sonnenschutz. Die hierfür notwendige Wasserdichtheit der Dächer bringt — vor allem beim Flachdach — feuchtigkeitstechnische Probleme, die im folgenden behandelt werden.

2.41 Steildächer

Steildächer werden in der Regel mit Ziegeln, gewellten oder ebenen Asbestzementplatten, Schiefer oder mit Dachpappe gedeckt. Unter dem Dach befindet sich ein mehr oder weniger großer belüftbarer Raum.

Dringt Feuchtigkeit in Form von Wasserdampf durch die unter dem Dachraum liegende Decke in diesen ein, so kann er durch genügend intensive Lüftung des Dachraumes (z. B. Fensterlüftung) ins Freie abgeführt werden, ohne sich auf der kalten Dachinnenfläche niederzuschlagen.

Bei unzureichender oder fehlender Lüftung des Dachraumes erweist sich das Ziegeldach als besonders günstig, da die vielen Spalten zwischen den Ziegeln einen ausreichenden Wasserdampfdurchgang durch die Dachhaut ermöglichen. Etwa auf den Ziegeln anfallendes Kondenswasser wird von diesen, dank ihrer kapillaren Saugfähigkeit aufgenommen und bei günstigeren Verhältnissen wieder abgegeben, ohne Schaden anzurichten. Dachdeckungen aus Asbestzementplatten erlauben ebenfalls einen gewissen Dampfdurchgang an den Spalten zwischen den Platten, sofern diese nicht besonders abgedichtet sind. Die Wasseraufnahmefähigkeit der Asbestzementplatten ist aber in der Regel geringer als die von Tonziegeln, so daß bei geringer Belüftung eines mit Asbestzementplatten gedeckten Dachraumes und bei größerem Wasserdampfdurchgang durch die Obergeschoßdecke mit Tauwasserniederschlag auf den Asbestzementplatten und Abtropfen dieses Wassers gerechnet werden muß.

Dichte Dachabdeckungen, wie Schieferdeckung auf einer Bretterschalung unter Zwischenlage von Dachpappe oder Deckung mit Dachpappe auf Holzschalung, verlangen eine gute und ständige Belüftung des Dachraumes, insbesondere dann, wenn sich dieser über Räumen mit hohem Wasserdampfgehalt befindet und die Decke dieser Räume nicht allzu dampfdicht ist. Dies gilt in erster Linie für industrielle Gebäude (Webereien, Spinnereien und dgl.). Bei Wohnbauten ist der Wasserdampfanfall in den Räumen in der Regel so gering bzw. auf kürzere Zeiten beschränkt (Küchen, Bäder), so daß keine Schwierigkeiten für die Abführung der in den Dachraum dringenden Wasserdampfmengen bestehen.

2.42 Flachdächer

Unter einem Flachdach, sollen nur solche Dächer verstanden werden, deren Neigung weniger als etwa $15°$ (27%) beträgt. Die Dachhaut solcher Dächer besteht, im Gegensatz zu den Steildächern, nicht aus einzelnen, schuppenartig verlegten Elementen, sondern aus einer über die gesamte Dachfläche geschlossen verlegten, wasserdichten Haut (z. B. Pappen, Metall- oder Kunststoff-Folien, Blechen und dgl.).

2.421 Das belüftete Flachdach

Das belüftete Flachdach, auch „Kaltdach" genannt (Abb. 144) besteht aus der Tragkonstruktion (Decke) mit einer Wärmedämmung gegen Wärmeverluste aus dem Innern des Gebäudes im Winter und gegen Wärmezufluß infolge der Sonnenzustrahlung im Sommer; der Dachschale mit der Dachhaut zum Schutze der Tragkonstruktion und der Wärmedämmschicht gegen Witterungseinflüsse. Der Luftraum zwischen der obersten Geschoßdecke und der Dachschale mit Zu- und Abluftöffnungen, dient der Abführung und dem Austausch der aus der Tragkonstruktion austretenden Feuchtigkeit, sowie, im Sommer, der sich unter der Dachschale stauenden Wärme.

Beim belüfteten Flachdach bestehen im allgemeinen keine wärme- und feuchtigkeitstechnischen Schwierigkeiten, sofern der Luftraum und die ins Freie führenden Lüftungsöffnungen eine gute Durchlüftung sichern. Um dies sicherzustellen, sind nach DIN 18530[114]) im belüfteten Dachraum mindestens an zwei gegenüberliegenden Dachseiten Öffnungen anzubringen mit einem freien Lüftungsquerschnitt von je mindestens $2^0/_{00}$ der Dachdeckenfläche. Die Höhe des freien Strömungsraumes des belüfteten Daches muß an jeder Stelle mindestens 10 cm betragen.

Die Tragkonstruktion muß einen ausreichenden Wärmeschutz erhalten, um Tauwasserbildung auf ihrer Unterseite zu verhindern. Bei Wohngebäuden ist dies dann gewährleistet, wenn die Forderung der DIN 4108 eingehalten wird (Wärmedurchlaßwiderstand $1/\Lambda$ der Decke mindestens 1,00 m² h °C/kcal).

Eine Dampfsperre zwischen Tragkonstruktion und Wärmedämmschicht ist unnötig, wenn eine ausreichende Durchlüftung des Luftraumes unter der Dachschale gesichert ist. Erfahrungsgemäß ergeben sich Schwierigkeiten, wenn die Decke einen Dampfdiffusionsdurchlaßwiderstand aufweist, der einer diffusionsäquivalenten Luftschichtdicke s_d von weniger als 2 m entspricht. In diesen Fällen ist der Diffusionswiderstand der Decke durch Anordnen von Schichten geringer Dampfdurchlässigkeit (z. B. Kunststoffolien, Dachpappen) zwischen Decke und Wärmedämmschicht entsprechend zu erhöhen.

Nach DIN 18530[114]) muß die diffusionsäquivalente Luftschichtdicke s_d des unterhalb des belüfteten Dachraumes liegenden Dachteils mindestens einen Wert von 10 m aufweisen.

2.422 Nicht belüftetes Flachdach

Das nicht belüftete Flachdach, auch „Warmdach" genannt (Abb. 145), vereinigt die Funktionen der Tragkonstruktion, der Wärmedämmung und der Dachhaut in einem Bauteil. Dieses Dach ist zugleich die Decke des betreffenden Raumes.

Nach DIN 4108 müssen Flachdächer einen Wärmedurchlaßwiderstand $1/\Lambda$ von mindestens 1,50 m² h °C/kcal aufweisen.

---

[114]) DIN 18530 (Vornorm) „Massive Deckenkonstruktionen für Dächer" (1974).

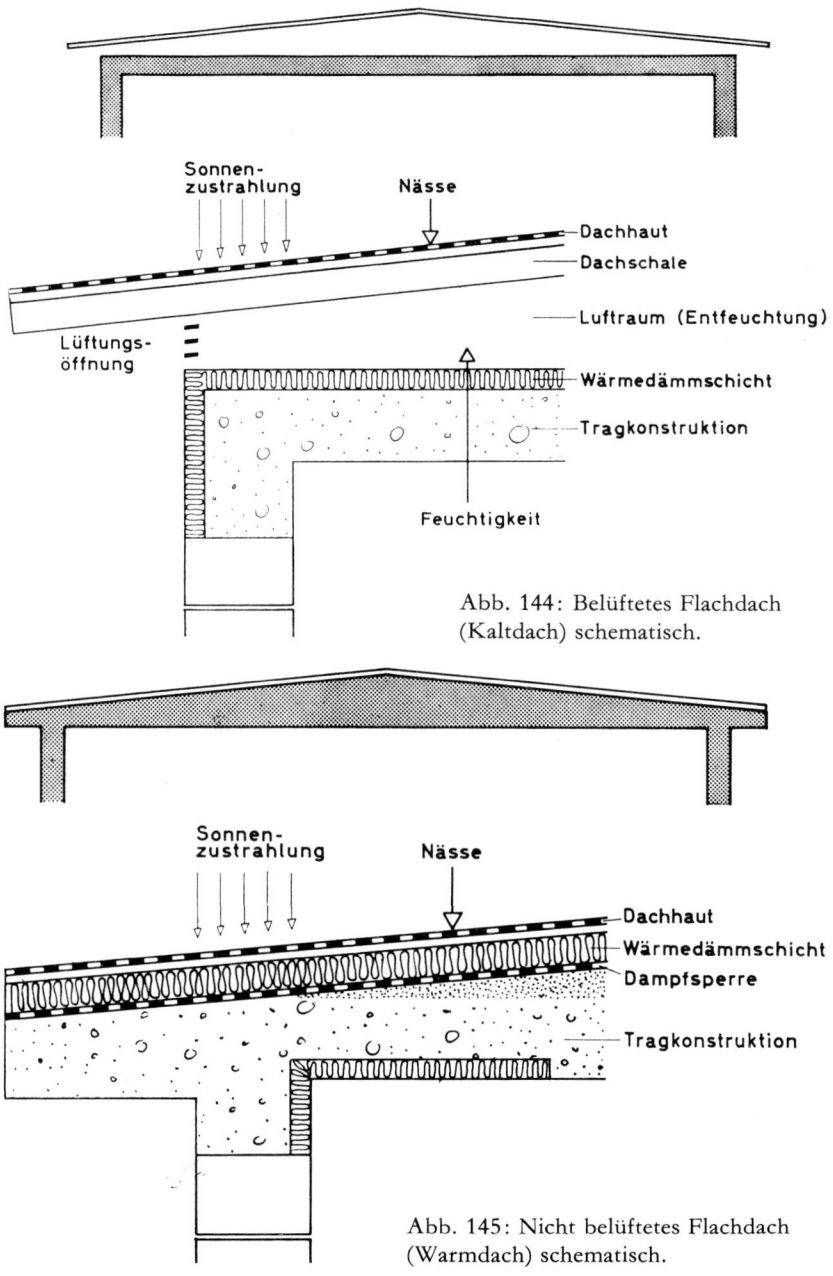

Sonnen-zustrahlung

Nässe

Dachhaut
Dachschale
Luftraum (Entfeuchtung)

Lüftungs-öffnung

Wärmedämmschicht
Tragkonstruktion

Feuchtigkeit

Abb. 144: Belüftetes Flachdach (Kaltdach) schematisch.

Sonnen-zustrahlung

Nässe

Dachhaut
Wärmedämmschicht
Dampfsperre
Tragkonstruktion

Abb. 145: Nicht belüftetes Flachdach (Warmdach) schematisch.

275

Wird eine Tragkonstruktion mit großer Wärmedämmung verwendet oder unter dieser eine zusätzliche Wärmedämmschicht, z. B. in Form einer Akustikdecke angebracht, so ist die über der Dampfsperre anzubringende Wärmedämmung unter Umständen über den oben genannten Mindestwert des Wärmedurchlaßwiderstandes zu erhöhen um Tauwasserbildung an der Dampfsperre zu vermeiden[115]).

Handelt es sich um Flachdächer über Räumen mit ständig hoher Luftfeuchtigkeit (z. B. Industrieräume), so muß die Wärmedämmung des Flachdaches unter dem Gesichtspunkt der Tauwasserfreiheit an der Deckenunterseite bzw. im Innern der Deckenkonstruktion ermittelt werden. Die Diagramme der Abb. 146 und 147 gestatten, den notwendigen Wärmedurchlaßwiderstand der Dämmschichten für verschiedene Temperatur- und Feuchtigkeitsverhältnisse unmittelbar abzulesen.

Bei der Bauausführung gelangen in der Regel größere Feuchtigkeitsmengen in die Dachkonstruktion. Am Ort hergestellte Leichtbetone als Wärmedämmschicht enthalten nach der Herstellung große Wassermengen. In geringerem Maße ist dies auch bei in Mörtel verlegten Dämmplatten der Fall. Das Austrocknen dieser Stoffe wäre die Voraussetzung für die Erzielung des notwendigen Wärmeschutzes und die Haltbarkeit der Dachhaut, doch kann ein genügendes Austrocknen vor dem Aufbringen der Dachhaut bei unserer Witterung im allgemeinen nicht vorausgesetzt werden.

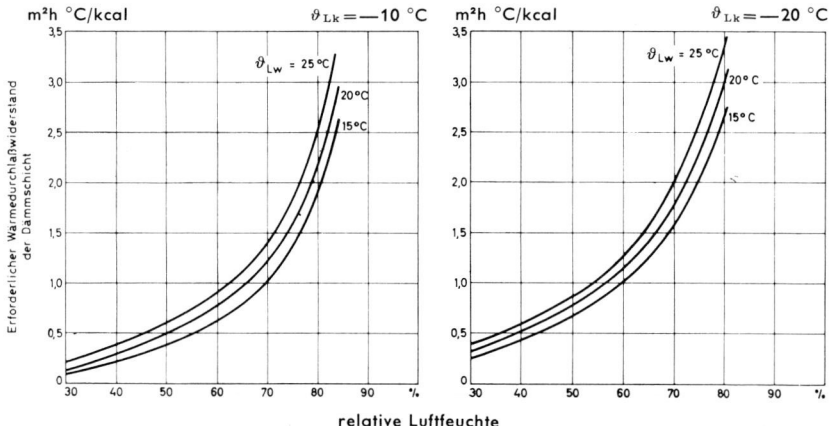

Abb. 146: Erforderlicher Wärmedurchlaßwiderstand der Dämmschicht über der Dampfsperre eines Flachdaches, abhängig von der rel. Luftfeuchtigkeit im Raum, unter dem Dach, bei Raumlufttemperaturen ϑ_{LW} von 15, 20 und 25° C und Außentemperaturen ϑ_{Lk} von —10 und —20° C.
Aufbau des Daches: Dampfdichte Dachhaut,
　　　　　　　　　　　Dämmschicht,
　　　　　　　　　　　Dampfsperre,
　　　　　　　　　　　Tragkonstruktion mit Wärmedurchlaßwiderstand 0,1 m² h °C/kcal (z. B. 150 mm Stahlbeton-Plattendecke mit Putz).

[115]) Schüle, W. „Flachdächer mit untergehängten Schallschluckdecken". FBW-Blätter 3 und 4/1973.

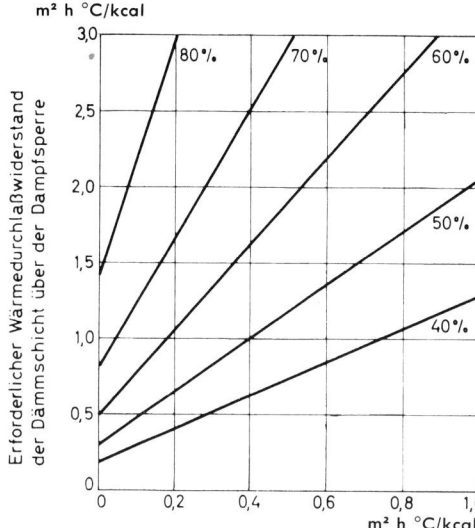

m² h °C/kcal

Erforderlicher Wärmedurchlaßwiderstand der Dämmschicht über der Dampfsperre

Wärmedurchlaßwiderstand der Konstruktion unterhalb der Dampfsperre

Abb. 147: Erforderlicher Wärmedurchlaßwiderstand der Dämmschicht eines Flachdaches über der Dampfsperre, abhängig vom Wärmedurchlaßwiderstand der Konstruktion unterhalb der Dampfsperre für eine Raumlufttemperatur von 20° C, eine Außentemperatur von —10° C und relative Luftfeuchtigkeiten im Raum von 40 bis 80%.

Während der kalten Jahreszeit, wenn die Räume beheizt werden, wandert Feuchtigkeit mit dem Wärmestrom und kann durch die Dachhaut nicht entweichen. Die Wärmedämmschicht und die Dachhaut müssen gegen Wirkungen von Feuchtigkeit und Wasserdampf aus der Tragkonstruktion und der Bauwerksnutzung (Feuchtigkeitsanfall in den Räumen unter dem Flachdach) geschützt werden. Eine ungehemmte Wasserdampfdiffusion aus dem Bauwerk in die Wärmedämmschicht führt zu ihrer Durchfeuchtung (Minderung des Wärmeschutzes) und zu Schäden in der Dachhaut (Blasenbildung). Es ist deshalb notwendig, zwischen Tragkonstruktion und Wärmedämmschicht eine Dampfsperre anzuordnen.

Eine absolute Dampfdichtheit der Dampfsperre ist bei Flachdächern über Wohn- und Büroräumen nicht erforderlich. Auch würde eine solche Dampfsperre die Austrocknung von Feuchtigkeit, die möglicherweise im Dämmstoff enthalten ist, in die darunter befindlichen Räume unterbinden. Eine diffusionsäquivalente Luftschichtdicke s_d der Dampfsperre von 100 m ist voll ausreichend.[114] [116]

Begrenzen nichtbelüftete Flachdächer Räume mit ständig hoher Luftfeuchtigkeit (z. B. vollklimatisierte Fabrikationsräume), so kann nicht, wie bei Dächern über Wohn- und Büroräumen, damit gerechnet werden, daß die unter Winterverhältnissen in der Konstruktion kondensierende Feuchtigkeit im Laufe des Sommers

[116] Schüle, W. und R. Jenisch ,,Kondensations- und Austrocknungsverhältnisse bei nicht belüfteten Flachdächern". Bauwelt 62 (1971) S. 1358/1364.

wieder austrocknet. In diesem Falle muß eine völlig dampfdichte Dampfsperre eingebaut und ein vollkommen trockener Dämmstoff verwendet werden.

Als Dampfsperren für Flachdächer kommen in Frage:

Dachpappen und Glasvliesdachbahnen genügender Dampfdichtheit ($s_d \geq 100$ m);

Kunststoffolien entsprechender Dicke mit Bitumenbeschichtung oder zwischen Bitumenpappen;

Metallfolien besitzen eine ausgezeichnete Sperrwirkung. Sie werden in Form von Kupfer- und Aluminium-Riffelbändern verwendet. Glatte Folien sind wegen ihrer geringen Dehnfähigkeit weniger geeignet. Bei Verwendung von Aluminiumfolien ist eine einwandfreie beidseitige Bitumenbeschichtung erforderlich, um eine Zerstörung des Metalls durch Korrosion zu vermeiden.

Die Dachkanten, insbesondere dann, wenn diese über den Baukörper auskragen, bilden beim oberseitig gedämmten Dach Wärmebrücken, die zu Tauwasserbildung an der Decke und den oberen Wandteilen in dem unter dem Dach liegenden Raum führen können.

Beim nicht auskragenden Dach muß daher an der seitlichen Außenfläche des Betonteils eine Dämmschicht angebracht werden (Abb. 148). Bei auskragenden Dächern ist die oft empfohlene Einhüllung des Kragteils zwecklos, sofern es sich nicht um ganz kurze Auskragungen (bis 20 cm) handelt. Die Kragplatte kühlt sich trotz der sie umgebenden Wärmedämmschicht nahezu auf Außentemperatur ab, da ihr bei der großen Abkühlungsfläche durch die dünne Betonplatte relativ wenig Wärme zugeführt wird. Aus diesem Grunde muß bei einer auskragenden Deckenplatte eine Wärmedämmschicht raumseitig angebracht werden, um eine Wärmebrückenwirkung zu verhindern (Abb. 149).

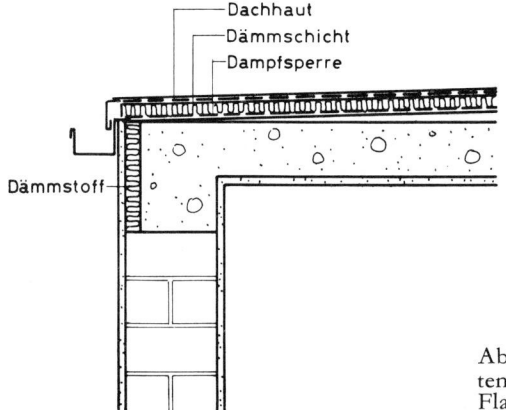

Dachhaut
Dämmschicht
Dampfsperre

Dämmstoff

Abb. 148: Lage der Dämmschichten bei einem nicht belüfteten Flachdach ohne Auskragung.

278

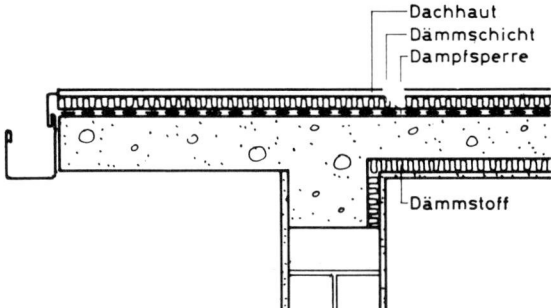

Abb. 149: Lage der Dämmschichten bei einem nicht belüfteten, auskragenden Flachdach.

2.423 Das umgekehrte Dach

Beim umgekehrten Dach liegt die Dachabdichtung unter der Wärmedämmschicht, die lose auf die Dachabdichtung (Dachhaut) aufgelegt und durch Bekiesung festgehalten und geschützt wird. Dies ist möglich bei Verwendung eines Dämmstoffes, der bei der notwendigen Festigkeit und Formbeständigkeit nur unwesentliche Wassermengen aufnimmt und somit seine Wärmedämmung hierdurch praktisch nicht ändert.

Als Dämmstoff bei diesen Dächern werden extrudierte Polystyrol-Hartschaumplatten mit Schäumhaut verwendet, die dank ihrer Struktur und der geringen Wasserdampfdurchlässigkeit (μ: 150 bis 300) die gestellten Forderungen erfüllen. Wegen der möglichen Unterströmung der lose liegenden Wärmedämmschicht durch Regen- oder Schmelzwasser ist die Wärmedämmung dieses Daches im Mittel etwas geringer als die eines Daches mit obenliegender Dachhaut bei gleicher Dicke der Wärmedämmschicht. Es wird daher empfohlen, die Wärmedämmschicht um etwa 30% höher zu bemessen als beim Dach mit obenliegender Dachhaut. Fragen der Wasserdampfkondensation infolge Dampfdiffusion stellen sich beim umgekehrten Dach nicht.

2.424 Sperrbetondach

Beim Sperrbetondach wird die Dachdecke aus einem wasserundurchlässigen Beton hergestellt und die notwendige Wärmedämmung durch unterseitig angebrachte Dämmplatten aus Polystyrol-Hartschaum erreicht. Die Dachdecke erhält eine Kiesschüttung, jedoch keine Dachhaut. Um Schäden an dem Bauwerk infolge Bewegungen der Dachdecke durch Temperatureinflüsse zu unterbinden, wird diese unter Zwischenlage von Gleitlagern auf die tragenden Elemente aufgelegt, so daß die Deckenplatte bis auf einen Fixbereich vom Unterbau getrennt ist. Längenänderungen der Betonplatte infolge von Temperaturschwankungen können daher — sofern die Gleitlager ihre Augabe erfüllen — ohne Schäden zu verursachen, erfolgen. Eine unzulässige Wasserdampfkondensation im Innern der Dachkonstruktion kann durch Verwendung eines genügend dampfdichten Dämmstoffes und erforderlichenfalls durch eine Dampfsperre auf der Unterseite des Dämmstoffes verhindert werden.

2.5 Die Räume der Wohnungen und die Raumluftfeuchte

Feuchtigkeitsschäden in Wohnungen können ihre Ursache in ungenügendem Wärmeschutz der Bauteile und in allzu hohen Luftfeuchtigkeiten in den Räumen haben. Durch Einhalten der wärmetechnischen Forderungen der DIN 4108 können in beheizten Räumen bei normalem Wohnbetrieb Schäden durch Tauwasserbildung auf der Innenoberfläche der Bauteile unterbunden werden. Aus diesem Grunde sollten möglichst alle Räume einer Wohnung beheizbar sein und auch beheizt werden. Diese Forderung läßt sich bei Zentralheizung ohne weiteres erfüllen. Auch Mehrraumheizungen aller Art gestatten dem Ideal der vollbeheizten Wohnung weitgehend nahezukommen.

Bei Einzelofenheizung dagegen wird vielfach die Heizung auf einen Raum — das Wohnzimmer — beschränkt. Die anderen Räume bleiben kalt bzw. werden durch Öffnung von Verbindungstüren unvollkommen und nur zeitweilig temperiert (Schlafzimmer). Besonders ungünstig ist die alleinige Beheizung der Küche und die Temperierung der übrigen Räume von der Küche aus, da dann die Küchenluft mit ihrem hohen Wasserdampfgehalt in die kalten Räume kommt und das Wasser auf den Wandflächen, Decken und Möbeln kondensiert und so zu starken Feuchtigkeitsschäden führt. Diese Gefahr ist durch entsprechende Wahl der Wohnungsgrundrisse soweit als möglich zu verringern. Unmittelbare Verbindungen zwischen Küchen und Wohnräumen müssen unbedingt vermieden werden.

Vom feuchtigkeitstechnischen Standpunkt aus gesehen sind Küchen und Bäder besonders kritisch, da in diesen Räumen, bedingt durch ihre Benützung, zeitweilig so hohe Luftfeuchtigkeiten auftreten können, daß eine Tauwasserbildung auf den Oberflächen der Bauteile, auch bei weitestgehender Erhöhung ihrer Wärmedämmung, nicht vermieden werden kann. Aus diesem Grunde muß in diesen Räumen durch richtige und genügend intensive Lüftung dafür gesorgt werden, daß die anfallenden Feuchtigkeitsmengen entfernt werden.

2.51 Küchen

Bei Küchen ist vor allem das Abführen der beim Kochen anfallenden Feuchtigkeit wichtig. Der entstehende Wasserdampf, der aus dem Kochgut und bei Gaskochherden auch aus den Abgasen stammt, kann sich zum Teil auf den kalten Raumbegrenzungsflächen, also vorwiegend auf Fenstern und Außenwandflächen, niederschlagen, zum Teil wird er durch die normalen Undichtheiten der Türen und Fenster bzw. durch Lüftung entfernt. Das auf den Wandflächen niedergeschlagene Wasser wird von den Putzflächen aufgenommen, gespeichert und später entweder durch die Wand hindurch ins Freie geleitet oder in den Raum zurückverdunstet. Die hierbei auftretende Durchfeuchtung der Putzflächen und des Mauerwerks darf nicht so groß werden, daß Feuchtigkeitsschäden der Baustoffe, Schimmelbefall und dgl., auftreten. Außerdem soll eine allzu hohe Luftfeuchtigkeit in der Küche vermieden werden, da zu große Luftfeuchtigkeit unbehaglich wirkt, die Gefahr der Tauwasserbildung auf den Wänden und den Küchenmöbeln erhöht, sowie den Verderb der Lebensmittel begünstigt.

Eine genügend starke Lüftung ermöglicht grundsätzlich in Küchen die im Vorigen geschilderten Feuchtigkeitsschäden zu vermeiden, doch stehen einem allzu ausgiebigen Lüften gewisse praktische Schwierigkeiten entgegen. Bei großen Küchen ist eine ausreichende Lüftung während des Kochens durch Öffnen der Fenster erfahrungsgemäß ohne wesentliche Zugbelästigung für die Hausfrau möglich; bei Kleinküchen, in denen sich der Arbeitsplatz stets nahe dem Fenster befindet, bringt dies oft gesundheitliche Nachteile mit sich. Hier wird, wie in vielen beobachteten Fällen festgestellt wurde, wegen der Zugbelästigung während der kalten Jahreszeit das Fenster beim Kochen nicht geöffnet, sondern der Raum nur in den Zeiträumen zwischen den Kochperioden gelüftet.

Vom Standpunkt der Hausfrau aus betrachtet, ist die Lüftung der Küchen z w i - s c h e n den K o c h p e r i o d e n am zweckmäßigsten, da dann etwaige mit dem Lüften verbundene Zugerscheinungen bedeutungslos sind. Die Möglichkeit, in dieser Weise zu lüften, setzt allerdings voraus, daß die während des Kochens entstehende Wasserdampfmenge von den raumbegrenzenden Flächen, vor allem von Wand und Deckenflächen, aufgenommen und bis zum Beginn der Lüftung gespeichert werden kann. Wasserdichte Anstriche, Fliesenbekleidungen und dgl., lassen die niedergeschlagene Feuchtigkeit ablaufen. Die bei Küchen üblichen Putze (Kalkputz, Gipskalkputz) normaler Dicke (1,5 bis 2 cm) nehmen die anfallenden Feuchtigkeitsmengen im allgemeinen ohne weiteres auf.

Theoretische und experimentelle Untersuchungen zur Frage der Lüftung von Küchen [117]) haben Aufschluß über die Zusammenhänge zwischen Lüftungsintensität, Raumgröße und den Feuchtigkeitsverhältnissen in Küchen gegeben. Die Untersuchungen haben gezeigt, daß, insbesondere bei Kleinküchen, der Frage der Lüftung eine besondere Aufmerksamkeit zu widmen ist. Im einzelnen gelten hinsichtlich der Küchenlüftung folgende Gesichtspunkte:

Je niedriger die Lufttemperatur in der Küche ist, desto längere Lüftungszeiten sind nötig.

Je kleiner die Küche ist, desto länger muß gelüftet werden. (Die auf den Quadratmeter der „wirksamen Oberfläche" entfallende Feuchtigkeitsmenge ist um so größer, je kleiner die Küche ist.)

Wegen der größeren Feuchtigkeitsmenge beim Gasbetrieb ist eine längere Lüftungszeit nötig als beim Kochen auf Elektro- und Kohleherd.

Die zur Belüftung einer Küche notwendige Förderleistung der Lüftungseinrichtung ist unabhängig von der Küchengröße, wenn die Lüftungsanlage zur Abführung der beim Kochbetrieb anfallenden Feuchtigkeit dienen soll.

[117]) Schüle, W. und H. Schäke „FBW-Versuchsbauten 1949. Ergänzende bauphysikalische Untersuchungen. Teil B: Überlegungen zur Frage der Küchenlüftung, insbesondere bei Kleinküchen". Schriftenreihe der Forschungsgemeinschaft Bauen und Wohnen, Stuttgart, Bericht 22/1952.
Schüle, W. „Trockene Räume durch ausreichende Lüftung". Heizung — Lüftung — Haustechnik 6/1955, S. 144.
Heidtkamp, G. und F. Roedler „Über den Einfluß von Raumgröße und Luftwechsel auf die Durchfeuchtung von Kleinküchen". Ges.-Ing. 78 (1957), S. 45.
Gauger, R. und W. Schüle „Lüftungsanlagen im Wohnungsbau". Schriftenreihe der Forschungsgemeinschaft Bauen und Wohnen, Stuttgart, Bericht 54/1958.

Besitzen die raumbegrenzenden Oberflächen einer Küche nicht die Fähigkeit, Feuchtigkeit aufzunehmen und zu speichern, so muß während der Kochzeit so intensiv gelüftet werden, daß die gesamte anfallende Feuchtigkeit unmittelbar nach dem Entstehen entfernt wird. Die dazu notwendige Förderungsleistung führt stets zu Zugbelästigungen.

Bei feuchtigkeitsaufnahmefähigen Flächen in der Küche (z. B. verputzte Wände und Decken) kann die Lüftung auch auf die an die Kochperiode anschließende Zeit ausgedehnt werden.

Bei einer ganztägig ununterbrochen wirkenden Lüftungseinrichtung muß je nach der Art des Kochbetriebes (Elektro- bzw. Kohlebetrieb oder Gasbetrieb) die Lüftungseinrichtung ständig 20 bis 40 m³/h fördern.
Um bei Dauerlüftung eine übermäßige Auskühlung der Küchen zu vermeiden, wird die Luft zweckmäßig der Wohnung und nicht dem Freien entnommen. Dies ist durch Verwendung einer Lüftungseinrichtung möglich, die in der Küche stets einen Unterdruck erzeugt (Elektrolüfter, Schachtlüftung).

Bei kürzeren, die Kochzeit einschließenden Lüftungszeiten, muß die Förderleistung entsprechend Tafel 57 gewählt werden. In diese Tabelle sind auch die bei Dauerlüftung erforderlichen Lüftungsleistungen eingetragen.

Tafel 57: **Notwendige Förderleistung von Lüftungseinrichtungen für Küchen**

Lüftungszeit	Notwendige Förderleistung der Lüftungseinrichtung (m³/h) bei	
	Gasbetrieb	Elektro- bzw. Kohlebetrieb
5 Stunden (1 Kochperiode)	100	50
7 Stunden (1 Kochperiode)	70	35
9 Stunden (1 Kochperiode)	60	30
Dauerlüftung (2 Kochperioden)	40	20

Die in Tafel 57 genannten Förderleistungen lassen sich mit Fensterlüftung ohne weiteres erzielen. Doch besteht hierbei bei Kleinküchen die Gefahr übermäßiger Auskühlung und des Auftretens zu starker Zugbelästigung. Um dies zu vermeiden, sind bei Kleinküchen dauerndwirkende Lüftungen vorzusehen, bei denen die Feuchtigkeit möglichst in der Nähe ihres Entstehungsortes abgeführt wird (Wrasenabzug über Herd und Spüle, Abluftöffnung über dem Herd) und somit die starke Luftbewegung nur auf einen kleinen Teil der Küche beschränkt bleibt.

2.52 Bäder

Beim Bad sind die Verhältnisse hinsichtlich der Lüftung wesentlich einfacher als bei der Küche. Eine Lüftung während der Benutzung scheidet — zumindest während der kalten Jahreszeit — aus. Dafür stehen in der Regel ausreichende Lüftungszeiten zwischen den Benutzungsperioden zur Verfügung. Da es zweckmäßig ist, einen großen Teil der Wandflächen beim Bad so auszuführen, daß keine Feuchtigkeit von der Wand aufgenommen werden kann (Ölfarbanstriche, Kachelbekleidung) ist die für die Feuchtigkeitsspeicherung zur Verfügung stehende Oberfläche in der Regel klein. Doch kann dies bei den großen beim Bad möglichen Erholungszeiten in Kauf genommen werden.

In vielen Fällen werden Bäder nur dann beheizt, wenn sie benutzt werden sollen. Die Oberflächentemperatur der Wände liegt in diesen Räumen dann fast immer so niedrig, daß eine, vor allem beim unbekleideten Körper, unangenehme und gesundheitsschädliche Abstrahlung von diesem an die kalten Wandflächen besteht.

Um in Bädern, vor allem bei unregelmäßigem Heizbetrieb, die Voraussetzung für eine „warme Wand" zu schaffen, sollten die Außenwände solcher Räume einen zusätzlichen Wärmeschutz, möglichst nahe der inneren Wandoberfläche angeordnet, erhalten, der in Form von Dämmplatten oder dgl., aufgebracht ist. Diese Dämmschicht, die natürlich wasserdampfdicht und spritzwasserdicht gegen den Raum zu abgeschlossen werden muß, heizt sich relativ schnell auf und führt so zu einer warmen Wand. Die geringe Wärmespeicherfähigkeit einer solchen Wand ist beim Bad belanglos, da in der Regel so große Pausen zwischen zwei Benutzungsperioden bestehen, daß diese auch nicht bei Anwendung einer starken wärmespeichernden Bauweise überbrückt werden könnten. Die Fenster stellen in der Regel den wärmeschutztechnisch schwächsten Bauteil eines Raumes dar. Ihr — vor allem bei Einfachfenstern — geringer Wärmedurchgangswiderstand führt zu kalten Oberflächen, die sich gerade im Bad in noch stärkerem Maße als die der Wand, unangenehm bemerkbar machen (Wärmeabstrahlung zur Fensterfläche, Bildung von Kaltluftströmungen durch die am Fenster abgekühlte Raumluft). Aus diesem Grunde sollten beim Bad nie Einfachfenster, sondern stets Verbundfenster, Doppelfenster oder dgl., eingebaut werden.

D

Karl Gösele
Walter Schüle

Zusammenfassung
und Beispiele schall- und
wärmeschutztechnisch aus-
reichender Decken und Wände

Früher war die Meinung weit verbreitet, daß eine wärmetechnisch vorteilhafte Maßnahme auch in schalltechnischer Hinsicht günstig sein müsse. Nach dem Lesen der bisherigen Abschnitte dieses Buches wird man leicht den gegenteiligen Eindruck gewinnen. Oft widersprechen sich die für den Schallschutz und für den Wärmeschutz geeigneten Maßnahmen. Es sei hier nur an die schädlichen Folgen für die Schalldämmung erinnert, wenn gewisse Wärmedämmplatten an Wänden und Decken angebracht werden (Teil A, Abschnitt 4.332, Abb. 28). Diese Diskrepanzen sind jedoch nicht grundsätzlicher Art. In den meisten Fällen lassen sich Lösungen finden, die beiden Gesichtspunkten genügen. Allerdings handelt es sich dabei nicht immer um die bautechnisch bequemsten Lösungen. Im folgenden sollen für die wichtigsten Bauteile, bei denen sowohl schall- wie wärmetechnische Forderungen unmittelbar oder auch nur mittelbar erfüllt werden müssen, kurz die zu beachtenden Gesichtspunkte geschildert und einige, die Forderungen befriedigende Ausführungsbeispiele genannt werden. Es sei ausdrücklich bemerkt, daß es sich nur um Beispiele handelt, und daß auch andere, hier nicht genannte Ausführungen die Forderungen erfüllen können.

1. Decken [118])

1.1 Wohnungstrenndecken

An Wohnungstrenndecken werden Anforderungen an den Wärmeschutz ($1/\Lambda \geqq$ 0,40 bzw. 0,20 kcal/m² h °C) sowie an den Luft- und den Trittschallschutz gestellt. Die wärmetechnischen Forderungen könnten sowohl durch Dämm-Maßnahmen an der Deckenoberseite als auch durch solche an ihrer Unterseite erfüllt werden. Dies gilt auch für den Luftschallschutz. Die vorliegenden Erfahrungen zeigen jedoch, daß der erforderliche Trittschallschutz durch Maßnahmen an der Deckenunterseite allein nicht erreicht werden kann (zu große Trittschallübertragung von der Decke auf die seitlichen Wände, vgl. Teil A Abb. 51). Dagegen ist es ohne weiteres möglich allein durch Maßnahmen an der Deckenoberseite sämtliche gestellten Forderungen zu erfüllen. Dafür kommen schwimmend verlegte Estriche oder Holzfußböden mit einer geeignet gewählten Dämmschicht in Frage. Aus schalltechnischen Gründen muß die Dämmschicht genügend weichfedernd, aus wärmetechnischen Gründen genügend dick sein. Wärmetechnisch hat diese Lösung noch den Vorteil, daß bei Einzelofenheizung und intermittierendem Heizbetrieb die Aufheizzeit des Fußbodens meist kleiner ist als bei anderen Lösungen, was zu günstigeren Verhältnissen bezüglich der Fußwärme führt. Andererseits ergeben sich bei dieser Lösung wärmetechnisch dann gewisse Schwierigkeiten, wenn Decken, die an der Unterseite keine Wärmedämmschicht besitzen, fest mit Balkonplatten o. ä. verbunden sind. Die dann entstehende Kältebrücke kann unter un-

---

[118]) Die Ausführungen gelten jeweils nur für Massivdecken, soweit nicht ausdrücklich Holzbalkendecken genannt sind.

Tafel 58: Beispiele für schall- und wärmetechnisch ausreichende Wohnungstrenndecken *)

lfd. Nr.	Decken- ausführung	Fußboden	Gehbelag	Bemerkung
1.1	Stahlbeton- plattendecke, $\geqq$ 140 mm dick	schwimmender Estrich auf 15 mm Mineralfaser- platten oder 17,5 mm Kokosfasermatten je- weils nach DIN 18165	beliebig	bei sorgfältiger Ausführung auch den Anforde- rungen an einen gehobenen Schallschutz genügend
1.2		schwimmender Estrich auf 15 mm Hartschaum- platten nach DIN 18164 Dämmschichtgruppe II	beliebig	
1.3		Riemenboden auf Lager- hölzern (auf Dämm- streifen); mit 10 mm Mineralwolle im Hohl- raum		
1.4		Parkettbelag auf 12 mm poröse Holzfaser- platten und 10 mm Mineralfaserplatten Parkettbelag auf 25 mm Holzwolle-Leichtbau- platten und 10 mm Mineralfaserplatten		erfüllt Anforde- rungen an ge- hobenen Schallschutz
1.5		5 mm harte Holzfaser- platten auf mindestens 12 mm poröse Holz- faserplatten (200 kg/m³)	Linoleum- belag	
2.1	Hohlkörper- decke ein- schalig (Beispiel $1/\varLambda = 0,25$ m² h °C/kcal angenommen)	schwimmender Estrich auf mindestens 10 mm Mineralfaserplatten nach DIN 18165 mindestens 12 mm Kokosfasermatten nach DIN 18165	beliebig	
2.2		schwimmender Riemen- boden (nach 1.3) schwimmende Parkett- beläge (nach 1.4)		

*) in nicht zentralbeheizten Gebäuden

lfd. Nr.	Decken-ausführung	Fußboden	Gehbelag	Bemerkung
3.	Hohlkörper-decke, zwei-schalig*)	sämtliche Beläge nach 1.1 bis 1.5 und 2.1 zulässig	beliebig	
	(Beispiel $1/\Lambda = 0,5$ m² h °C/kcal)	Ausgleichs-Estrich	Linoleum auf 3 mm Filzpappe	
4.	Holzbalken-decke nach Bild 55 Ausführung a	mit Parkett oder Riemen-boden		

*) Zweischalige Hohlkörperdecken können je nach Art der Hohlkörper und der Deckenausführung Wärmedurchlaßwiderstände $1/\Lambda$. bis zu etwa 1 m² h °C/kcal aufweisen.

günstigen Verhältnissen zu Wasserdampf-Kondensation an der Deckenunterseite führen (s. Teil C „Feuchtigkeitsschutz", Abschnitt 2.31).
Günstiger verhalten sich in dieser Hinsicht manche zweischaligen Massivdecken. Bei ihnen ist es unter Umständen möglich, alle Forderungen mit einem unmittelbar aufgebrachten weichfedernden Gehbelag zu erfüllen. Im Einzelfall ist allerdings vorher zu klären, ob die verwendete Decke im akustischen Sinn eine zweischalige Decke ist. In der Tafel 58 sind einige typische Deckenausführungen zusammengestellt, die den Anforderungen von DIN 4109 und DIN 4108 entsprechen. Die in dieser und den folgenden Tafeln angegebenen Dämmschichtdicken beziehen sich jeweils auf den eingebauten Zustand.

1.2 Dachgeschoßdecken

Von Decken unter nicht ausgebautem Dachgeschoß wird ein ausreichender Luftschallschutz verlangt, außerdem ein ausreichender Trittschallschutz, sofern sich im Dachgeschoß Trockenböden, Bodenkammern oder deren Zugänge befinden. Der verlangte Wärmeschutz ($1/\Lambda \geqq 1,00$ m² h °C/kcal) könnte auch durch Maßnahmen an der Unterseite der Decken erreicht werden, nicht jedoch der Trittschallschutz. Das früher viel angewandte Anbetonieren von Holzwolle-Leichtbauplatten oder anderen Dämmplatten ähnlicher Art an der Deckenunterseite ist — wie in Teil A, Abschnitt 4.332 ausgeführt — nicht ratsam, weil dadurch die Luftschalldämmung der Dachgeschoßdecken und — was noch schlimmer ist — auch die Luftschalldämmung der Wohnungstrennwände unzulässig verschlechtert wird. Vor allem die Forderung nach einem ausreichenden Trittschallschutz in den oben genannten Fällen führt zwangsläufig zu einem schwimmend verlegten Estrich auf der Dachgeschoßdecke.

Tafel 59: **Dachgeschoßdecken mit ausreichendem Wärme-, Luftschall- und Trittschallschutz, auch für Waschküchen, Trockenböden, Bodenkammern u. a. zulässig**

lfd. Nr.	Rohdecke	Fußboden
1.1	Stahlbetonplattendecken $\geqq$ 140 mm dick	schwimmender Estrich beliebiger Art, auf 30 mm Mineralfaserplatten oder mindestens 35 mm Kokosfasermatten oder mindestens 35 mm Torfplatten Dämmschichten jeweils nach DIN 18165, Dämmstoffgruppe I oder II
1.2		schwimmender Estrich beliebiger Art, auf 30 mm Hartschaumplatten nach DIN 18164, Dämmstoffgruppe I oder II
1.3		Riemenboden auf Lagerhölzern (mit Dämmstreifen) mit mindestens 10 mm Mineralwolle im Hohlraum
2.1	Hohlkörperdecken, einschalig (im Beispiel $1/\Lambda = 0{,}25$ m²h °C/kcal angenommen)	schwimmender Estrich beliebiger Art, auf 25 mm Mineralfaserplatten oder 30 mm Kokosfasermatten nach DIN 18165, Dämmstoffgruppe I
2.2		Riemenboden auf Lagerhölzern (mit Dämmstreifen) mit mindestens 10 mm Mineralwolle im Hohlraum
2.3	Holzbalkendecken mit hochgelegter Schüttung, vgl. Abb. 65	Riemenboden
2.4	Holzbalkendecken mit abgehängter Putzschale (über Leisten und Feder- bügel an Deckenbalken befestigt), vgl. Abb. 65	Riemenboden

In Tafel 59 sind einige typische Ausführungen zusammengestellt, die den geltenden Forderungen genügen.

1.3 Kellerdecken

Von Decken über Kellern, unbeheizten Fluren o. ä. wird ein gegenüber Wohnungstrenndecken auf $1/\Lambda \geqq 1{,}00$ m² h °C/kcal erhöhter Wärmedurchlaßwiderstand gefordert. Außerdem ist ein ausreichender Luftschallschutz — wegen der Gefahr des Abhörens von Gesprächen in den Erdgeschoßwohnungen — erfor-

Tafel 60: **Kellerdecken mit ausreichendem Wärme- und Luftschallschutz**

lfd. Nr.	Deckenausführung	Fußboden
1.1	Stahlbetonplattendecken, $\geqq$ 140 mm dick	beliebige Fußböden und Estriche auf 30 mm Mineralfaserplatten oder 35 mm Torfplatten nach DIN 18165
1.2		beliebige Fußböden und Estriche auf 30 mm Hartschaumplatten nach DIN 18164
1.3		beliebige Fußböden und Estriche auf 35 mm poröse Holzfaserplatten, 200 kg/m³ oder 45 mm poröse Holzfaserplatten, 300 kg/m³
1.4		Holzfußböden auf Lagerhölzern, mit mindestens 15 mm Mineralwolle im Hohlraum
1.5		Linoleum auf 5 mm harte Holzfaserplatten auf 35 mm poröse Holzfaserplatten (200 kg/m³)
2.	Hohlkörperdecken, einschalig ($1/\Lambda = 0{,}25$ m² h °C/kcal)	beliebige Gehbeläge und beliebige Estriche auf 25 mm Mineralfaserplatten od. 30 mm Kokosfasermatten nach DIN 18165, Dämmstoffgruppe I
		Holzfußböden auf Lagerhölzern, mit Dämmstreifen und mindestens 10 mm Mineralwolle im Hohlraum

derlich. Ein Trittschallschutz ist nur insoweit nötig, als Trittschallgeräusche nicht in unzulässiger Weise von einer Erdgeschoßwohnung in die andere dringen dürfen. Diese Forderung ist leicht zu erfüllen.

Die Bemessung der Dämmschichten erfolgt in erster Linie nach wärmetechnischen Gesichtspunkten. Ausreichende Deckenkonstruktionen sind in Tafel 60 genannt.

1.4 Decken über offenen Durchfahrten u. ä.

Dabei werden, um eine ausreichend hohe Fußbodentemperatur sicherzustellen, sehr hohe Anforderungen an den Wärmeschutz gestellt ($1/\Lambda \geqq 2{,}0$ m² h °C/kcal in allen Wärmedämmgebieten). Diese können meist nicht allein durch Maßnahmen an der Deckenoberseite realisiert werden, weil sonst der erforderliche Fußbodenaufbau ziemlich hoch wird. Neben einem schwimmenden Estrich auf der Deckenoberseite werden deshalb in der Regel an der Deckenunterseite noch Bekleidungen angebracht. In DIN 4109 werden an Decken über Durch-

291

fahrten, Einfahrten zu Sammelgaragen u. ä. erhöhte Anforderungen an den Luftschallschutz gestellt (Luftschallschutzmaß mindestens 3 dB). Dies muß bei der
Ausbildung der Bekleidungen berücksichtigt werden. Anbetonierte, steife Wärmedämmplatten sind deshalb an der Deckenunterseite aus schalltechnischen Gründen
wenig ratsam.

Ausreichend sind die in Tafel 61 genannten Ausführungen.

Tafel 61: **Decken über offenen Durchfahrten und dgl. mit
ausreichendem Wärme- und Luftschallschutz**

lfd. Nr.	Decken- ausführung	Fußbodenaufbau	Zusätzlich not- wendige Dämm- maßnahmen auf Deckenunterseite
1.1	Stahlbeton- plattendecke ≧ 140 mm dick	Parkettbelag oder Riemenboden auf Lagerhölzern, zwischen den Lagerhölzern mindestens 60 mm Mineralwolle oder Hartschaum- platten	—
1.2		Gehbelag beliebig, Estrich, mindestens 70 mm Hartschaum- platten nach DIN 18164, Dämmstoffgruppe I oder II	—
1.3		Gehbelag beliebig, Estrich, 20 mm Mineralfaserplatten nach DIN 18165, Dämmstoffgruppe I oder II	50 mm Mineral- fasermatten oder 50 mm Hart- schaumplatten*) Putz auf Putzträger
1.4	Hohlkörper- decke ein- schalig $(1/\Lambda=0{,}25$ m² h °C/kcal)	Parkettbelag oder Riemenboden auf Lagerhölzern mit unterge- legten Dämmstreifen aus Mineralfaserplatten, zwischen den Lagerhölzern mindestens 55 mm Mineralwolleplatten	—
1.5		Gehbelag beliebig, Estrich, mindestens 65 mm Hartschaum- platten nach DIN 18164, Dämmstoffgruppe I	—
1.6		Gehbelag beliebig, Estrich, 20 mm Mineralfaserplatten nach DIN 18165, Dämmstoffgruppe I	45 mm Mineral- fasermatten oder 45 mm Hart- schaumplatten*) Putz auf Putzträger

*) Die Hartschaumplatten dürfen wegen des Luftschallschutzes nicht unmittelbar an die Decke
angeklebt und verputzt werden.

Besonders vorteilhaft erscheinen dabei Parkettbeläge und Riemenböden auf Lager-hölzern, wobei der Hohlraum mit Wärmedämmstoffen gefüllt wird und auf eine unterseitige Bekleidung der Decke verzichtet werden kann.

Der Fußbodenaufbau ist dabei nur wenig höher als bei üblichen Fußböden auf Wohnungstrenndecken, so daß sich keine störenden Stufen gegenüber Nachbar-räumen ergeben.

Bei Verwendung wenig dampfdurchlässiger Decken (z. B. Stahlbetonplattendecke) muß bei Räumen mit ständig hoher Luftfeuchtigkeit die Frage einer etwa mög-lichen Feuchtigkeitskondensation infolge Dampfdiffusion geprüft werden (s. Teil C, Abschnitt 1.233). Die Anordnung einer Dampfsperrschicht (z. B. Bitumenpappe, Kunststoffolie) zwischen Wärmedämmstoff und Holzfußboden kann erforderlich sein.

2. Wände

2.1 Außenwände

An Außenwände werden unmittelbar nur wärmetechnische Anforderungen gestellt. Schalltechnische Forderungen an die Schalldämmung der Außenwände sind in der Regel nicht nötig, weil die Fenster wesentlich mehr Schall von außen nach innen übertragen als die Außenwände selbst. Allerdings kann bei gewissen, leichten Fassaden-Bauarten sowie bei Holztafelwänden die Wandübertragung eine Rolle spielen. Von größerer Bedeutung ist die Schall-Längsleitung der Außenwände. Durch eine zu große Längsleitung kann in ungünstigen Fällen die Schalldämmung der Wohnungstrennwände und -decken beeinträchtigt werden. Eine unzulässig große Längsleitung kann auftreten:

a) bei leichten, massiven Schalen (unter 150—200 kg/m² Flächengewicht),
b) beim Anbringen von verputzten oder bekleideten Wärmedämmplatten bestimmter Art auf der Raumseite (Teil A, Abschn. 4.63)

Die letztgenannte Ausführung wird vor allem bei Wänden aus Normalbeton häufig verwendet.

Beispiele für einige wärme- und schalltechnisch befriedigende Ausführungen sind in den Tafeln 33 und 34 des Teils B „Wärmeschutz" enthalten.

Einige weitere Konstruktionen sind in Tafel 62 zusammengestellt.

2.2 Wohnungstrennwände und Treppenraumwände

Die wärmetechnischen Anforderungen sind geringer als bei Außenwänden; es wird ein Wärmedurchlaßwiderstand $1/\Lambda$ von 0,3 m² h °C/kcal in nicht zentralbeheizten Gebäuden verlangt.

Tafel 62: **Wärme- und schalltechnisch ausreichende Außenwände**
(s. auch die Tafeln 33 und 34 des Teils B „Wärmeschutz")

lfd. Nr.	Wandkonstruktion	Dicke der Dämmstoffschicht im Wärmedämmgebiet	
		II	III
1.1	Betonschale mit außenseitig angebrachten Holzwolle-Leichtbauplatten	50 mm	50 mm
1.2	Betonschalen mit zwischenliegender Dämmschicht aus Kunstharzhartschaumplatten (außen dünne Betonschale; innen dicke Betonschale)	40 mm *)	50 mm *)

*) Unter Berücksichtigung einer Wärmebrückenwirkung der Verbindungselemente zwischen den Betonschalen (Stahlanker, Betonstege). Schüle, W.: Untersuchungen über die Wirkung von Wärmebrücken in Montagewänden. FBW-Blätter 3/1963.

In zentralbeheizten Gebäuden genügt bei Wohnungstrennwänden ein Wärmedurchlaßwiderstand $1/\Lambda$ von 0,20 m² h °C/kcal. Dieser Wert gilt auch für Treppenraumwände in zentralbeheizten Gebäuden, wenn die Temperatur der Treppenräume auf mindestens 10 °C gehalten wird und die Heizkörper des Treppenraumes nicht abstellbar sind.

Die genannten Forderungen werden von den üblichen Mauerwerkswänden stets ohne zusätzliche Maßnahmen erfüllt, ausgenommen Normalbetonwände, soweit es sich nicht um zentralbeheizte Gebäude handelt.

In schalltechnischer Hinsicht wird ein Luftschallschutzmaß von mindestens 0 dB gefordert. Bei einschaligen Wänden ist dies bei Flächengewichten von mindestens 350 kg/m², besser bei solchen von 400 kg/m² und mehr zu erreichen.

Die gemeinsame Erfüllung der wärme- und der schalltechnischen Forderungen macht bei Normalbetonwänden in nicht zentralbeheizten Gebäuden Schwierigkeiten. Zusätzliche Maßnahmen zur Verbesserung der Wärmedämmung führen leicht zu einer Verschlechterung des Schallschutzes (vgl. Teil A, Abb. 31). Wärme- und schalltechnisch ausreichende Wandausführungen sind in der Tafel 63 enthalten.

Tafel 63: Wärme- und schalltechnisch ausreichende Wohnungstrennwände und Treppenraumwände

240 mm Bimshohlblocksteine, Hohlräume mit Mörtel gefüllt

240 mm Hochlochziegel, Rohdichte $\geq$ 1200 kg/m³

240 mm Vollziegel

240 mm Kalksandsteine

150 mm Normalbeton, beidseitig Tapete mit 4 mm Schaumstoff (ausreichend für Wärmedämmgebiet II)

115 mm Hochlochziegel oder Bimsbetonsteine mit einer vorgesetzten Schale aus 50 mm Holzwolle-Leichtbauplatten verputzt; mit einer vorgesetzten Schale aus Gipskartonplatten auf gesonderten Holzstielen, im Wandhohlraum Mineralfasermatten.

Normvorschriften über den Schall- und Wärmeschutz im Bauwesen

Im folgenden sind Normvorschriften aufgeführt, die den Schall- und Wärmeschutz im Bauwesen unmittelbar oder mittelbar berühren.

1. Schalltechnische Normvorschriften

DIN 4109 „Schallschutz im Hochbau", Neufassung 1962
in 5 Blätter unterteilt

Blatt 1 Begriffe

Blatt 2 Anforderungen

Blatt 3 Ausführungsbeispiele

Blatt 4 Schwimmende Estriche auf Massivdecken
Richtlinien für die Ausführung

Blatt 5 Erläuterungen

Dieses Normblatt regelt die Anforderungen an den Schallschutz im Bauwesen (Blatt 2), die Nachweispflicht des Schallschutzes (Blatt 2), gibt ohne besonderen Nachweis verwendbare Beispiele für schalltechnisch ausreichende Wände und Decken (Blatt 3) und gibt Richtlinien für die Verlegung von schwimmenden Estrichen (Blatt 4). Blatt 5 gibt eine Einführung in die Grundlagen des Schallschutzes.

DIN 4109 wird zur Zeit neu bearbeitet. Die neu eingeteilten Blätter sind als Entwurf 1976 erschienen mit folgendem Inhalt:

Teil 1:   Begriffe

Teil 2:   Luft- und Trittschalldämmung in Gebäuden
            Anforderungen, Nachweis der Anforderungen und Hinweise für Planung und Ausführung

Teil 3:   Schallschutz bei haustechnischen Anlagen und gegenüber gewerblichen Betrieben
            Anforderungen, Nachweise und Hinweise für Planung und Ausführung

Teil 4:   Richtlinien für bauliche Maßnahmen zum Schutz gegen Außenlärm

Dieser Entwurf ist zur Zeit noch nicht gültig. Er gibt jedoch an, was in Zukunft etwa zu erwarten sein wird.

DIN 52210 „Messungen zur Bestimmung des Luft- und Trittschallschutzes", Ausgabe 1975/76

Teil 1:   Meßverfahren

Teil 2:   Prüfstände für Schalldämm-Messungen an Bauteilen

Teil 3:   Eignungs-, Güte- und Baumuster-Prüfungen

Teil 4:   Ermittlung von Einzahl-Angaben

Teil 5:   Messung der Luftschalldämmung von Fenstern und Außenwänden
            am Bau

Diese Norm enthält Richtlinien für die Prüfung des Schallschutzes von Bauteilen und von Bauten sowie für die Bewertung und Darstellung der Ergebnisse. Sie befaßt sich nicht mit der schalltechnisch zweckmäßigen Ausführung von Bauteilen.

Teil 1 beschäftigt sich mit den Grundlagen der Meßverfahren für die Bestimmung der Luft- und der Trittschalldämmung und den Anforderungen an die Meßgeräte und Meßbedingungen.

Teil 2 gibt Hinweise für die Ausführung von Prüfständen zur Bestimmung der Schalldämmung von Bauteilen.

Teil 3 enthält ergänzende Hinweise für die Durchführung von Schalldämmessungen.

Teil 4 befaßt sich mit der Definition aller Einzahlangaben für den Schallschutz in Bauten, wie Luft- und Trittschallschutzmaß, bewertetes Schalldämmaß, Trittschall-Verbesserungsmaß von Fußböden u. ä.

Teil 5 gibt eine Übersicht, wie die Luftschalldämmung von Außenbauteilen meßtechnisch bestimmt werden kann.

DIN 52212 „Bestimmung des Schallabsorptionsgrades im Hallraum"
             Ausgabe 1961

Diese Norm regelt die Messung von schallabsorbierenden Wand- und Deckenverkleidungen im Hallraum und die Darstellung der Meßergebnisse.

DIN 52214 „Bestimmung der dynamischen Steifigkeit von Dämmschichten
             für schwimmende Estriche", Ausgabe 1976

Auch hier handelt es sich um eine Meßnorm, die Richtlinien für die Messung der dynamischen Steifigkeit von Trittschalldämmstoffen gibt.

DIN 52218 „Prüfung des Geräuschverhaltens von Armaturen und Geräten der
             Wasserinstallation im Laboratorium", Ausgabe 1976

Grundlagen und Bedingungen für die Bestimmung des Geräusches von Armaturen und Wasserinstallation.

DIN 52219 „Messung von Geräuschen der Wasserinstallation am Bau",
             Ausgabe 1972

DIN 45633 Blatt 1, „Präzisionsschallpegelmesser — Anforderungen",
             Ausgabe 1966

Diese Norm behandelt die meßtechnischen Eigenschaften, die von Präzisions-Schallpegelmessern gefordert werden.

DIN 18005 „Schallschutz im Städtebau"
Blatt 1 und 2, Ausgabe 1976
Richtwerte über die einzuhaltenden Schallpegel des Außenlärms in geplanten neuen Baugebieten

DIN 18041 „Hörsamkeit in kleinen bis mittelgroßen Räumen",
Ausgabe 1968
Hinweise für die erforderlichen raumakustischen Maßnahmen in Räumen

VDI 2566 „Lärmminderung an Aufzugsanlagen", Ausgabe 1970

VDI 2058 „Beurteilung von Arbeitslärm in der Nachbarschaft", Blatt 1,
Ausgabe 1973
Diese Richtlinie gibt Hinweise für die Höchstwerte des Schallpegels von Arbeitslärm, der vor benachbarten Wohnhäusern u.ä. nicht überschritten werden sollte

VDI 2571 „Schallabstrahlung von Industriebauten"
Ausgabe 1976
Hinweise, wie die „Außenhaut" von Gewerbebetrieben und Industriebauten ausgeführt werden muß, damit die Geräuschpegel in der Nachbarschaft unter vorgeschriebenen Grenzwerten verbleiben.
Gesetz zum Schutz gegen Fluglärm vom 30.3.1971 und Verordnung über bauliche Maßanforderungen nach dem Gesetz zum Schutz gegen den Fluglärm („Schallschutzverordnung")
Festlegung von zwei Schallschutzzonen in der Umgebung von Flugplätzen und Angaben über die erforderlichen bautechnischen Maßnahmen für Bauten in diesen Schutzzonen.

2. Wärmetechnische Normvorschriften

DIN 4108 „Wärmeschutz im Hochbau", Ausgabe August 1969
Anforderungen an den Wärmeschutz der Bauteile;
Wärmeleitfähigkeit von Baustoffen;
Berechnung der Wärmedämmung von Bauteilen;
Beispiele von Bauteilen ausreichenden Wärmeschutzes.
„Ergänzende Bestimmungen zu DIN 4108 — Wärmeschutz im Hochbau —
(Ausgabe August 1969), Fassung Oktober 1974".
Erhöhte wärmeschutztechnische Anforderungen im Hinblick auf den Heizenergieverbrauch; Anforderungen an Fenster und Türen.
Beiblatt *DIN 4108* „Wärmeschutz im Hochbau", Ausgabe September 1974.
Beispiele und Erläuterungen für einen erhöhten Wärmeschutz; Hinweise auf wirtschaftlich optimalen Wärmeschutz.

DIN 52611 Blatt 1 „Bestimmung des Wärmedurchlaßwiderstandes von Wänden und Decken",
Ausgabe Oktober 1971
Beschreibung der Versuchsdurchführung bei Messungen im Laboratorium.

DIN 52612 „Bestimmung der Wärmeleitfähigkeit mit dem Plattengerät",
Blatt 1, 2 u. 3.

Blatt 1   (Ausgabe August 1972):
           Versuchsdurchführung und Versuchswertung.

Beschreibung der Versuchseinrichtung und der beim Versuch und der Auswertung zu beachtenden Gesichtspunkte. Angaben über den praktischen Feuchtegehalt von Bau- und Dämmstoffen.

Blatt 2   (Ausgabe März 1973):
           Wärmeleitfähigkeit für die Anwendung im Bauwesen.

Verfahren zur Berechnung der Wärmeleitfähigkeit für die Anwendung im Bauwesen aufgrund der nach Blatt 1 gemessenen Werte.

Blatt 3   (Ausgabe Januar 1973):
           Wärmedurchlaßwiderstand geschichteter Materialien für die Anwendung im Bauwesen.

Verfahren zur Berechnung des Wärmedurchlaßwiderstandes geschichteter Materialien für die Anwendung im Bauwesen aufgrund der nach Blatt 1 gemessenen Werte.

DIN 52614 „Bestimmung der Wärmeableitung von Fußböden", Ausgabe
Dezember 1974

Beschreibung eines Meßverfahrens zur Bestimmung der Wärmeableitung von Fußböden; Auswertung.

DIN 18055 Blatt 2, „Fenster-, Fugendurchlässigkeit und Schlagregensicherheit,
Anforderungen und Prüfung" Ausgabe August 1973.

DIN 4701 „Regeln für die Berechnung des Wärmebedarfs von Gebäuden",
Ausgabe Januar 1959

Rechengang für die Berechnung des Wärmebedarfs von Gebäuden im Hinblick auf die Bemessung der Heizanlage;
Tabelle über tiefste Außentemperaturen deutscher Städte;
Tabellen der Wärmedurchgangskoeffizienten (k-Werte) für übliche Bauteile (Wände, Decken, Dächer, Fenster, Türen); Fugendurchlässigkeit von Fenstern und Türen.

3. Normvorschriften über Feuchtigkeitsschutz

DIN 4031 „Wasserdruckhaltende bituminöse Abdichtungen für Bauwerke;
Richtlinien für Bemessung und Ausführung". Ausgabe Dez. 1964.

DIN 4117 „Abdichtung von Bauwerken gegen Bodenfeuchtigkeit; Richtlinien für die Ausführung". Ausgabe Nov. 1960.

DIN 4122	„Abdichtung von Bauwerken gegen nichtdrückendes Oberflächen-wasser und Sickerwasser mit bituminösen Stoffen, Metallbändern und Kunststoffolien." Ausgabe Juli 1968.
DIN 18190	„Dichtungsbahnen für Bauwerksabdichtungen".

Teil 1, Ausgabe Juli 1975:	Dichtungsbahnen mit Rohfilzein-lagen.
Teil 2, Ausgabe Juli 1975:	Dichtungsbahnen mit Jutegewebe-einlagen.
Teil 3, Ausgabe Juli 1975:	Dichtungsbahnen mit Glasgewebe-einlage.
Teil 4, Ausgabe Juli 1975:	Dichtungsbahnen mit Metallband-einlagen.
Teil 5, Ausgabe Juli 1975:	Dichtungsbahnen mit Polyäthylen-terephtalat-Folien-Einlage.

DIN 52128	„Bitumendachpappen", Ausgabe April 1957.
DIN 52129	„Nackte Bitumenpappen" Ausgabe Sept. 1959.
DIN 52130	„Bitumen-Dachdichtungsbahnen mit Rohfilzpappen-Einlage" Ausgabe Sept. 1967.
DIN 52143	„Glasvlies-Bitumen-Dachbahnen" Ausgabe Nov. 1971.
DIN 52615	Blatt 1, „Bestimmung der Wasserdampfdurchlässigkeit von Bau- und Dämmstoffen", Ausgabe Juni 1973.

Beschreibung der Versuchsdurchführung und Versuchsauswertung.

4. Materialnormen

Von den zahlreichen Materialnormen, die wärme- und schalltechnische Anforde-rungen mittelbar oder unmittelbar enthalten, seien die beiden folgenden genannt:

DIN 18164	„Schaumkunststoffe als Dämmstoffe im Bauwesen"

Blatt 1, Ausgabe Dez. 1972:	Dämmstoffe für die Wärmedäm-mung.
Blatt 2, Ausgabe Dez. 1964:	Dämmstoffe für die Trittschalldäm-mung.

Diese Norm enthält die technologischen Anforderungen, die an Kunststoff-schaumplatten zu stellen sind, damit sie als Wärmedämmstoffe im Hochbau (im unbelasteten Zustand) bzw. als Dämmstoffe unter schwimmenden Estrichen (im belasteten Zustand) verwendet werden können, Sie enthält sowohl die Anforde-rungen als auch die Art der Prüfungen, die für die Güteüberwachung der Dämm-stoffe verwendet werden müssen.

DIN 18165 „Faserdämmstoffe für das Bauwesen"

    Blatt 1, Ausgabe Jan. 1975:   Dämmstoffe für die Wärmedäm-
                                         mung.

    Blatt 2, Ausgabe Jan. 1975:   Dämmstoffe für die Trittschalldäm-
                                         mung.

Sie enthält die entsprechenden Güteanforderungen und Prüfbedingungen für Faserdämmstoffe.

5. Sonstige Normen

DIN 1053   „Mauerwerk-Berechnung und Ausführung" Ausgabe Nov. 1974.

DIN 18530   (Vornorm) „Massive Deckenkonstruktionen für Dächer, Richt-
              linien für Planung und Ausführung."

Die auszugsweise Wiedergabe der Normen erfolgt mit Genehmigung des Deutschen Normenausschusses. Maßgebend ist die jeweils neueste Ausgabe des Normblattes im Normformat A4, das bei der Beuth-Vertrieb GmbH, 1 Berlin 30 und 5 Köln, erhältlich ist.